◆流体力学シリーズ◆

混相流体の力学

新装版

日本流体力学会
［編集］

朝倉書店

執筆者（＊は本巻編集者）

＊森岡茂樹	もり おか しげ き	京都大学・教授
青木一生	あお き かず お	京都大学・助教授
佐野　理	さ の おさむ	東京農工大学・助教授
石井隆次	いし い りゅう じ	京都大学・助教授
芹澤昭示	せり ざわ あき み	京都大学・教授
三浦宏之	み うら ひろ ゆき	近畿大学・助教授
湯　晋一	ゆう しん いち	九州工業大学・教授
大西善元	おお にし よし もと	鳥取大学・教授

（執筆順）

本書は，流体力学シリーズ 第2巻『混相流体の力学』（1991年刊行）を再刊行したものです．

流体力学シリーズ刊行にあたって

近年，流体力学の研究範囲は大きく拡がり，それぞれの分野における発展もめざましいものがあります．わが国における研究も世界的に重要な位置を占めるに到っております．このような研究状況に対し，わが国における流体力学の成書は乏しく，最近増えてきたとはいえ，ほとんどが現行の限られたカリキュラムに対応する教科書であります．教科書から原著論文の間をうめる流体力学関係書が大変希薄な状態にあります．若い人々を大きく発展しつつある流体力学へ導くもの，研究者，技術者に新しい分野，成果を含めた基礎的事項を提供するものの必要が強く感ぜられます．このような現状は基礎研究の応用分野への浸透をゆるやかなものにしているきらいがあります．各応用分野で流体現象を含む問題を数値解析することが多くなっている今日，教科書を越えた基礎的知識の普及が痛感されます．

このような現状に，日本流体力学会では小委員会（森岡茂樹（京都大学），川原琢治（京都大学），新見英幸（国立循環器病センター））を設け出版問題を検討してまいりました．その結果，新しい発展に重点をおいた，流体力学各分野の基礎的事項の紹介を流体力学シリーズとして出版することにいたしました．上記委員会が企画にあたり，第3巻まで（1. 流体における波動，2. 混相流体の力学，3. 分子気体力学）の編集者あるいは執筆者を決定して，執筆を進めてまいりましたが，日本流体力学会20周年記念の時宜に第1巻“流体における波動”が出版されることになり，まことに慶びにたえません．このシリーズが流体力学に関連するあらゆる分野の研究者，技術者および学生に歓迎されることを期待いたします．また読者諸賢からの御意見を賜ることによりこのシリーズが整備されていくことを願うものであります．

1989年3月

日本流体力学会第20期会長

曾　根　良　夫

はじめに

流体力学シリーズの第2巻では「混相流体の力学」が取り上げられる．混相流体は気相，液相，固相（粒子）の中の二つ以上の異なる相から成り，それらの相は相互に作用を及ぼし合いながら運動している．混相流体の例は自然界や日常生活の中にも様々な状態でみられる：空気中の雨・雪・砂埃，泥水，沸騰している湯，魚の飼育水槽のバブリング，霧吹き，……．しかし，その性質はまだよくわかっていないし，それらを統一的に説明する方法も十分に確立されていない．流体力学が長い歴史をもち，膨大な研究の存在することを考えるとき，これは不思議に思われるかも知れない．しかし，これは事実であり，我々は流体力学の深遠な内容に改めて驚くべきである．

本書の内容は五つの章から構成されている．1章は「序論」で，混相流体の大要を初心者向きに説明している．2～4章では基礎的なことが述べられる．5章は応用ともいえる部分で，2～4章と同程度の頁数が割り当てられている．

混相流体の特徴の一つはその多重構造にある．すなわち，いろいろな空間・時間スケールでの現象が同時に起こっていて，それぞれ相互に関係している．そしてその基礎に考えられるものは，固体粒子，液滴，気泡といった，連続した流体相の中に分離・分散して存在する相の空間・時間スケールで起こる現象である．そのスケールは，一般に分子のスケールより大きく，容器や装置のスケールより小さい．これらの分離・分散した相とそれらのまわりの流体相との相互作用，（流体相を介してまたは直接の）分離・分散した相どうしまたは分離・分散した相と境界との相互作用が，混相流体を考える上で重要である．これらは従来の流体力学で取り扱える問題であり，多くのことが知られている．2章の「混相流の素過程」では，これらについて述べられる．

混相流体の特徴の他の一つは，上に述べた局所・瞬時的な相間の相互作用がある空間またはある時間にわたって集合または集積されて，混相流体に特有な性質を現すことである．これに対して，従来の流体力学は，そのままの形では，用をなさない．これに代わって，どのような方法が取られるべきかはまだわかっていない．言い換えれば，具体的に問題が解けるような混相流体の力学的モデルと，それに対応する基本法則の“閉じた”方程式系が確立されていない．混相流体の力学の現在の行き詰まりはまさにこの点にある．ないことに関してはいえないが，今日までにどのような方法が考えられ，どのような理由で問題があるのかを知ることは，新しい解決の方法を考え出すに当って非常に重要である．3章の「基礎方程式」では，これらについて述べられる．

混相流体に特有な性質は，これまで実験的に数多く見いだされており，統一的に記述する方法が確立していないとはいえ，それなりに整理され研究されている．特に，希薄粒子混相流と呼ばれる，連続した流体相中に小さな分離した相が多数分散して存在し，後者の体積比率が非常に小さいような混相流については，曖昧な仮定のない閉じた形の基礎方程式が得られ，多くの理論的研究がなされている．実際に，これらの研究を通して，混相流体が，従来の流体（単相流体）と本質的に異なる，多くの性質をもっていることがわかる．4章の「流れの基本的性質」では，これらについて述べられる．

最後の章（5章）「種々の流れ」では，混相流の代表的な問題が取り上げられる．それぞれの問題について，その方面の研究をしてこられた方に，その方の研究を中心に，その周辺のことを含めて説明していただいた．それぞれの問題に対する考え方や取扱い方は，章を通して統一されていない．しかし，それらの多様な考え方や取扱い方（ときには大胆と思われる仮定もある）は，混相流体力学の研究の現状を反映している．しかし，それは混乱を招くものでなく，むしろ混相流を理解し，新しい発想を産み出す上で得るところが多いと思われる．もちろん，それぞれの問題に関する結果は，従来の流体（単相流体）では予想できなかった混相流体に特有な多くの現象の存在することを具体的に示すものであって，混相流体の研究に興味をそそるであろう．

本書の章・節の構成に当って有益な助言をいただいた京都大学工学部の曽根良夫教授，国立循環器病センターの新見英幸氏に感謝の意を表したい．各章・節の執筆分担部分は，その内容に対する責任を含めて，目次に示してある．記号が統一されていない部分もあるが，参考文献との対応によく，他の部分との対応にも混乱は生じないと思われるので，そのままにした．最後に，本書の出版に際し，いろいろとお骨折りいただいた朝倉書店の方々に心からお礼申し上げる．

1991年9月

編者しるす

目　　次

1. 序　　論……(森岡茂樹)… 1
1.1 混相流体とは …… 1
1.2 混相流体の形態 …… 2
1.2.1 気液2相流 …… 2
1.2.2 固気2相流 …… 6
1.2.3 固液2相流，液液2相流 …… 7
1.3 相変化を伴う流れ …… 8
1.4 界面現象 ……10
1.5 混相流の特徴 ……11
1.6 混相流体力学の現況 ……13

2. 混相流における素過程……17
2.1 界面における条件 ……17
2.1.1 界面条件に関する注意 ……(青木一生)…17
2.1.2 保存則から出る条件 ……(森岡茂樹)…18
2.1.3 凝縮相界面における条件 ……(青木一生)…24
2.2 粒子に働く力 ……30
2.2.1 普通の粒子 ……(佐野　理)…30
2.2.2 気体中の微粒子に働く力とその運動 ……(青木一生)…45
2.2.3 超微粒子——ブラウン運動 ……(森岡茂樹)…53

3. 基礎方程式……(森岡茂樹・石井隆次)…59
3.1 一般的な取扱い ……59
3.2 粒子追跡法 ……62
3.2.1 粒子のランダム運動に関する注意 ……63
3.2.2 気流中の粒子 ……64
3.2.3 液流中の気泡 ……67

3.3　平均化の方法 ……………………68
3.4　2流体モデル ……………………70
3.5　混合体モデル ……………………72
3.6　構成式について ……………………74
3.7　希薄粒子モデル ……………………76
3.7.1　気体中に分散した粒子 ……………………77
3.7.2　液体中に分散した気泡 ……………………80
3.8　基礎方程式の不適切とその原因 ……………………82
3.9　粒子に運動論を用いる方法 ……………………83

4.　流れの基本的性質……………………(森岡茂樹・石井隆次)…88
4.1　流れ場の多重構造 ……………………88
4.2　微小変動の伝播 ……………………90
4.2.1　圧力波とボイド波 ……………………90
4.2.2　伝播速度の減少——均質モデル ……………………91
4.2.3　緩和効果による分散・減衰——気体中に分散した粒子 ……………………93
4.2.4　気泡の体積振動による分散——液体中に分散した気泡 ……………………94
4.3　分散性流れ場 ……………………95
4.3.1　分散性媒質としての混相流 ……………………95
4.3.2　気体中に分散した粒子 ……………………95
4.3.3　液体中に分散した気泡 ……………………99
4.4　流れ場に関するいくつかの基本定理……………………102
4.4.1　ベルヌーイの定理とラグランジュの渦定理——均質モデル……………………102
4.4.2　流線に沿ったエネルギー式，渦度の式……………………104
4.5　混相流体の熱力学的性質……………………107
4.5.1　熱力学的変化と流れ場の特性時間……………………107
4.5.2　混相流体の熱力学的変数……………………108
4.5.3　熱力学的関係とエントロピーの式……………………109
4.6　混相流における乱れ……………………110
4.6.1　混相流におけるランダム変動……………………110
4.6.2　混相流における乱流……………………(芹澤昭示)…111
4.7　混相流に特有な不安定化および安定化の機構……………………(森岡茂樹)…116

4.7.1　多重構造と不安定性……116
4.7.2　流動層不安定……117
4.7.3　流動様式の遷移……119

5. 種々の流れ……123
5.1　塵　埃　流——衝撃波と物体まわりの流れ……(三浦宏之)…123
5.1.1　平面衝撃波……123
5.1.2　2次元超音速流……133
5.1.3　非圧縮性流れ……140
5.2　管　内　流——気液2相流……(芹澤昭示)…144
5.2.1　流 動 様 式……144
5.2.2　気泡流の構造……149
5.3　ノズル流れ……(森岡茂樹)…164
5.3.1　ノズル流れの一般的特徴……164
5.3.2　閉 塞 現 象……167
5.3.3　テイラー型からメイヤー型への流れの移行……170
5.3.4　加速ノズル内の凝縮を伴う流れ……174
5.3.5　加速ノズル内の希薄な粒子-気体の流れ……175
5.3.6　加速ノズル内の気泡流……177
5.4　噴　　流——固気混相噴流……(湯　晋一)…179
5.4.1　希薄粒子濃度の場合……180
5.4.2　低粒子濃度の場合……188
5.4.3　高粒子濃度の場合……196
5.5　サスペンション……(大西善元)…198
5.5.1　サスペンションとは……198
5.5.2　サスペンションにおける平均量……199
5.5.3　サスペンションの平均偏り応力……201
5.5.4　希釈サスペンション理論……203
5.5.5　希釈サスペンション理論の応用例……205

索　　引……217

1. 序　　　　論

1.1 混相流体とは

物質の状態は，気相，液相，固相の三つに区別できるが，そのうちの二つ以上の異なる相が混在していて，相互に作用し合いながら運動をしているとき，そのような混合体は混相流体または多相流体と呼ばれ，それらの流れは，混相流または多相流（multi-phase flow）と呼ばれる．普通，固相は多数の粒子からなり，気体または液体の中に分散して存在する．また，水と油のように，溶け合わない2種の液体が混在している場合も，混相流として取り扱われる．たとえばエマルジョン（emulsion）と呼ばれているものはそれである．

気相，液相，固相の中のいずれか二つの相からなる混相流体は2相流体，それらの流れは2相流（two-phase flow）と呼ばれ，混相流体および混相流の基本的な型として考えられている．そして，その三つの可能な組合せから，気液2相流（liquid-gas two-phase flow），固気2相流（gas-solid two-phase flow），固液2相流（liquid-solid two-phase flow）に分類される．

固体は一般に加えられた応力に対して有限の歪みを生じるが，液体および気体では無限の歪みを生じうる．また，液体と気体では，その歪み速度に著しい違いがある．気体は，圧力を加えるとき，その体積を容易に変えるが，液体や固体では，体積の変化は非常に小さい．気体の密度は，大気圧レベルでは，液体や固体の密度に比べて10^{-3}倍程度に非常に小さい．したがってまた，気体，液体および固体の比熱に大差がなくても，それらに密度のかかった単位体積当りの熱容量は，液体および固体の方が気体に比べて非常に大きい．このような事情が，気液2相流，固気2相流，固液2相流の間に，互いに非常に違った性質をもたらす結果になる．

さらに，気相に関しては，単一気体[注1)]の場合だけでなく，混合気体 (gas mixture) の場合も考えられる．混合気体には，化学反応（燃焼，解離など）を伴う場合，高温で輻射を伴う場合，一部分または完全に電離した気体で，電場や磁場と相互作用する場合などが含まれる．また，圧力および温度のいかんによっては，連続体として取り扱うことができず，希薄分子気体やプラズマとしての取扱いが必要になる．

液相に関しては，純液体の場合だけでなく，溶液（solution）の場合も考えられる．溶液では，化学反応を伴う場合，電解溶液として電場や磁場と相互作用する場合などがある．液体金属は溶液ではないが，電流が流れ，電場や磁場と強い相互作用をもつ．また，他の相との界面における溶質の吸着や拡散，電荷の分布や移動が重要な役を演じ，混相流の性質を大きく変える場合もある．

固相（粒子相）に関しては，粒子の大きさや形の違い，粒子の化学的組成の違いが考えられる．また，それらが均一でない場合もある．ときには，変形や体積変化に対する弾性率の相違が問題になる場合も考えられる．

これらの気相，液相および固相の状態に関する多様性が，混相流の基本的な型としての気液 2 相流，固気 2 相流，固液 2 相流に多様性をもたらし，話をより複雑なものにしている．しかし，本書では，混相流の基本的な性質を理解するために，主として，単一気体，純液体，均一な球形剛体粒子からなる混相流の基本的な型が考えられるであろう．

1.2　混相流体の形態

1.2.1　気液 2 相流

まず，気液 2 相流の場合を考えてみよう．液体中に多数の小さな気泡が分散している場合もあれば，逆に，気体中に多数の小さな液滴が分散している場合もある．垂直に配置された管では，ほぼ管径いっぱいに広がった大きな気体の塊が液体を押し上げるように列になって上昇していく流動状態もみられる．また，水平に配置された管では，液体が管の下側に沿って，気体が管の上側に沿って，分離して（ときには波を打って）流れていく状態がみられる．これらはいずれも気相と液相からなる 2 相流であるが，両相の幾何学的配置は非常に違っており，流れの性質も似ているようには思えない．実際に，後の章で明らかにされるように，それらの性質は互いに非常に違っている．

このような流動形態の違いは，流動様式またはフローパターン (flow pattern) と呼ばれ，区別されている．上の場合は，それぞれ，気泡流 (bubble flow)，液滴流 (droplet flow) または噴霧流 (mist flow)，スラグ流 (slug flow)，分離成層流 (separate stratified flow) といった名称がつけられている．

気液 2 相流の単位体積中で気相が占める体積の割合は，気相の体積比率またはボイド率 (void fraction) と呼ばれる．これに対し，気液 2 相流の単位質量中で気相が占める質量の割合は，気相の質量比率または乾き度と呼ばれる（液相の質量比率は湿り度と呼ばれる)．気相と液相が同じ速度で流れているとき，質量比率は流れに乗って一定に保たれるが，体積比率は変化する．これは，圧力の変化によって気相は体積を変えるが，液相は体積を変えないからである．このような簡単さがあるにもかかわらず，気体の密度と液体の密度の大きな違いから，質量比率で気液 2 相流の流動様式を議論するのは，見た目にそぐわない．そこで普通，ボイド率（気体の体積比率）が用いられる．

実際に，気液 2 相流におけるいろいろな流動様式は，ボイド率と密な関係があると思われる．すなわち，気泡流はボイド率が小さいときに，また，液滴流はボイド率が大きい（1 に近い）ときに実現すると思われる．また，スラグ流と分離成層流は，それぞれ，中位のボイド率にある垂直管と水平管で実現されると思われる．

しかし，水平管では，流速が遅ければ，ボイド率が小さいときでも大きいときでも，分離成層流が可能である．また，垂直管では，流速が速ければ，ボイド率が大きいとき，気体が管の中央を，液体が管壁に沿って流れる，環状流 (annular flow) と呼ばれる流動様式も可能である．これらの事実は，流動様式が単にボイド率だけでなく，各相の流速，たぶん流速に関連した 2 相流の安定性に関係していると考えられる．

重力の存在下で，垂直管または傾斜管内の 2 相流は，上方へいくにつれて圧力が下がり，気相が膨張し，ボイド率が増加するから，流動様式は流れに沿って多かれ少なかれ変化していくであろう．したがって，流動様式は局所的な流動の形態で，管の配置，流体の密度や圧力レベル，2 相流がつくり出される条件，とくに，気泡や液滴の初期寸法によっても影響を受けると考えられる．

管内の流速は，流体の粘性や乱れによって径方向に分布をもつ．このようなずれ流れ中を相対運動する気泡や液滴は，単に流れ方向のみならず径方向にも力を受ける．また，角管の場合には，断面内の（乱流）2 次流れ（たとえば，正方形断面の場合，中心から対角線に沿って四隅に向かい，各側面の中央から中心に戻る）が存在する．このため，流動様式は管の直径や断面の形によっても影響を受けると考えられる．

さらに，後で示すように，垂直管内の水と空気からなる中位のボイド率にある2相流では，微量の界面活性剤（surfactant, surface-active agent）の添加によって，流動様式がスラグ流から気泡流へがらりと変わる．これからも明らかなように，流動様式は流体の種類や流体中に含まれる不純物によっても影響を受けると考えられる．

水平管の場合，流動様式は基本的に成層流で，主流と直角方向にボイド率や流速の分布がある．両相の流速がともに0のとき，安定な分離成層状態が実現されるが，両相の間に速度差があると，いわゆるケルビン－ヘルムホルツ（Kelvin-Helmholtz）の不安定機構によって安定な分離成層流は崩れる．不安定の成長速度に対する表式から，流動様式は，各相の密度，したがって圧力および温度のレベル，表面張力，各相の流量，管の直径や断面の形などに関係すると考えられる．

上に述べたようなことを考え合わせると，流動様式は局所的な流動の形態の外観的な分類であって，ボイド率や流速に対応させることは，いろいろな制限された条件の下でのみ可能であり，一般にはかなり難しいと思われる．

ここで，気液2相流の形態の多様性を理解するために，簡単な自然循環ループにおける水－空気2相流の写真のいくつかを示そう．図1.1は自然循環ループの概略図である．ループは，垂直上昇管，気液分離タンク，垂直下降管から構成されている．上昇管と下降管は底部でつながっている．

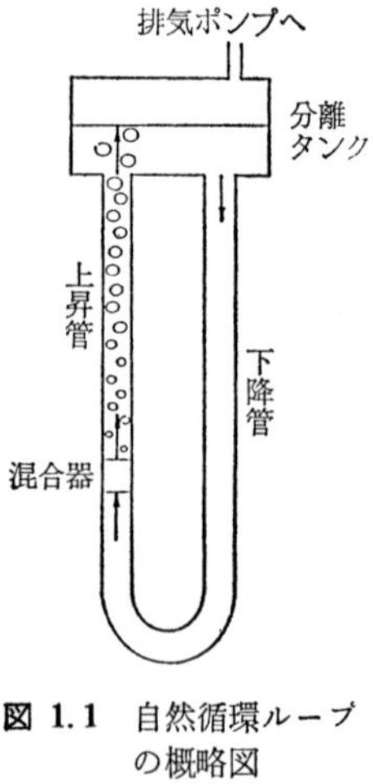

図 1.1　自然循環ループの概略図

上昇管の下部に混合器[注2)]が取り付けられている．分離タンク内の圧力は排気ポンプにより一定に保たれる．混合器から気体が送り込まれるとき，気体は上昇管内を上昇し，分離タンク内で液体から分離し，排気ポンプへ出ていく．上昇管内の混相流体と下降管内の液体との密度差により，液体はループ内を自然循環する．下降管の途中に絞り弁を取り付け，液体の循環流量を調節する．

図1.2(a)は，長さ2.5 m，内径26 mmの上昇管の場合で，分離タンク内の圧力は2.5 kPa，空気流量は1.08 Nl/min（Nは標準状態を示す），水道水が用いられている（これは，大気圧における水銀の場合と同じフルード

数(＝液体流速/(管長×重力加速度)$^{1/2}$)，圧力比，抵抗パラメータ，少し大きなウェーバ数(＝液体密度×(液体流速)^2×気泡直径/表面張力)をもつ)．上昇管の下部では，混合器（焼結合金リング）を出た小気泡は壁に沿って上昇するが，上昇管の中ほどでは，気泡の膨張や合体が起こり，気泡は扁平に変形し，管の中央に偏って流れる．上昇管の上部では，スラグ流になっている．

図 1.2(b) は，図 1.2(a) の場合と同じ上昇管で，分離タンク内の圧力，気体

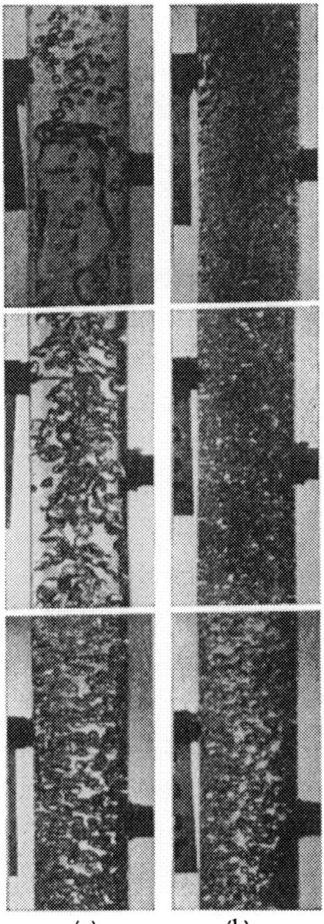

(3) (2) (1)

(a) (b)

図 1.2 自然循環ループの上昇管（内径 26 mm）内の気液 2 相流[24]

(a) は水道水，(b) は微量の界面活性剤を添加した水の場合．
(1)，(2)，(3) はそれぞれ上昇管の下部，中間部，上部での流れの様子を示す．

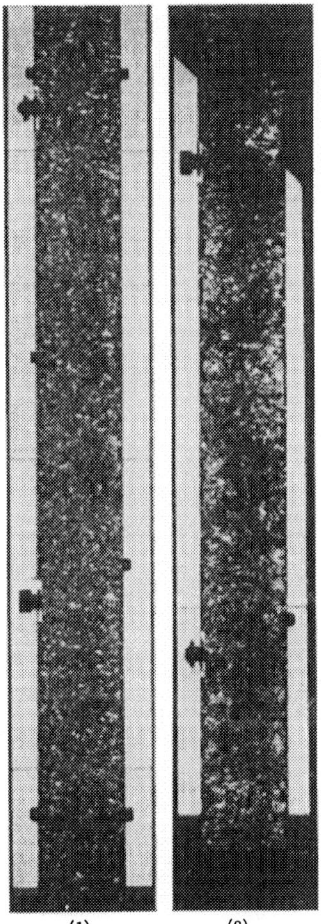

(1) (2)

図 1.3 自然循環ループの上昇管（内径 70 mm）内の気液 2 相流[24]

(1) は上昇管の下側，(2) は上昇管の上側での流れの様子．気泡流からスラグ流へ遷移する途中で気泡の集団化がみられる．

流量も同じであるが，微量の界面活性剤（Tween 20：0.001%）を添加した場合の上昇管の下部，中間部，上部での流れの写真である．上昇管全体にわたって安定した気泡流になっていることがわかる．

図1.3は，上昇管の内径を70 mmと大きくした場合の写真である．分離タンク内の圧力は10 kPa，空気流量は1.46 Nl/min，水道水が用いられている．上昇管の下部（混合器を出た直後）では均一な気泡流になっているが，やがて気泡の集団化が起こり，スラグ流へ変わっていく様子がみられる．ボイド波不安定の存在を示唆する写真である．

1.2.2 固気2相流

固体粒子は，気泡や液滴のように合体や分裂をすることはないし，大きく変形することもないので，固体粒子が気体中に分散した固気2相流の流動様式は，気液2相流の流動様式とは異なるように思われるが，類似した部分も少なくない．各相（粒子相および流体相）の体積比率や流速に関連して，流動様式の違いがみられる．重力の存在下での流動様式は，垂直管内の流れ（または垂直方向の運動）と水平管内の流れ（または水平方向の運動）とでは異なる[15]．とくに，粒子径が大きい場合にそうである．

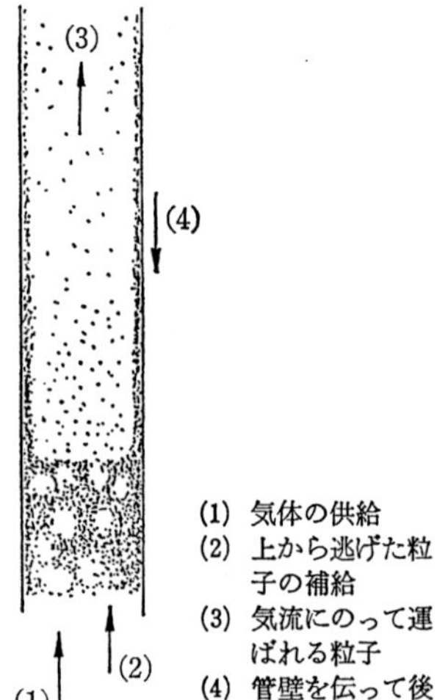

図 1.4 高速流動層のスケッチ[11]

垂直管内の固気2相流については，粒子相の体積比率が1になる（気体の体積比率が0になる）ことは実際上ない．粒子相の体積比率が最大となる極限で，粒子はぎっしり詰まった状態になり，気体はその隙間をぬって流れる．このような流動様式は，充塡層（packed bed）（または多孔性物質（porous medium））と呼ばれる．

気体の上方に向かう速度が速くなって，粒子に働く気体の抵抗が重力とつり合うようになると，粒子は浮遊し自由に揺動する状態になる．このような流動様式は，流動層（fluidized bed）と呼ばれる．流動層は安定した成層構造をもたず，気泡（粒子の存在しない空間）が粒子の浮遊した気流中をすり抜けてたえず上昇していく．それは多くの点で停滞した液体中を上昇していく気泡と似ている．図1.4は，ディビドソン（Davidson）が与えた，高速流動層のスケッチである[11]．気体の流速が増加するにつれて，流動層は垂直方向に広がり，圧力勾配は小さくなる．

気体の流速がさらに速くなると，粒子は気流に引きずられて流れ始める．粒子が気流に乗って運ばれているような流動様式は，塵埃流（dusty gas flow）または粉体流と呼ばれ，固気2相流の代表的な流動様式である．

ところで，粒子に働く気体抵抗は粒子半径の1ないし2乗に比例するが，粒子に働く重力は，粒子半径の3乗に比例するので，粒子が小さくなるにつれて，充塡層から塵埃流への移行は早くなり，十分微細な粒子では，重力の効果は小さく，粒子が気体中に分散した状態が長時間にわたって維持される．このような流動様式は，エアロゾル（aerosol），またはもっと一般的に，サスペンション（suspension）と呼ばれている．

水平管内の固気2相流の場合，流動様式は，基本的に成層流で，垂直方向に（主流と直角方向に）粒子数密度，粒子速度，気相流速の分布がある．気相の流速が増すとき，流れ方向に一様な成層構造は崩れる．粒子に対する力のつり合いは，慣性力，重力，粒子が気体から受ける応力の合力の三つであるが，粒子を床から拾い上げるために，床との衝突による反力とともに，乱れたずれ流れ中での相対運動による揚力発生のメカニズムが重要な議論の対象となる．

気体の流速がさらに速くなるとき，また，粒子径が小さく（軽く）なるとき，分布は一様になり，塵埃流または粉体流の流動様式に近づく．

ここでは，流動様式の変化を系統的に説明するため，もっぱら管内流について述べたが，もちろん，管内流以外にも，いろいろな固気2相流が存在する．

1.2.3 固液2相流，液液2相流

固液2相流は，2相の物理的構成からみても，また，基礎方程式の構成からみてもわかるように，固気2相流とよく似ている．その違いは，液体の密度が気体の密度に比べて桁違いに（10^3 倍程度に）大きいこと，および液体の粘性率が気体の粘性率に比べてこれまた桁違いに（10^2 倍程度に）大きいことからくる

このため，液体中を液体と相対的に運動する固体粒子は，気体中を運動する場合に比べて 10^3 倍程度に大きい抵抗を受ける．また，加速運動に対して，粒子が受ける仮想慣性力は，気体の場合に比べて 10^3 倍程度に大きく，もはや無視することはできない．つまり，粒子は相対運動に対して大きな抵抗を受ける．その結果，同じ大きさの固体粒子に対して，充塡層から塵埃流への移行は，低い流速で達成される．別の見方をすれば，固気2相流の場合と同じ程度の流速で，同じよ

うな流動様式の移行を実現しようとすれば，直径が10倍程度に大きい固体粒子が要求される．

流体相の流速が低いということは，流れのフルード (Froude) 数およびレイノルズ (Reynolds) 数が小さいことを意味する．つまり，(固気 2 相流の場合と違って) 流体相の流れ場において重力や粘性応力の効果が無視できなくなる．

水平管内の固液 2 相流についても，同じことがいえる．

固液 2 相流の場合，粉体流およびエアロゾルは，それぞれスラリー (slurry) およびハイドロゾル (hydrosol) と呼ばれる．

液液 2 相流は，粒子相と流体相の密度があまり違わない点で，また，流体相の粘性率が液体のそれであるという点で，固液 2 相流と似ている．一方，粒子 (液滴) が変形したり，合体や分裂する点では，気液 2 相流，とくに気泡流に似ている．しかし，液体中における液滴の変形の速度は，気泡のように速くはなく，一方，体積変化は無視できる．このため，液液 2 相流では，体積変化に対する速度式は必要でないが，変形に対する速度式が重要な役を演じる．

1.3　相変化を伴う流れ

水と空気からなる気液 2 相流のように，液相を構成する成分 (分子) と気相を構成する成分 (分子) が異なる場合は，2 成分 2 相流と呼ばれる．これに対して，水と水蒸気からなる気液 2 相流のように，液相を構成する成分と気相を構成する成分が同じ場合は，1 成分 2 相流と呼ばれる．文字の上では，1 成分 2 相流の方が，2 成分 2 相流より簡単であるかのように聞こえるが，実際はその逆で，1 成分 2 相流の方が，相変化の問題を含み，状態式も複雑になる．

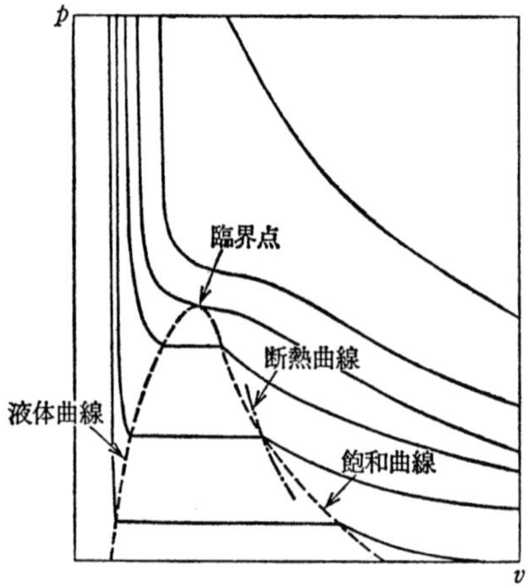

図 1.5　ファン・デル・ワールスの状態図

水などに適用できる，古くから知られている状態式として，ファン・デル・ワールス (van der Waals) の状態式がある．図 1.5 は，その比体積－圧力面上での等温曲線を示す．山形の破線で囲まれた領域は，液相と気相が共存する比体積

(または密度), 圧力, 温度の範囲で, 1成分2相流の状態が実現される. 山頂の点は, 臨界点と呼ばれ, この点における温度以上では, 気相だけが存在する. 臨界点から左側の稜線は液体曲線と呼ばれ, 右側の稜線は飽和曲線と呼ばれる.

取り扱われる問題によっては, 流れ場を通して, 流体の状態が, 液体曲線または飽和曲線またはそれら両方を横切って変わる場合がある. そのような場合には, 単相流から2相流へ, または2相流から単相流へ, または単相流から2相流を経て他の単相流へと変わる. 単相流から2相流へ変わるとき, 液体から蒸発気泡が発生し始める過程, または蒸気から凝縮液滴が発生し始める過程がある. これらはいずれも核化過程 (nucleation) と呼ばれる. 液体または蒸気が (微細な気泡や塵などの) 不純物を含む場合や (壁などの) 境界がある場合には, 相変化は, 液体曲線または飽和曲線を横切ると直ちに始まり, 不純物や壁の凸凹を核にして, 蒸発気泡または凝縮液滴が生じる. しかし, 境界から離れた, 不純物を含まない液体または蒸気中では, 核化はすぐに始まらず, 過熱液体または過冷却蒸気の状態を経て, 急激な蒸発または凝縮が起こる. このような核化過程の説明には, 分子レベルでの議論が必要であり, まだ十分には解明されていない.

とくに, 圧力が0付近で, 液体の圧力が蒸気圧以下になると蒸気泡が発生し, 蒸気圧以上になると音をたてて消滅する過程はキャビテーション (cavitation) と呼ばれている. キャビテーションは液体の高速流れ, 液体中の超音波や張力波[13]に関連して重要な問題であり, 多くの研究がなされている.

また, 臨界点の近くでは, 比熱比の急な増加, 輸送特性の変化, 密度のランダムな変動, 強い熱－重力対流など, 研究者の好奇心をかき立てる材料は多いが, 実験の難しさもあって, まだ十分に研究されていない[16]. しかし, 最近の低温工学の発展に伴い, その重要性が再認識されている.

状態式は, 流体によっては, ファン・デル・ワールスの状態式以外のものが用いられねばならない場合がある. とくに, 分子構造が複雑な流体では, 比熱が潜熱を上回る事態が生じる. ファン・デル・ワールスの状態図では, 断熱曲線 (等エントロピー線) は, 圧力が下がるとき, 飽和曲線を蒸気側から2相流側へ横切るが, 分子構造が複雑な流体の状態図では, それは2相流側から蒸気側へ横切る. このような流体では, ファン・デル・ワールスの状態式を用いて予測されるものとはまったく違った現象が起こる[13].

相変化の流れ場への影響は, 主として相変化による各相の質量比率および体積比率の変化と, 相変化に伴う潜熱の吸収または放出による. これらは, 混相流の運動量およびエネルギー輸送を変化させ，流動様式をも変化させる．流れ場は相変化の特性時間と流れ場の特性時間の比によって特徴づけられる，いわゆる相変化に対する緩和過程をもつ．相変化の特性時間（または相変化の速度）は，界面における分子レベルまたは薄膜レベルでの現象とともに，比熱，潜熱，膨張比といった流体の物性にも関係して，液滴または気泡レベルでの現象に関する議論が必要になる．このような相変化の流れ場へのかかわりは，平均化した基礎方程式からも推察することができる．

相変化を伴う固液2相流として，融解・凝固を伴う1成分2相流がある．この問題は，とくに冶金の分野で関心がもたれているが，実験・測定の難しさもあって，研究が遅れている．溶融金属は，高い導電率をもった流体として，外部からかけられた磁場と強く相互作用するので，磁気流体力学 (MHD) の知識が必要になる．

1.4 界面現象

気相，液相，固相はそれぞれに固有の分子間力および分子運動をもっているが，異なる相の境界では，分子間力および分子運動の均衡が崩れ，表面張力や蒸発・凝縮などにみられるように，いわゆる界面現象 (interfacial phenomena) が生じる[17,18]．

気相が混合気体の場合や，液相が溶液の場合には，さまざまな界面現象が起こる．たとえば，電気集塵器にみられるように，気体中に分散した固体粒子や液滴はいろいろな原因で表面に帯電する．そして，外部からかけられた電場の影響を受けて運動する．また，1.2.1項の図1.2でみられたように，垂直管内を上昇する水－空気のスラグ流は，微量の界面活性剤を添加すると，均質な気泡流に変身する．これは，界面活性剤の分子が界面に吸着されて薄い膜を形成し，界面における応力のつり合い，したがって界面の形や運動の状態を変え，気泡の合体に強く抵抗するためとみられる．

また，一般に，界面の状態の変化は，界面を通しての質量やエネルギーの輸送過程や輸送速度を変え，混相流の輸送特性をコントロールする．これは新しい機能をもった「人工流体」をつくり出す可能性を示唆する．

界面現象の研究は，表面張力や蒸発・凝縮など，分子レベルでの議論が，また，吸着・表面拡散など薄膜レベルでの議論が要求される．これらは界面における境界条件に組み込まれて（保存則から導かれる“とびの条件”に含まれる量に対する構成式として）局所・瞬時的な分離した相（粒子）レベルでの流れ場に影響し，さらに平均化によって，いわゆる中間尺度の空間・時間レベルでの混相流の特性に影響する．

1.5 混相流の特徴

最初に（1.1節で）述べたように，混相流は，二つ以上の異なる相の物質が混在していて，相互に作用し合いながら運動する混合体である．それゆえ，異なる相の間の局所的および瞬時的な相互作用が基本になり，重要であることはいうまでもない．しかし，それらの局所的・瞬時的な相互作用が，ある空間またはある時間にわたって集合または集積された効果は，単相流とは似てもつかない混相流に特有な性質をつくり出す．

その典型的な例は，混相流中を伝播する波にみられる．気体と多数の固体粒子または液滴からなる2相流（塵埃流または噴霧流），または液体と多数の気泡からなる2相流（気泡流）では，粒子（固体粒子，液滴，気泡のいずれかを指す）が十分小さくて，粒子と周囲流体との間の相対速度が無視できるとき，圧力波（音波）の伝播速度は，気体だけまたは液体だけの単相流の場合より桁違いに小さくなる．多数の粒子を含む空間を考えるとき，平均密度は液体の存在によって気体だけの場合より非常に大きくなり，また，平均圧縮率は気体の存在によって液体だけの場合より非常に大きくなる．したがって，平均密度と平均圧縮率の積の平方根の逆数で与えられる圧力波（音波）の伝播速度は大幅に減少するのである．

気体と多数の固体粒子または液滴からなる2相流体の場合，粒子がもう少し大きくて，粒子と周囲気体との間で運動量やエネルギーを交換するために必要な時間が，圧力波の周期と同程度の大きさになると，いわゆる緩和性（relaxation）が現れる．これは，振動数または波長に関係した伝播速度および減衰率を与える．一方，液体と多数の気泡からなる2相流体の場合は，気泡がもっと大きくなって，気泡の体積振動の固有周期が圧力波の周期と同程度の大きさになると，流体の変化に対応する気泡と周囲液体間の圧力差が無視できなくなり，圧力波の伝播速度は，振動数または波長によって大きく異なる．

このように，圧力波（音波）が分散性（dispersion）をもつ（波の振動数または波長によって伝播速度が異なる）とき，流れ場は，普通の気体の場合のように，亜音速流とか超音速流とかに，はっきりわけることができない．流れは，ある波長の音波に関しては亜音速であるが，他の（たとえばもっと短い）波長の音波に関しては超音速であるといった事態が生じる．つまり，分散性の流れ場について議論しなければならない．これは，ノズル内の流れや物体を過ぎる流れで，普通の気体ではみられない，混相流に特有な流れ場を与える．

ランダムに配置された異なる相が互いに異なる速度で動くとき，流れ場は常に変動する．つまり，流体相が流体力学的に安定であっても，乱れが現れるのである．このような乱れの特性は，ランダムに分散した相（粒子）の大きさ，分散した相の間隔（粒子間距離），分散した相とそれらを取り巻く流体との間の相対速度に関係する．もちろん，混相流の多重構造のいろいろなスケールで，流体力学的な不安定から生じる乱れも可能である．これらの流体力学的な不安定から流れに生じた乱れは，粒子と相互作用し，また，上に述べた混相流に特有なランダムな変動と干渉し合って，あるときは乱れを抑制し，また，あるときは乱れを助長する．このような流れ場のランダムな変動は混相流に特有な運動量やエネルギーの輸送機構をもたらすと考えられる．

相間の相対運動に関連して，気相と液相（または混じり合わない液相と液相）からなる2相流では2相流の相互作用から不安定の生じることが多い．ある場合には，気泡や液滴の分裂や微粒化 (atomization) が生じ，また，ある場合には（図1.3にみられるように）集団化や合体 (coalescence) が生じる．これらの不安定の物理的メカニズムはまだよく理解されていないが，相間の相対運動はこのような方法でも混相流の乱れに関係し，さらには流動様式そのものにも影響を及ぼす．

混相流，とくに粒子や気泡の分散した混相流は，場の力を受けて運動する粒子の集団現象という点で，プラズマとよく似ている．混相流の場合，イオンや電子に対応するものは，固体粒子や気泡であり，電磁場に対応するものは，気体や液体の流体相である．プラズマの場合のシナリオ――荷電粒子（イオンや電子）の直接衝突よりも，荷電粒子のランダムな変動が，電磁場のランダムな変動を引き起こし，それがまた他の荷電粒子のランダムな変動を引き起こす．そして，変化していく主流や境界で発生するいろいろな微視的および巨視的不安定が，それらの変動を助長し，プラズマに特有な輸送機構や流れ場を与える――は，混相流の場合のシナリオを考えるうえで，多くの示唆を与える．

混相流の場合，異なる相の界面における分子スケールまたは薄膜スケールでの現象が，界面における境界条件（運動学的，力学的，熱的など）に組み込まれて，分離した相（粒子）のスケールでの局所・瞬時的な現象を支配し，その集合または集積された効果が，平均化された空間・時間スケール（いわゆる中間尺度）での混相流の輸送特性をつくり出し，さらに，それがもっと広い範囲にわたって混相流に特有な流れ場を与えるといった多重構造が，混相流の特徴であり，また，そのような多重構造の複雑さが，取扱いを難しくしている．さらに，薄膜，分離した相（粒子），流れ場のスケールの相対的な大きさがはっきりしていないことも，説明を複雑にしている．

1.6 混相流体力学の現況

混相流を記述し解析するための基礎方程式が，まだ十分に確立されていない現在，混相流体力学の現況についてとやかくいうことは，ばかげてみえるかもしれない．今日までになされてきた多くの努力と得られた結果を無視して，我々はまだ出発点にいるといったほうが，これから混相流を研究しようとする人にとっては魅力があり，また，従来の考え方にとらわれずに新しい発想を生み出すためにはむしろよいかもしれない．

ともあれ，混相流が大きな研究分野であることはほぼ間違いない．それは，盲人が巨象に触れるたとえのように，今日手に入れられる多くの情報から感じとることができる．実際に，混相流に関連した現象は，自然界や日常生活の中に，また，工学のあらゆる分野において，常に出会うものであるが，その物理的なメカニズムはまだよく理解されておらず，説明できない部分が多い．それらを調べれば調べるほど，絡みが複雑で内容の豊富さが感じられる．

さて，混相流の素過程として，気体や液体中を運動する固体粒子または液滴，液体中を運動する気泡，粒子と粒子の間の相互作用（粒子は固体粒子，液滴，気泡のいずれかを指す），粒子と壁の間の相互作用，粒子の運動によって影響を受ける流れ場，分離した2相の境界面で生じる波，境界面における蒸発・凝縮または融解・凝固，界面活性分子の吸着・拡散などの問題は，それら自身従来の流体力学における重要な問題として，古くから研究されてきた．固体粒子，とくに剛体粒子は，変形や体積変化を伴う液滴や気泡に比べて取扱いが容易であるため，先行して研究されてきたといえる．これらの知識は，混相流を理解するうえで欠くことのできないものであり，本書では，第2章で多くの頁を費やしてくわしく述べられる．

一方，多数の粒子が存在する混相流を取り扱う試みは，固気2相流，とくに層流塵埃流と呼ばれる，乱れのない気流中にまばらに分散した（希薄な）均一の大きさの剛体球粒子の場合から始まった[14]．気体力学（混合気体）の取扱いからの延長として，類似した（曖昧な部分が少ない）基礎方程式が得られ，また，その解を見出し，いろいろな現象を説明することにも大きな困難はないとあって，多くの問題が取り扱われている．

層流塵埃流の後を追って，同様な取扱いが，層流（希薄）気泡流について試みられ，そのような気泡流と塵埃流との間にいろいろな性質の相違のあることが明らかにされた．

その後，一般に希薄でない多数の粒子が存在する混相流の基礎方程式が，“平均化法”（averaging method）と呼ばれる方法で形式的に導かれた．いわゆる，今日，2流体モデルとか混合体モデルとか呼ばれているものである．しかし，基礎方程式に含まれた未知数の数と方程式の数を一致させるために，すなわち，方程式系を閉じるために，多くの構成式が必要になる．これが大きな障害となって，その行く手を阻んでいるのである　それは，これまでに流体力学や混合気体の力学やプラズマの力学で経験したものよりさらに複雑で，取扱いが厄介であるように思われる．

3.6節でくわしく述べられるように，バチェラー（Batchelor）をして1930年代に乱流の研究がおかれていた状況を連想させたのも，このためであろう[10]．その大きな理由は，単に複雑であるというだけでなく，多くの場合，平均される量が統計的に均一とみなせないため，限られた変数で“一意的に表すことができない”ことにある．

そうとはいうものの，このような方法によって，局所・瞬時的な運動や相互作用の必要以上に詳細なことは取り除かれ，また，考慮せねばならない項を一応もれなく示しており，それらの項と局所・瞬時的な流体の運動，不連続面の運動，不連続面を通しての相互作用とのつながりを知るうえで有用であることには異論はないであろう．

このような状況の下で，工学的ニーズに対して急場をしのぐために，いわゆる経験的構成式が数多く提案されている．それらの経験的構成式は，いろいろな構成原理（constitutive principle）（構成式を構成するに当たって当然満足せねばならない基本原理）[19] に違反しないように，また，単相流体や混合気体やプラズマの場合の構成式からの経験をもとに，表式が仮定され，実験のデータに合わせて与えられるもので，制限された条件の下でのみ利用できる．

現在のところ，経験的な構成式に頼らずに基礎方程式が得られ，具体的に問題が解かれ，混相流に特有な流れ場が説明できるのは，基本的に，相間の速度差が無視できる均質2相流，および乱れが無視できる希薄な微小粒子（固体粒子，液滴，気泡）の2相流に限られている．本書で，層流塵埃流や層流希薄気泡流の問題が多くの部分を占めているのもこのためである．

もちろん，この困難を打開しようとする多くの努力がなされている．平均化の方法で中間尺度の空間にわたる積分を忠実に実行して構成式を与えようとする試み[20]；非可逆熱力学の関係を利用して構成式の形にもっと制限をつけようとする試み[21]；分子気体運動論やプラズマ運動論の取扱いにならって混相流に対する基礎方程式や構成式を得ようとする試み[22]；平均化した混相流体に対して新しい連続体の力学を構築しようとする試み[23]；粒子と流体のランダムな変動に関連した相互作用を考慮した粒子追跡法；等々がみられる．これらの新しい試みは，それぞれに，混相流のある新しい局面をとらえているが，まだ多くの制限があり，一般的ではないと思われる．

注

注1） 1種類の分子からなる気体を単一気体と呼ぶ．空気のように数種類の分子からなる気体でも，化学変化がなく，分子間の衝突が十分に行われて，各種類の気体の平均速度および温度に差異が認められなければ，単一気体として扱われる．

注2） 混合部は，細い上昇管の場合は管と同じ内径の焼結合金のリングであり，太い上昇管の場合は管壁から中心に向けて放射状に挿入された焼結合金の細い管である．

参考文献

1) S.L. Soo: Fluid Dynamics of Multiphase Systems (Blaisdell, 1967).
2) M. Ishii: Thermo-Fluid Dynamic Theory of Two-Phase Flow (Fyrolles, Paris, 1975).
3) S.I. Pai: Two-Phase Flows (Vieweg, 1977).
4) P.P. Wegener: Nonequilibrium Flows, Part 1 (Dekker, 1969) 163.
5) G. Rudinger: Nonequilibrium Flows, Part 1 (Dekker, 1969) 119.
6) F.E. Marble: *Ann. Rev. Fluid Mech.*, **2** (1970) 397.
7) L. van Wijngaarden: *Ann. Rev. Fluid Mech.*, **4** (1972) 369.
8) D.A. Drew: *Ann. Rev. Fluid Mech.*, **15** (1983) 261.
9) 日本流体力学会編：流体力学ハンドブック（丸善，1987），19 混相流，579.
10) G.K. Batchelor: Proc. 17th ICTAM (North-Holland, 1988) 27.

11) J.F. Davidson : Proc. 17th ICTAM (North-Holland, 1988) 57.
12) L. van Wijngaarden : Proc. 17th ICTAM (North-Holland, 1988) 387.
13) G.E.A. Meier and P.A. Thompson (eds.) : Adiabatic Waves in Liquid-Vapor Systemes (Springer-Verlag, 1989).
14) C.F. Carrier : *J. Fluid Mech.*, **4** (1956) 376.
15) Y. Tsuji and Y. Morikawa : *J. Fluid Mech.*, **120** (1982) 385.
16) R.A. Thompson and K.C. Lambrakis : *J. Fluid Mech.*, **60** (1973) 187.
17) Y. Sone and Y. Onishi : *J. Phys. Soc. Jpn.*, **44** (1978) 1981.
18) I.B. Ivanov : *Pure & Appl. Chem.*, **52** (1980) 1241.
19) D.A. Drew and R.T. Lahey : *Int. J. Multiphase Flow*, **5** (1975) 243.
20) G.K. Batchelor : *J. Fluid Mech.*, **41** (1970) 545.
21) D. Lhuillier : *Int. J. Multiphase Flow*, **11** (1985) 427.
22) S. Morioka and T. Nakajima : *J. Méca. Théor. Appl.*, **6** (1987) 77.
23) G.K. Batchelor : *J. Fluid Mech.*, **198** (1988) 75.
24) 文字秀明：博士論文（筑波大・構造工, 1988).

2. 混相流における素過程

この章では，異なる相の間にある境界面を横切って成り立つ関係，また，流体中における1個ないし数個の物体（固体粒子，液滴，気泡）の運動，それに伴う物体まわりの流体の運動，そのとき物体に働く力に関する関係について述べられる．これらの関係は，多重構造をもつ混相流のセミ-ミクロなスケールで起こっている現象，つまり混相流の基礎となっている素過程を理解するうえで重要である．従来の流体力学または分子気体力学における問題の解として，非常に多くの結果が得られている．頁数の制限から，それらの要点について述べられる．

2.1 界面における条件

2.1.1 界面条件に関する注意

界面で相変化がない場合，界面では粘着条件，すなわち両相の速度が等しく(特に界面の運動に相対的な両相の速度の法線成分はともに0)，両相の温度が等しいという条件が用いられることは周知のとおりである．これは界面近傍の微視的構造から導かれるものであるが，微視的構造には立ち入らない通常の(粘性)流体力学の枠組内では，仮定される条件である．流体中に一定温度の物体(固体)がある場合のように，一方の相の運動，温度分布があらかじめ指定されている問題では，この粘着条件が他方の相の運動，温度分布を決定する際の境界条件となる．しかし，物体の温度や内部流動（物体が別の流体でできている場合）が外部流体との相互作用で決まる場合のように，界面の両側の相の運動や温度分布が同時に決定される問題では，粘着条件だけでは界面における境界条件が不十分である．これは，各相はそれぞれ固有の運動方程式(力学法則)に支配されているが，界面には何ら（巨視的)力学法則が適用されていないため，界面を含む系全体の力学的記述が不完全なことによる．これを完全なものにするには，界面をはさんで力学的保存則を適用すればよい．この操作によって新たな条件が得られる（界面で相変化がない場合，質量保存則から出る条件は，粘着条件のうちの速度の法線成分に関する条件と同じである）．この条件を界面における境界条件に追加すれば，各相に固有の方程式によって両相の運動，温度分布が決定される．2.1.2項では，保存則から導かれる条件を，一般の形で述べる．2.1.3項では，界面で蒸発・凝縮が起こっているとき粘着条件に代わって用いられる（微視的考察から導かれる）条件について述べる．

2.1.2　保存則から出る条件

a.　2成分2相流または1成分2相流の場合[1,2)]

異なる相の間にある不連続な境界面では，境界面をはさむ薄い層の素片に積分形式の保存則を適用して，境界面における条件，いわゆる「とびの条件」が得られる．

図2.1は不連続な境界面をはさむ薄い筒形の検査面を示す．筒の切断面の面積を$\varDelta A$，切断面の周辺の長さをc，筒の高さをδとする　δは界面効果の影響する範囲を示す．境界面の速度をq_i^*，筒の下面および上面における流体の速度をそれぞれ$q_i^{(1)}$および$q_i^{(2)}$とする[注1)]．筒の切断面に立てた外向き単位法線ベクトルをn_i，筒の側面に立てた外向き単位法線ベクトルをN_iで表す．

この筒を検査面とする積分形式の質量保存則は，

$$\frac{d}{dt}\iiint_{\varDelta A\times\delta}\rho dV=-\iint_{\varDelta A}\rho(q_i-q_i^*)n_i dS-\iint_{c\times\delta}\rho(q_i-q_i^*)N_i dS \quad (2.1)$$

のように表すことができる．d/dtは境界面に乗った時間微分を表す．検査面が

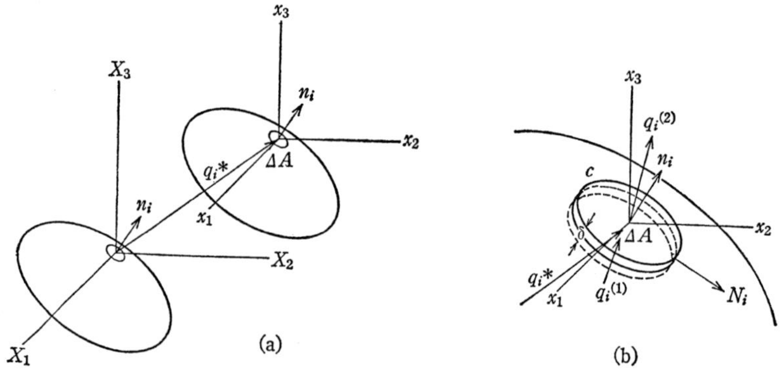

図 2.1　境界面をはさむ薄い筒形検査面

幾何学的な閉曲面で，流体粒子とともに動かなくてもよいことに注意すべきである．左辺は検査面で囲まれた流体の質量が単位時間当り増加する割合を表し，右辺は検査面を通して単位時間当り流入する流体の質量を表している．

(2.1) の左辺は，面輸送の定理を用いて，

$$\frac{d}{dt}\iint_{\varDelta A}\left(\int_{\delta}\rho d\delta\right)dA=\iint_{\varDelta A}\left\{\frac{d}{dt}\left(\int_{\delta}\rho d\delta\right)+\left(\int_{\delta}\rho d\delta\right)\frac{\partial q_i^*}{\partial s_i}\right\}dA$$
$$\simeq\left\{\frac{d}{dt}\left(\int_{\delta}\rho d\delta\right)+\left(\int_{\delta}\rho d\delta\right)\frac{\partial q_i^*}{\partial s_i}\right\}\varDelta A \qquad (2.2)$$

のように表すことができる[注2)]．

一方，(2.1) の右辺第1項は

$$-\iint_{\varDelta A}\rho(q_i-q_i^*)n_i dS\simeq-\rho^{(1)}(q_i^{(1)}-q_i^*)n_i\varDelta A+\rho^{(2)}(q_i^{(2)}-q_i^*)n_i\varDelta A$$
$$=[\rho(q_i-q_i^*)n_i]\varDelta A \qquad (2.3)$$

と書ける．ここで $[f]=f^{(2)}-f^{(1)}$ の略記法を用いた．また n_i は筒の下面に立てた外向き単位法線ベクトルを表す．(2.1) の右辺第2項は $q_i^*N_i=\int_{\delta}\rho q_i N_i d\delta\Big/\int_{\delta}\rho d\delta$ の関係から消える：

$$-\iint_{c\times\delta}\rho(q_i-q_i^*)N_i dS=-\int_c\left\{\int_{\delta}\rho(q_i-q_i^*)N_i d\delta\right\}dc=0 \qquad (2.4)$$

(2.2)～(2.4) の結果を (2.1) に用いると

$$\frac{d}{dt}\left(\int_{\delta}\rho d\delta\right)+\left(\int_{\delta}\rho d\delta\right)\frac{\partial q_i^*}{\partial s_i}=[\rho(q_i-q_i^*)n_i] \qquad (2.5)$$

の関係が得られる．2成分2相流および1成分2相流の場合，界面に吸着される成分はないから，左辺の積分は十分小さな δ に対して無視できる．そこで，

$$[\rho(q_i-q_i^*)n_i]=0 \qquad (2.6)$$

の関係が得られる．これが相間の不連続な境界面を横切って成り立つ質量保存則を表す「とびの条件」である．

同様に，積分形式の運動量保存則を，上に述べた不連続な境界面をはさむ薄い筒形の検査面に適用して，

$$\frac{d}{dt}\iiint_{\varDelta A\times\delta}\rho q_i dV=-\iint_{\varDelta A}\rho q_i(q_j-q_j^*)n_j dS-\iint_{c\times\delta}\rho q_i(q_j-q_j^*)N_j dS$$
$$+\iint_{\varDelta A}T_{ij}n_j dS+\iint_{c\times\delta}T_{ij}N_j dS+\iiint_{\varDelta A\times\delta}\rho f_i dV \qquad (2.7)$$

これから，

$$\frac{d}{dt}\left(\int_{\delta}\rho q_i d\delta\right)+\left(\int_{\delta}\rho q_i d\delta\right)\frac{\partial q_j^*}{\partial s_j}$$

$$=[\rho q_i(q_j-q_j^*)n_j-T_{ij}n_j]-\frac{\partial}{\partial s_j}\left\{\int_\delta \rho q_i(q_j-q_j^*)d\delta\right\}$$

$$+\frac{\partial}{\partial s_i}\left(\int_\delta T_{ij}d\delta\right)+\int_\delta \rho f_i d\delta \qquad (2.8)$$

の関係が得られる．T_{ij} は応力テンソル，f_i は単位質量当りの体積力を表している．右辺の第 2 項および第 3 項を導くのに，面内におけるガウスの定理が用いられた[注3)].

2 成分 2 相流および 1 成分 2 相流の場合，十分小さな δ に対して，左辺の項，右辺第 2 項，最後の項は無視できる．また $\int_\delta T_{ij}d\delta=\sigma N_i N_j$ と仮定すれば，

$$\frac{\partial}{\partial s_j}\left(\int_\delta T_{ij}d\delta\right)=-\sigma\kappa n_i+\frac{\partial\sigma}{\partial s_i} \qquad (2.9)$$

ここで，σ は表面張力，κ は境界面の平均曲率で，$-n_i$ に向かって正とする.

それゆえ，相間の不連続な境界面を横切って成り立つ運動量保存に対する「とびの条件」として

$$[\rho q_i(q_j-q_j^*)n_j-T_{ij}n_j]=\sigma\kappa n_i-\frac{\partial\sigma}{\partial s_i} \qquad (2.10)$$

が得られる[注4)].

同様に，積分形式のエネルギー保存則から，

$$\frac{d}{dt}\iiint_{\Delta A\times\delta}\rho\left(e+\frac{1}{2}q^2\right)dV$$

$$=-\iint_{\Delta A}\rho\left(e+\frac{1}{2}q^2\right)(q_j-q_j^*)n_j dS-\iint_{c\times\delta}\rho\left(e+\frac{1}{2}q^2\right)(q_j-q_j^*)N_j dS$$

$$+\iint_{\Delta A}T_{ij}q_i n_j dS+\iint_{c\times\delta}T_{ij}q_i N_j dS+\iiint_{\Delta A\times\delta}\rho f_i q_i dV$$

$$-\iint_{\Delta A}Q_j n_j dS-\iint_{c\times\delta}Q_j N_j dS \qquad (2.11)$$

これから，

$$\frac{d}{dt}\left(\int_\delta \rho e d\delta\right)+\left(\int_\delta \rho e d\delta\right)\frac{\partial q_i^*}{\partial s_i}+\frac{d}{dt}\left(\int_\delta \frac{1}{2}\rho q^2 d\delta\right)+\left(\int_\delta \frac{1}{2}\rho q^2 d\delta\right)\frac{\partial q_i^*}{\partial s_i}$$

$$=\left[\rho\left(e+\frac{1}{2}q^2\right)(q_j-q_j^*)n_j-T_{ij}q_i n_j+Q_j n_j\right]$$

$$-\frac{\partial}{\partial s_j}\left\{\int_\delta \rho\left(e+\frac{1}{2}q^2\right)(q_j-q_j^*)d\delta\right\}+\frac{\partial}{\partial s_i}(\sigma q_t^* N_i)$$

$$+\int_\delta \rho f_i q_i d\delta+\frac{\partial}{\partial s_i}(Q_t^* N_i) \qquad (2.12)$$

の関係が得られる．e は単位質量当りの内部エネルギー，Q_i は熱流ベクトルである．$q_t^* N_i$ および $Q_t^* N_i$ はそれぞれ q_i^* および $\int_\delta Q_i d\delta$ の切平面成分を表す.

(2.12)の右辺第2項，第3項および第5項は，面内におけるガウスの定理を用いて導かれた．

2成分2相流および1成分2相流の場合，十分小さなδに対して，左辺の最後の2項，右辺の第2項，最後の2項は無視できる．また，左辺の最初の2項の積分で，$\int_\delta \rho e d\delta$は界面エネルギー$u^*$を与える．すなわち

$$\int_\delta \rho e d\delta = u^* \tag{2.13}$$

それゆえ，(2.12)は

$$\left[\rho\left(e+\frac{1}{2}q^2\right)(q_j-q_j^*)n_j - T_{ij}q_i n_j + Q_j n_j\right] = \frac{du^*}{dt} + u^*\frac{\partial q_i^*}{\partial s_i} - \frac{\partial}{\partial s_i}(\sigma q_i^* N_i) \tag{2.14}$$

のように書ける．これが，相間の不連続な境界面を横切って成り立つエネルギー保存に対する「とびの条件」である．

相変化に関する潜熱h_Lは内部エネルギーeに含まれる(1成分2相流の場合)：

$$e^{(1)} = c_1 T^{(1)} + h_L, \qquad e^{(2)} = c_2 T^{(2)} \tag{2.15}$$

熱力学の関係から，境界面における単位面積当りの内部エネルギーu^*は，境界面における単位面積当りの自由エネルギーf^*によって

$$u^* = f^* - T^*\frac{\partial f^*}{\partial T} \tag{2.16}$$

のように表される．T^*は境界面における温度を表す．境界面が平面に近い場合には，$f^* \sim \sigma$の関係が成り立つので，

$$u^* = \sigma - T^*\frac{\partial \sigma}{\partial T} \tag{2.17}$$

となる．

b. 多成分2相流の場合[3~5]

2成分2相流または1成分2相流の場合と同じように，不連続な境界をはさむ薄い筒形の検査面を考える(図2.1参照)．k成分の物質について，積分形式の質量保存則を書くと，

$$\frac{d}{dt}\iiint_{\Delta A\times\delta}\rho_k dV = -\iint_{\Delta A}\rho_k(q_{ki}-q_{ki}^*)n_i dS - \iint_{c\times\delta}\rho_k(q_{ki}-q_{ki}^*)N_i dS + \iiint_{\Delta A\times\delta}\varepsilon_k dV \tag{2.18}$$

となる．ε_kは化学反応により単位体積内で単位時間に発生するk成分の質量を表している．(2.18)から，前と同じ手順で

$$\frac{d}{dt}\left(\int_\delta \rho_k d\delta\right) + \left(\int_\delta \rho_k d\delta\right)\frac{\partial q_{ki}^*}{\partial s_i} = [\rho_k(q_{ki}-q_{ki}^*)n_i] + \int_\delta \varepsilon_k d\delta \tag{2.19}$$

を得る.

混合体全体としての密度 ρ および速度 q_i を

$$\rho=\sum_{k=1}^{n}\rho_k, \qquad \rho q_i=\sum_{k=1}^{n}\rho_k q_{ki} \tag{2.20}$$

で定義する. (2.19) の各項を k について加え合わせ, (2.20) および $\sum_{k=1}^{n}\varepsilon_k=0$ (たとえ成分には化学変化による質量の発生や消滅があっても, 混合体全体としての質量には変化がない) の関係を用いると

$$\frac{d}{dt}\left(\int_\delta \rho d\delta\right)+\left(\int_\delta \rho d\delta\right)\frac{\partial q_i^*}{\partial s_i}=[\rho(q_i-q_i^*)n_i] \tag{2.21}$$

を得る. これは形式的に (2.5) と一致している.

k 成分の質量保存に対する「とびの条件」(2.19) は

$$\Gamma_k=\int_\delta \rho_k d\delta \tag{2.22}$$

$$W_{ki}^*=q_{ki}^*-q_i^* \tag{2.23}$$

で定義される k 成分の界面密度 (界面の単位面積当りの質量) Γ_k および k 成分の界面拡散速度 W_{ki} を用いて左辺を書き直し, さらに, 界面拡散が界面密度の負の勾配に比例すると仮定して

$$\left(\int_\delta \rho_k d\delta\right)W_{ki}^*=-D_k^*\frac{\partial \Gamma_k}{\partial s_i} \tag{2.24}$$

とおけば,

$$\frac{d\Gamma_k}{dt}+\Gamma_k\frac{\partial q_i^*}{\partial s_i}-\frac{\partial}{\partial s_i}\left(D_k^*\frac{\partial \Gamma_k}{\partial s_i}\right)=[\rho_k(q_{ki}-q_{ki}^*)n_i] \tag{2.25}$$

のように書ける. ただし, 化学反応による k 成分の質量の発生・消滅はないとしている. たとえば, 界面活性剤を添加した水では, 界面活性成分に対して (2.25) のような界面での条件が考えられる. このとき, 右辺は吸着するために界面に向かう界面活性成分の体積拡散に対応する.

k 成分および混合体全体の運動量保存に対する「とびの条件」も同じ手順で得られる. まず, k 成分については,

$$\begin{aligned}\frac{d}{dt}\left(\int_\delta \rho_k q_{ki} d\delta\right)&+\left(\int_\delta \rho_k q_{ki} d\delta\right)\frac{\partial q_{kj}^*}{\partial s_j}\\ &=[\rho_k q_{ki}(q_{kj}-q_{kj}^*)n_j-T_{kij}n_j]+\frac{\partial}{\partial s_j}\left[\int_\delta \{\rho_k q_{ki}(q_{kj}-q_{kj}^*)-T_{kij}\}d\delta\right]\\ &\quad+\int_\delta \rho_k f_{ki} d\delta+\int_\delta P_{ki} d\delta\end{aligned} \tag{2.26}$$

最後の項は, 界面の薄膜内で単位時間に他の成分との相互作用により k 成分が獲得する (単位面積当りの) 運動量を表している. 界面に電荷が集積したり, 界面

電流が流れる場合には，最後の 2 項が役を演じる．次に混合体全体については，

$$\frac{d}{dt}\left(\int_\delta \rho q_i d\delta\right)+\left(\int_\delta \rho q_i d\delta\right)\frac{\partial q_j^*}{\partial s_j}$$

$$=[\rho q_i(q_j-q_j^*)n_j-T_{ij}n_j]-\frac{\partial}{\partial s_j}\left[\int_\delta\{\rho q_i(q_j-q_j^*)-T_{ij}\}d\delta\right]$$

$$+\int_\delta\sum_{k=1}^{n}\rho_k f_{ki}d\delta \tag{2.27}$$

ここで，(2.20) に加えて，

$$T_{ij}=\sum_{k=1}^{n}(T_{kij}-\rho_k w_{ki}w_{kj}) \tag{2.28}$$

で定義される混合体全体に対する応力が用いられている． w_{ki} は拡散速度 $q_{ki}-q_i$ を表している．

界面薄膜の運動量および界面薄膜に働く体積力が無視できる場合，(2.27) は

$$T_{ij}^{(1)}n_j-T_{ij}^{(2)}n_j+\frac{\partial}{\partial s_j}\left(\int_\delta T_{ij}d\delta\right)=0 \tag{2.29}$$

となる． $\int_\delta T_{ij}d\delta=\sigma N_iN_j+\mu^*\frac{\partial}{\partial s_j}(q_i^*N_i)$ のように仮定すれば，界面における力のつり合い式の法線成分および切平面成分から

$$-p^{(1)}+\mu^{(1)}e_{nn}^{(1)}+p^{(2)}-\mu^{(2)}e_{nn}^{(2)}-\sigma\kappa=0 \tag{2.30}$$

$$\mu^{(1)}e_{ns}^{(1)}-\mu^{(2)}e_{ns}^{(2)}+\frac{\partial\sigma}{\partial s_i}+\frac{\partial}{\partial s_j}\left\{\mu^*\frac{\partial}{\partial s_j}(q_i^*N_i)\right\}=0 \tag{2.31}$$

を得る． e_{nn}, e_{ns} は変形速度テンソルの成分[注5)]， $q_i^*N_i$ は q_i^* の切平面成分， μ^* は界面粘性率を表す．たとえば，界面活性剤を添加した水では，界面薄膜をはさんでの力のつり合いはこのように表される． μ^* が非常に大きいとき，(2.31) から $\frac{\partial}{\partial s_j}(q_i^*N_i)=0$ となり，界面には界面活性成分の動かない殻が形成され，外部の流体はこの殻に粘着して流れる．

k 成分および混合体全体のエネルギー保存に対する「とびの条件」も同じ手順に従って得られる．混合体全体についての表式は (2.12) と形式的に一致する．ただし，(2.20), (2.28) に加えて，

$$\rho e=\sum_{k=1}^{n}\left(\rho_k e_k+\frac{1}{2}\rho_k w_k^2\right),\qquad \rho f_i q_i=\sum_{k=1}^{n}\rho_k f_{ki}q_{ki}$$

$$Q_j=\sum_{k=1}^{n}\left[Q_{kj}+\left(\rho_k e_k+\frac{1}{2}\rho_k w_k^2\right)w_{kj}-T_{kij}w_{ki}\right] \tag{2.32}$$

の読替えが必要である．

2.1.3 凝縮相界面における条件

通常の境界面では粘着条件が用いられることはすでに述べたとおりであるが，系が気体とその凝縮相からなる2相系[注6)]で，その界面で蒸発・凝縮が起こる場合には，粘着条件の代わりに界面でどのような条件が成り立つのであろうか．この条件およびそれと合わせて用いるべき（気体の運動を支配する）流体力学方程式を導出するには，気体分子運動論による微視的考察が必要となる．すなわち分子気体力学（ボルツマン(Boltzmann)方程式）によって気体の振舞いを解析しなければならない．

この場合については，すでにボルツマン方程式の系統的な解析により，気体の流れ場を支配する流体力学方程式と界面における適切な境界条件，さらにそれらに対する気体の希薄化効果による補正が精確に求められている[6~9)]．その理論と解析は本シリーズ第3巻『分子気体力学』および文献6～12に譲り，ここではそれによって導かれた（気体の希薄化効果を考えない）通常の流体力学レベルにおける界面での条件（粘着条件に代わる境界条件）を，強い蒸発・凝縮に対する最近の結果[13~20)]と合わせてまとめて示す[注7)]．

なお，本項では，気体は単原子分子の理想気体であるとし，凝縮相界面を離れる気体分子は界面の温度，その速度，界面温度における飽和蒸気圧をそれぞれ温度，速度，圧力としてもつマクスウェル (Maxwell) 分布の対応する部分に従って分布していると仮定する[注8)]．

a. 流れが比較的遅い場合

まず，考える系における気体の流れが比較的遅い場合，すなわち，系の代表長さ L，流れの代表速さ U，粘性率 μ，密度 ρ で定義されるレイノルズ (Reynolds) 数 $R_e=\rho UL/\mu$ が1程度またはそれ以下の大きさ［$R_e=O(1)$］である場合を考える[注9)]．このとき，気体の流れ場は非圧縮性粘性流体に対するナビエ－ストークス (Navier-Stokes) 方程式系によって支配され，凝縮相界面においては次の関係が成り立つ[6~9)]．

$$(v_i-v_{wi})t_i=0 \tag{2.33}$$

$$\frac{p}{p_w}=1+C_4^*(2RT_w)^{-1/2}v_in_i \tag{2.34}$$

$$\frac{T}{T_w}=1+d_4^*(2RT_w)^{-1/2}v_in_i \tag{2.35}$$

ここに，v_i は気体の流速，p は気体の圧力，T は気体の温度，n_i は界面の（気体側向き）単位法線ベクトル，t_i は界面の単位接線ベクトル，v_{wi} は界面の速度（本項では界面はその面内でのみ運動するとする．すなわち，$v_{wi}n_i=0$)，T_w は界面の温度，p_w は温度 T_w における飽和蒸気圧[注10]，R は単位質量当りの気体定数（ボルツマン定数/分子の質量）である．C_4^*, d_4^* は定数で，考えている気体の分子間力の形によって異なる[注11]．剛体球分子に対するボルツマン方程式およびボルツマン方程式をモデル化したボルツマン－クルック－ベランダ（Boltzmann-Krook-Welander）方程式（以下 BKW 方程式と略記）を用いた結果を示すと

剛体球分子[9]： $C_4^*=-2.14122$, $d_4^*=-0.45566$

BKW 方程式[6]： $C_4^*=-2.13204$, $d_4^*=-0.44675$

(2.34) は，界面における気体の圧力が飽和蒸気圧よりも高ければ凝縮が，低ければ蒸発が起こることを示している．一方 (2.35) は，蒸発が起こっていると界面における気体の温度は界面自身の温度より低くなり，凝縮が起こっていると，その逆であることを示している．この温度のとびが原因となって，温度の異なる二つの凝縮相間では，高温凝縮相から低温凝縮相に近づくにつれて気体の温度が高くなる逆温度勾配現象が現れる[6,9,10]．くわしくは文献 6，10 を参照されたい．

ここで，次の注意をしておく．厳密にいうと，ナビエ－ストークス方程式と境界条件 (2.33)～(2.35) から定まる解に，さらに凝縮相界面に接する厚さが平均自由行程程度の薄い層内で所定の公式による補正を加えて，初めてボルツマン方程式の正しい解が得られる．この層はクヌーセン層と呼ばれる．境界条件 (2.33)～(2.35) は，この層内の気体の振舞い（これは平面凝縮相における蒸発・凝縮の問題に帰着する）をボルツマン方程式によって解析することによって，決定されるのである[6~12]．クヌーセン層における補正の具体的な形は文献 6，7，9～11 に示されている．本項では気体の希薄化効果は考えていないので，平均自由行程は流れの代表長さに比べて非常に小さい．したがって，クヌーセン層の厚みは無視して考えればよい．

b. 流れが速い場合

次に，界面での強い蒸発・凝縮を伴う気体流，すなわち系のレイノルズ数が大きい場合 ($R_e \gg 1$) を考えよう[注12]．このとき，気体の振舞いを支配するのは圧縮性非粘性流体に対するオイラー (Euler) 方程式系[注13] であり，凝縮相界面では，気体の温度，圧力，流速と界面の温度，その温度における飽和蒸気圧との間には，次に述べる関係が成り立つ[20], [注14]．

(1) 界面で蒸発が起こっている場合 ($v_i n_i \geqq 0$ あるいは $p/p_w \leqq 1$)[14~18,20]

M_n を界面における気体の流速の法線成分に基づく局所マッハ数とする．すな

わち，局所音速は $[(5/3)RT]^{1/2}$ であるから，

$$M_n=\left(\frac{5}{3}RT\right)^{-1/2}v_in_i \qquad (2.36)$$

このとき，界面では次の条件が成り立つ．

$$M_n\leqq 1,\quad \frac{p}{p_w}=h_1(M_n),\quad \frac{T}{T_w}=h_2(M_n),$$
$$(v_i-v_{wi})t_i=0 \qquad (2.37)$$

ここに $h_1(M_n)$, $h_2(M_n)$ はともに M_n のみの関数で，その形は BKW 方程式をもとに数値的に求められている[14,15,17,18]．その数表を表 2.1 に，グラフを図 2.2 に示す．なお，$M_n=1$ を超える蒸発は起こらない．

（2） 界面で凝縮が起こっている場合

（$v_in_i<0$ あるいは $p/p_w>1$）[13,15,19,20]

この場合の境界条件は，$(v_i-v_{wi})t_i=0$，すなわち凝縮相界面に相対的に接線方向の気体流がない場合について，具体的に求められている[注15]．

いま，M_n を界面上の気体の流速の法線成分に基づく局所マッハ数とする．すなわち，

$$M_n=\left(\frac{5}{3}RT\right)^{-1/2}|v_in_i| \qquad (2.38)$$

表 2.1　$h_1(M_n)$, $h_2(M_n)$

M_n	$h_1(M_n)$	$h_2(M_n)$
0.00	1.0000	1.0000
0.05	0.9083	0.9798
0.10	0.8267	0.9599
0.15	0.7539	0.9404
0.20	0.6891	0.9212
0.25	0.6309	0.9022
0.30	0.5789	0.8836
0.35	0.5321	0.8652
0.40	0.4900	0.8470
0.45	0.4520	0.8290
0.50	0.4178	0.8113
0.55	0.3867	0.7938
0.60	0.3585	0.7765
0.65	0.3331	0.7594
0.70	0.3099	0.7424
0.75	0.2888	0.7256
0.80	0.2695	0.7088
0.85	0.2519	0.6923
0.90	0.2357	0.6758
0.95	0.2210	0.6595
1.00	0.2075	0.6434

文献 14, 15, 17, 18；表は文献 18 のデータをもとにいくつかの区切りのよい M_n における値を補間によって求め直したもの[20]．

このとき界面では，条件

$$M_n<1,\qquad \frac{p}{p_w}=F_s\left(M_n,\ \frac{T}{T_w}\right) \qquad (2.39)$$

が成り立っているか，あるいは M_n, p/p_w, T/T_w が

$$M_n\geqq 1,\qquad \frac{p}{p_w}\geqq F_b\left(M_n,\ \frac{T}{T_w}\right) \qquad (2.40)$$

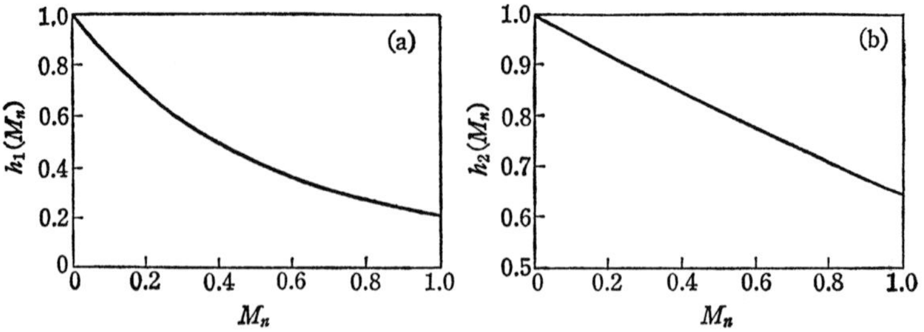

図 2.2　(a) $h_1(M_n)$, (b) $h_2(M_n)$

文献 14, 15, 17, 18 による．

を満たす任意の値をとるかのいずれかである．ここに F_s, F_b は，それぞれ M_n, T/T_w の関数で，その形は BKW 方程式を用いて数値的に求められている[15,19]．それらの数値を表 2.2, 2.3 に示す．また，これらの関数を 3 次元空間内の曲面

表 2.2 $F_s(M_n,\ T/T_w)$

M_n	$F_s\left(M_n, \frac{T}{T_w}\right)$						
	$\frac{T}{T_w}=0.5$	$\frac{T}{T_w}=0.75$	$\frac{T}{T_w}=1.0$	$\frac{T}{T_w}=1.5$	$\frac{T}{T_w}=2.0$	$\frac{T}{T_w}=3.0$	$\frac{T}{T_w}=4.0$
0.00	1.000*	1.000*	1.000	1.000*	1.000*	1.000*	1.000*
0.05	1.114	1.104	1.104	1.106	1.112	1.119	1.130
0.10	1.232	1.221	1.220	1.225	1.233	1.250	1.267
0.15	1.367	1.354	1.352	1.359	1.370	1.396	1.421
0.20	1.525	1.506	1.502	1.511	1.526	1.559	1.592
0.25	1.707	1.679	1.673	1.683	1.701	1.742	1.785
0.30	1.914	1.878	1.869	1.879	1.900	1.951	2.002
0.35	2.146	2.106	2.092	2.103	2.130	2.186	2.254
0.40	2.427	2.369	2.350	2.359	2.385	2.454	2.521
0.45	2.757	2.675	2.649	2.654	2.685	2.761	2.838
0.50	3.122	3.031	2.998	2.995	3.026	3.111	3.212
0.55	3.583	3.449	3.396	3.389	3.423	3.513	3.612
0.60	4.092	3.942	3.869	3.849	3.870	3.975	4.107
0.65	4.734	4.525	4.424	4.385	4.411	4.509	4.639
0.70	5.527	5.225	5.077	5.014	5.029	5.124	5.284
0.75	6.411	6.074	5.873	5.758	5.747	5.838	5.993
0.80	7.626	7.105	6.826	6.640	6.597	6.666	6.829
0.85	9.092	8.385	8.040	7.695	7.602	7.630	7.758
0.90	11.11	9.993	9.443	8.968	8.790	8.754	8.902

文献 15,19；表は文献 19 のデータをもとに区切りのよい M_n, T/T_w における値を補間によって求め直したもの[20]．* は $\lim_{M_n\to 0} F_s(M_n,\ T/T_w)$ を意味する．$T/T_w=1$ 以外では $F_s(0,\ T/T_w)$ は値をもたない．

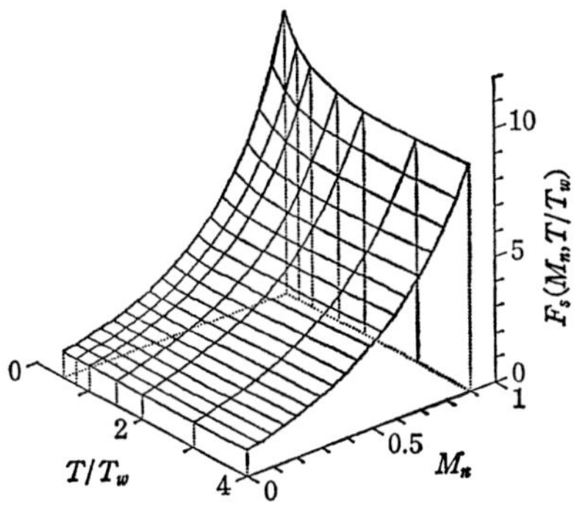

図 2.3 $F_s(M_n,\ T/T_w)$
$0.5 \leqq T/T_w \leqq 4$, $0 \leqq M_n \leqq 0.9$. 文献 19 より．

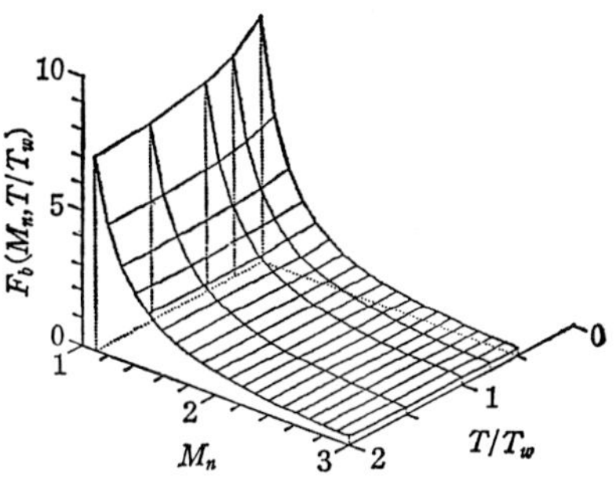

図 2.4 $F_b(M_n,\ T/T_w)$
$0.5 \leqq T/T_w \leqq 2$, $1.1 \leqq M_n \leqq 3$. 文献 19 より．

表 2.3　$F_b(M_n,\ T/T_w)$

M_n	$F_b\left(M_n,\ \frac{T}{T_w}\right)$				
	$\frac{T}{T_w}=0.5$	$\frac{T}{T_w}=0.75$	$\frac{T}{T_w}=1.0$	$\frac{T}{T_w}=1.5$	$\frac{T}{T_w}=2.0$
1.1	9.009	8.130	7.703	7.331	7.210
1.2	5.586	5.185	5.002	4.864	4.850
1.3	3.825	3.614	3.526	3.477	3.498
1.4	2.793	2.673	2.629	2.619	2.650
1.5	2.137	2.064	2.042	2.051	2.085
1.6	1.692	1.647	1.638	1.654	1.686
1.7	1.376	1.348	1.346	1.367	1.396
1.8	1.143	1.126	1.129	1.151	1.180
1.9	0.9666	0.9573	0.9623	0.9852	1.011
2.0	0.8296	0.8252	0.8318	0.8545	0.8797
2.1	0.7209	0.7199	0.7274	0.7496	0.7733
2.2	0.6331	0.6346	0.6428	0.6640	0.6861
2.3	0.5611	0.5644	0.5730	0.5936	0.6141
2.4	0.5014	0.5059	0.5145	0.5342	0.5534
2.5	0.4513	0.4566	0.4653	0.4841	0.5023
2.6	0.4086	0.4146	0.4231	0.4411	0.4583
2.7	0.3722	0.3799	0.3872	0.4044	0.4208
2.8	0.3407	0.3474	0.3557	0.3723	0.3879
2.9	0.3133	0.3202	0.3283	0.3443	0.3591
3.0	0.2893	0.2963	0.3043	0.3196	0.3338

文献 15, 19；表は文献 19 のデータをもとに区切りのよい M_n, T/T_w における値を補間によって求め直したもの[20].

として 図 2.3, 2.4 に示す[19]. 図には示されていないが, これらの曲面は $M_n=1$ 上で交わる. すなわち, $\lim_{M_n\to 1} F_s(M_n,\ T/T_w)=F_b(1,\ T/T_w)$. その交線における値 $F_b(1, T/T_w)$ は次の範囲に入っている：$17.1<F_b(1,\ 0.5)<17.5$, $13.4<F_b(1, 1)<13.6$, $11.8<F_b(1,\ 2)<12.0$, $11.6<F_b(1,\ 4)<11.8$. 表 2.2, 2.3 または図 2.3, 2.4 からわかるように, F_s, F_b は $M_n=1$ に近い領域を除くと T/T_w にはあまり依存しない. 上述のように, 界面における条件は, 蒸発か凝縮か, 凝縮の場合には凝縮の速さが亜音速か超音速かによって, その形がまったく異なる.

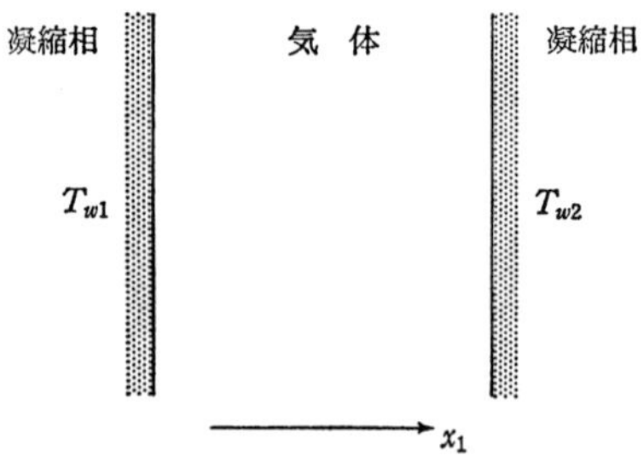

図 2.5　温度の異なる 2 平行平面凝縮相間の気体

例：境界条件 (2.37), (2.39), (2.40) の応用例として次の問題を考えてみよう[20]. 図 2.5 に示すような, 異なる一様温度 T_{w1},

$T_{w2}(T_{w1}>T_{w2})$ に保たれた静止した二つの平行な平面凝縮相間の気体の振舞いを調べる．p_{w1}, $p_{w2}(p_{w1}>p_{w2})$ をそれぞれ温度 T_{w1}, T_{w2} における飽和蒸気圧とする．このとき，高温凝縮相で蒸発が，低温凝縮相で凝縮が起こり，高温側から低温側に向かう気体流が生じる．

このような空間的に1次元の定常問題の場合，流れ場を支配する圧縮性オイラー方程式の解は，p, T, $M=(5RT/3)^{-1/2}v_1$ がそれぞれ定数となる．温度 T_{w1} の凝縮相では，蒸発界面の条件 (2.37) が適用されて，

$$\frac{p}{p_{w1}}=h_1(M), \qquad \frac{T}{T_{w1}}=h_2(M) \qquad (M\leqq 1) \tag{2.41}$$

一方，温度 T_{w2} の凝縮相では，凝縮界面の条件 (2.39) または (2.40) が成り立ち

$$\frac{p}{p_{w2}}=F_s\left(M,\ \frac{T}{T_{w2}}\right) \qquad (M<1) \tag{2.42}$$

または

$$\frac{p}{p_{w2}}\geqq F_b\left(M,\ \frac{T}{T_{w2}}\right) \qquad (M\geqq 1) \tag{2.43}$$

(2.41) より超音速流 $(M>1)$ は実現しない．$M<1$ の場合には，(2.41), (2.42) より p, T を消去すると

$$\frac{p_{w1}}{p_{w2}}h_1(M)=F_s\left(M,\ \left(\frac{T_{w1}}{T_{w2}}\right)h_2(M)\right) \tag{2.44}$$

これより M が定まり，(2.41) より p, T が決まる．$M=1$ のときには，(2.41), (2.43) より p, T を消去すると，

$$\left(\frac{p_{w1}}{p_{w2}}\right)h_1(1)\geqq F_b\left(1,\ \left(\frac{T_{w1}}{T_{w2}}\right)h_2(1)\right) \tag{2.45}$$

表 2.4 温度の異なる平面凝縮相間の蒸発，凝縮による気体流[20]

$\dfrac{T_{w1}}{T_{w2}}$	$\dfrac{p_{w1}}{p_{w2}}$	M	$\dfrac{T}{T_{w2}}$	$\dfrac{p}{p_{w2}}$	$\dfrac{v_1}{(2RT_{w2})^{1/2}}$
1.2	2	0.178	1.12	1.43	0.171
1.2	4	0.354	1.04	2.11	0.329
1.2	6	0.456	0.992	2.69	0.415
1.2	10	0.581	0.940	3.69	0.514
2	2	0.175	1.86	1.44	0.218
2	6	0.455	1.66	2.69	0.534
2	10	0.582	1.57	3.68	0.665
2	20	0.751	1.45	5.77	0.825
4	6	0.443	3.33	2.74	0.738
4	10	0.573	3.14	3.73	0.928
4	20	0.748	2.91	5.79	1.16
4	30	0.848	2.77	7.58	1.29

図2.2〜2.4, 表2.1〜2.3のデータから, Mが0から1まで増加するとき, $F_s(M, (T_{w1}/T_{w2})h_2(M))/h_1(M)$ は1から$F_b(1, (T_{w1}/T_{w2})h_2(1))/h_1(1)$まで単調に増大することがわかる. したがって, (2.44) により, p_{w1}/p_{w2}が1から$F_b(1, (T_{w1}/T_{w2})h_2(1))/h_1(1)$ まで増加すると, それにつれてMは0から1まで単調に増加する. $F_b(1, (T_{w1}/T_{w2})h_2(1))/h_1(1)$ を超えるp_{w1}/p_{w2}に対しては, Mは常に1 (音速流) である. 表2.1, 2.2のデータをもとに補間を用いて(2.44) を解いた結果得られるM, p, T, v_1の値の例を表2.4に示す. (2.39) の$F_s(M_n, T/T_w)$ がT/T_wにあまりよらないことから, (2.44) の解MはT_{w1}/T_{w2}にはあまり依存せず, ほとんどp_{w1}/p_{w2}によって決まる.

2.2 粒子に働く力

2.2.1 普通の粒子

a. ストークス近似

非圧縮粘性流体の運動を支配する方程式は, 連続の式と非圧縮のナビエ-ストークス方程式

$$\frac{\partial v_i}{\partial x_i}=0 \tag{2.46}$$

$$\rho\left(\frac{\partial v_i}{\partial t}+v_j\frac{\partial v_i}{\partial x_j}\right)=-\frac{\partial p}{\partial x_i}+\mu\frac{\partial^2 v_i}{\partial x_j \partial x_j} \tag{2.47}$$

である. 外力としては保存力場のみを考え, pに含めて書いてあるものとする. さて, 流体の密度をρ, 粘性率をμ, 物体の代表的な大きさをL, 無限遠方での速度(粒子に相対的な)をUとして, (2.47) の左辺の慣性項と右辺の粘性項の大きさを大ざっぱに評価すると, それぞれ$\rho U^2/L$, $\mu U/L^2$の程度であり, 両者の比は

$$\frac{慣性項}{粘性項}=\frac{\rho U^2}{L}\Big/\frac{\mu U}{L^2}=\frac{\rho UL}{\mu}=R_e \qquad (レイノルズ数)$$

となっている. 微粒子の運動を扱う場合には通常$R_e \ll 1$が成り立ち, 慣性項は粘性項に対して無視することが許される. したがって, (2.47) は線形化され

$$\rho\frac{\partial v_i}{\partial t}=-\frac{\partial p}{\partial x_i}+\mu\frac{\partial^2 v_i}{\partial x_j \partial x_j} \tag{2.48}$$

となる. これを (非定常)ストークス近似という.

(2.46), (2.48) から導かれる一般的な性質について述べておこう. まず, (2.48) の回転 (rotation, rot) をとれば,

$$\frac{\partial \omega_i}{\partial t}=\nu\frac{\partial^2 \omega_i}{\partial x_j \partial x_j} \qquad \left(\nu=\frac{\mu}{\rho}\right) \tag{2.49}$$

となる．ただし $\omega_i=\varepsilon_{ijk}\partial v_k/\partial x_j$ ($=\mathrm{rot}\,\boldsymbol{v}$) は渦度で，ベクトル演算の関係 $\varepsilon_{ijk}\partial/\partial x_j(\partial p/\partial x_k)$ ($=\mathrm{rot\,grad}\,p$) $=0$ を用いた．(2.49) は拡散型（または熱伝導型）の方程式であり，物体表面近傍の速度勾配の大きな領域で発生した渦度が，t 秒後には物体表面から $\sqrt{\nu t}$ 程度の距離まで拡散していることを示す．次に，(2.48) の発散（divergence, div）をとり，(2.46) を使うと

$$\frac{\partial^2 p}{\partial x_j \partial x_j}=0 \tag{2.50}$$

これはラプラス方程式であり，その解は調和関数で表される．もし流れが定常 ($\partial/\partial t=0$) であれば，渦度 ω_i も

$$\frac{\partial^2 \omega_i}{\partial x_j \partial x_j}=0 \tag{2.51}$$

を満たし，調和関数で表される．

b. 微小球を過ぎるストークスの流れと抵抗

(1) ストークスレット

偏微分方程式の解法に従って，定常ストークス方程式の解を非同次の特解 (v_{1i}, p_1) と同次の一般解 (v_{2i}, p_2) に分解して考えてみよう．すなわち，$v_i=v_{1i}+v_{2i}$, $p=p_1+p_2$ で，これらはそれぞれ方程式

$$\mu\frac{\partial^2 v_{1i}}{\partial x_j \partial x_j}=\frac{\partial p_1}{\partial x_i}, \qquad \frac{\partial v_{1i}}{\partial x_i}=0 \tag{2.52}$$

$$\mu\frac{\partial^2 v_{2i}}{\partial x_j \partial x_j}=0, \qquad \frac{\partial v_{2i}}{\partial x_i}=0 \tag{2.53}$$

を満たす（一般性を失うことなく，$p_2=0$ としてよい）．

(2.52) を解く前に，調和関数の性質について二，三述べておこう．

ラプラス (Laplace) 演算子 $\partial^2/\partial x_j \partial x_j$ を球座標系 (r, θ, ϕ) で表すと

$$\frac{\partial^2}{\partial x_j \partial x_j}=\frac{1}{r^2}\frac{\partial}{\partial r}\left(r^2\frac{\partial}{\partial r}\right)+\left(\frac{1}{r^2 \sin\theta}\right)\frac{\partial}{\partial \theta}\left(\sin\theta\frac{\partial}{\partial \theta}\right)+\left(\frac{1}{r^2 \sin^2\theta}\right)\frac{\partial^2}{\partial \phi^2}$$

であるから，その球対称な解 $f=f(r)$ は $f=c_0+c_1/r$ となる (c_0, c_1 は定数)．調和関数を x, y, z で任意回数微分したものも調和関数になっているから

$$f=c_0+\frac{c_1}{r}+a_i\frac{\partial}{\partial x_i}\left(\frac{1}{r}\right)+a_{ij}\frac{\partial^2}{\partial x_i \partial x_j}\left(\frac{1}{r}\right)+\cdots \tag{2.54}$$

(ただし c_0, c_1, a_i, a_{ij}, … は任意定数）もラプラス方程式の解になっている．また，$\partial r/\partial x=x/r$, $\partial^2 r/\partial x^2=1/r-x^2/r^3$ などから，

$$\frac{\partial^2 r}{\partial x_j \partial x_j}=\frac{2}{r} \tag{2.55}$$

も容易に導かれる．

これらの性質に着目して，(2.52) の解を求めよう．圧力 p_1 は調和関数であるから，(2.54) のような形に書けるはずであるが，そのうち第1項の定数は圧力勾配に寄与しないので無視してよい．第2項の $1/r$ に比例した部分は球対称な圧力分布であるから，物体を過ぎる流れのように，上流と下流で圧力差があるような流れの場にはふさわしくない．第3項は x_i 方向の圧力の異方性をもった場を表すので，この方向を x 軸として

$$p_1=\frac{F_0}{4\pi}\frac{\partial}{\partial x}\left(\frac{1}{r}\right)=-\frac{F_0}{4\pi}\frac{x}{r^3} \tag{2.56}$$

とおいてみよう ($F_0/4\pi$ は適当な比例係数と考えてよい)．次にこれを (2.52) の第1式に代入する．右辺は (2.55) を用いて

$$\frac{4\pi}{F_0}\frac{\partial p_1}{\partial x_i}=\frac{\partial}{\partial x_i}\left(\frac{\partial}{\partial x}\left(\frac{1}{r}\right)\right)=\frac{\partial}{\partial x_i}\left[\frac{\partial}{\partial x}\left(\frac{1}{2}\frac{\partial^2 r}{\partial x_j \partial x_j}\right)\right]$$
$$=\frac{\partial^2}{\partial x_j \partial x_j}\left\{\frac{\partial}{\partial x_i}\left[\frac{\partial}{\partial x}\left(\frac{r}{2}\right)\right]\right\}$$

となるから，(2.52) の左辺と上式のラプラス演算子の中の表式を比較して

$$\mu v_{1i}=\frac{F_0}{4\pi}\frac{\partial}{\partial x_i}\left[\frac{\partial}{\partial x}\left(\frac{r}{2}\right)\right]+\mu v_{0i} \tag{2.57}$$

を得る．ここで v_{0i} は $\partial^2 v_{0i}/\partial x_j \partial x_j=0$ の解であり，(2.57) が全体として (2.52) の第2式を満たすように決める．すなわち

$$\mu v_{0i}=\left(-\frac{F_0}{4\pi r},\ 0,\ 0\right) \tag{2.58}$$

以上により速度場 $\boldsymbol{v}_1=(v_{11},\ v_{12},\ v_{13})=(u_1,\ v_1,\ w_1)$ は

$$u_1=-\frac{F_0}{8\pi\mu}\left(\frac{1}{r}+\frac{x^2}{r^3}\right),\quad v_1=-\frac{F_0}{8\pi\mu}\frac{xy}{r^3},\quad w_1=-\frac{F_0}{8\pi\mu}\frac{xz}{r^3} \tag{2.59}$$

となる．(2.56) と (2.59) で与えられる解はストークス源 (Stokeslet) と呼ばれる基本解であり，F_0 はストークスレットの強さである．

また，同次方程式 (2.53) の解は，容易に確かめられるように，

$$v_{2i}=\frac{\partial\phi}{\partial x_i} \quad \text{ただし} \quad \frac{\partial^2\phi}{\partial x_j \partial x_j}=0 \tag{2.60}$$

によって与えられる．

（2） 固体球を過ぎる一様流

無限遠で一様な流れ U が半径 a の微小な固体球に当たるとき，球に働く抵抗

をストークス近似で求めてみよう．境界条件は

$$r\to\infty \text{ で } v_i\to Ue_{xi},\quad p\to p_\infty \quad \text{および } r=a \text{ で } v_i=0 \tag{2.61}$$

ただし e_{xi} は x 軸方向の単位ベクトルを示す．さて，解を (2.56), (2.59), (2.60) の重ね合せで表現すると

$$v_i=Ue_{xi}+Av_{1i}+\frac{\partial\phi}{\partial x_i},\qquad p=p_\infty+Ap_1 \tag{2.62}$$

となる（A は定数）．無限遠での境界条件を満たすためには

$$\phi=\frac{a_0}{r}+a_i\frac{\partial}{\partial x_i}\left(\frac{1}{r}\right)+a_{ij}\frac{\partial^2}{\partial x_i\partial x_j}\left(\frac{1}{r}\right)+\cdots \tag{2.63}$$

の形の解が妥当である．これと (2.59) を (2.62) に代入し，$r=a$ で $v_i=0$ の境界条件を課すと

$$A=\frac{6\pi\mu aU}{F_0},\qquad a_1=\frac{1}{4}a^3U,\qquad \text{その他の係数}=0 \tag{2.64}$$

となる．したがって，球のまわりの流れ $\boldsymbol{v}=(u,\ v,\ w)$ は

$$u=U\left[1-\frac{a}{4r}\left(3+\frac{a^2}{r^2}\right)-\frac{3ax^2}{4r^3}\left(1-\frac{a^2}{r^2}\right)\right]$$

$$v=U\left[-\frac{3axy}{4r^3}\left(1-\frac{a^2}{r^2}\right)\right]$$

$$w=U\left[-\frac{3axz}{4r^3}\left(1-\frac{a^2}{r^2}\right)\right] \tag{2.65}$$

$$p=p_\infty-\frac{3\mu aUx}{2r^3}$$

となる．球のまわりの流れの流線を図 2.6 に示す．もちろん流れは x 軸のまわりに軸対称で，前後にも対称である（前後対称な物体を過ぎるストークス流れは常に前後対称である）．

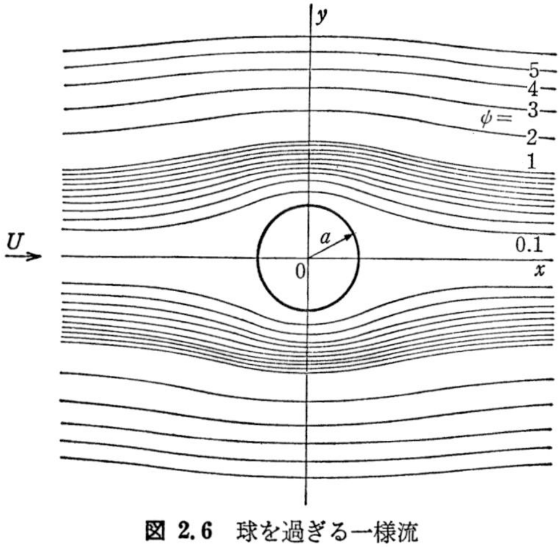

図 2.6　球を過ぎる一様流

（3）　ストークスの抵抗法則

次に，球に働く抵抗を計算しよう．対称性から明らかなように，球に働く力 F は x 方向だけである．また，球面上のどの微小面 dS も r 方向を法線方向としているから，この微小面 dS に働く力の x 成分は $(p_{rx})_{r=a}dS$ であり（p_{rx} は r 方向を法線とする

面に働く応力の x 成分), これを球面にわたって積分すれば,

$$F=\iint_S (p_{rx})_{r=a} dS \tag{2.66}$$

を得る. ところで方向余弦を l, m, n として

$$p_{rx}=lp_{xx}+mp_{yx}+np_{zx}=\frac{x}{r}p_{xx}+\frac{y}{r}p_{yx}+\frac{z}{r}p_{zx}$$
$$=\frac{x}{r}\left(-p+2\mu\frac{\partial u}{\partial x}\right)+\frac{y}{r}\mu\left(\frac{\partial v}{\partial x}+\frac{\partial u}{\partial y}\right)+\frac{z}{r}\mu\left(\frac{\partial w}{\partial x}+\frac{\partial u}{\partial z}\right)$$

であるから, これに (2.65) を代入し, (2.66) の積分を実行することによって F が導かれる. 半径 a の球面 S 上での積分に当たっては $\iint_S dS=4\pi a^2$ (球の表面積), $\iint_S x dS=0$ (対称性から), $\iint_S x^2 dS=\iint_S 1/3(x^2+y^2+z^2)dS=1/3a^2\iint_S dS=4\pi a^4/3, \cdots$ などの結果を利用すればよい. 結果は

$$F_p=\iint_S\left(-p\frac{x}{r}\right)dS=\iint_S\frac{x}{r}\left(-p_\infty+\frac{3\mu aUx}{2r^3}\right)\bigg|_{r=a}dS=2\pi\mu aU \tag{2.67}$$

$$F_f=\iint_S (\text{上記以外の項})dS=\cdots=4\pi\mu aU \tag{2.68}$$

全体では

$$F=F_p+F_f=6\pi\mu aU \quad (\text{ストークスの抵抗法則}) \tag{2.69}$$

となる. F_p は圧力に起因するので圧力抵抗, F_f は摩擦力に起因するので摩擦抵抗と呼ばれる. (2.69) はストークスにより 1851 年に導かれ, 微小球の遅い運動における抵抗法則として基本的な意味をもつ.

c. 固体球の回転とモーメント

半径 a の微小球が静止流体中を一定角速度 Ω_i でゆっくり回転する場合には, 圧力場はいたるところ一定 ($\partial p/\partial x_i=0$) である. したがって, 流れ場は (2.53) を満たす. この解として

$$v_i=\varepsilon_{ijk}\frac{\partial A_k}{\partial x_j}, \qquad \text{ただし}\ \frac{\partial^2 A_i}{\partial x_j \partial x_j}=0 \tag{2.70}$$

の形のものを考える. 無限遠で流速は 0 であるから, (2.54) と同様にして

$$A_i=\frac{b_i}{r}+b_{ij}\frac{\partial}{\partial x_j}\left(\frac{1}{r}\right)+\cdots \tag{2.71}$$

とおけば, $\varepsilon_{ijk}\partial A_k/\partial x_j=-\varepsilon_{ijk}x_j b_k/r^3+\cdots$ となるから, $b_i=\Omega_i a^3$ と選べば, 球面上での境界条件も満たす. したがって

$$v_i=\varepsilon_{ijk}\Omega_j x_k\left(\frac{a^3}{r^3}\right)=\frac{\Omega a^3 \sin\theta}{r^2}e_{\phi i} \tag{2.72}$$

が求める解となる. ただし θ は回転軸と x_i の間の角度, $e_{\phi i}$ は周方向の単位ベクトルである. また, モーメント M は球面上での ϕ 方向の接線応力 $(p_{r\phi})_{r=a}$ を求

め，球面全体にわたって積分することにより求められる．

$$M=\iint_S (p_{r\phi})_{r=a} a \sin\theta dS = -8\pi\mu a^3 \Omega \tag{2.73}$$

d. せん断流中の固体球

ストークス方程式の基本解を用いて，単純せん断流中におかれた球のまわりの流れを求めてみよう．境界条件は

$$r\to\infty \text{ で } v_i = Gye_{xi},\ p\to 0 \qquad \text{および } r=a \text{ で } v_i=0 \tag{2.74}$$

である．ストークスレットを微分した流れ（二重ストークス源，di-Stokeslet）もストークス方程式の基本解になっており，この対称成分

$$v_i = -\frac{3}{2} S_{jk} \frac{x_i x_j x_k}{r^5}, \qquad p = -\mu S_{jk} \frac{\partial^2}{\partial x_j \partial x_k}\left(\frac{1}{r}\right) \tag{2.75}$$

をストレス源（stresslet），反対称成分

$$v_i = \varepsilon_{ijk} C_j \frac{x_k}{r^3}, \qquad p=0 \tag{2.76}$$

を回転源（couplet または rotlet）と呼ぶ．(2.72) と (2.73) の比較から，半径 a の球に働く回転のモーメントは $M_j = -8\pi\mu C_j$ で与えられることがわかる．

これらを用いて，境界条件 (2.74) を満たす解を求めると

$$u = Gy\left[1 - \frac{1}{2}\left(\frac{a^3}{r^3} + \frac{a^5}{r^5}\right) - \frac{5x^2}{2r^2}\left(\frac{a^3}{r^3} - \frac{a^5}{r^5}\right)\right],$$

$$v = Gx\left[\frac{1}{2}\left(\frac{a^3}{r^3} - \frac{a^5}{r^5}\right) - \frac{5y^2}{2r^2}\left(\frac{a^3}{r^3} - \frac{a^5}{r^5}\right)\right],$$

$$w = -\frac{5Gxyz}{2r^2}\left(\frac{a^3}{r^3} - \frac{a^5}{r^5}\right),$$

$$p = -5\mu G a^3 \frac{xy}{r^5} \tag{2.77}$$

となる．球に働くトルクは $M_z = -8\pi\mu a^3 \times (G/2)$ である．この流れはサスペンションの粘性率に対するアインシュタイン（Einstein）の表式を得るときの基礎となる．

e. 液滴・気泡に働く抵抗

前項と同様に，微小な液滴や気泡に働く抵抗をストークス近似で求めよう．もしこれらが十分小さければ，表面張力によってほぼ球形が保たれるであろう．そこで，この球の半径を a，球の内部の流体の粘性率を μ'，外部の流体の粘性率を μ，無限遠での一様流速を U とおく．この場合には，液滴や気泡の内部にも流れがあり，球の表面上で速度と応力が連続である．くわしい計算は省き，結果のみ

を示すと

$$F=2\pi\mu a\frac{(2\mu+3\mu')U}{\mu+\mu'} \tag{2.78}$$

となる．固体球では $\mu'/\mu\to\infty$ であるから，$F\to 6\pi\mu aU$ となって，(2.69) と一致し，逆に，液滴や気泡で $\mu'/\mu\to 0$ となる場合には，$F\to 4\pi\mu aU$ となる．

f. 固体球の非定常並進および回転

半径 a の球が非定常に並進運動 $u_i(t)$ や回転運動 $\omega_i(t)$ を行うときには，(2.46)，(2.48) に基づいて計算をしなければならない．このとき，球に働く力 $F_i(t)$ とモーメント $M_i(t)$ はそれぞれ

表 2.5　並進および回転テンソル

球(半径 a)	$K_{11}=K_{22}=K_{33}=6\pi a$,　$L_{11}=L_{22}=L_{33}=8\pi a^3$,　他の成分は 0
偏平回転楕円体(a)	$K_{11}=K_{22}=16\pi c/[(\lambda_0^2+3)\cot^{-1}\lambda_0-\lambda_0]$,　$\lambda_0=b/c$, $K_{33}=8\pi c/[\lambda_0-(\lambda_0^2-1)\cot^{-1}\lambda_0]$,　$c=\sqrt{a^2-b^2}$, $L_{11}=L_{22}=(16\pi c^3/3)(\lambda_0^2+1)/[\lambda_0-(\lambda_0^2-1)\cot^{-1}\lambda_0]$ $L_{33}=(16\pi c^3/3)/[\cot^{-1}\lambda_0-(c^2/a^2)\lambda_0]$,　他の成分は 0
円　板(半径 a)	$K_{11}=K_{22}=32a/3$,　$K_{33}=16a$, $L_{11}=L_{22}=L_{33}=32a^3/3$,　他の成分は 0
偏長回転楕円体(b)	$K_{11}=K_{22}=16\pi c/[(3-\tau_0^2)\coth^{-1}\tau_0+\tau_0]$,　$\tau_0=b/c$, $K_{33}=8\pi c/[(\tau_0^2+1)\coth^{-1}\tau_0-\tau_0]$,　$c=\sqrt{b^2-a^2}$, $L_{11}=L_{22}=(16\pi c^3/3)(\tau_0^2-1)/[(\tau_0^2+1)\coth^{-1}\tau_0-\tau_0]$ $L_{33}=(16\pi c^3/3)/[(c^2/a^2)\tau_0-\coth^{-1}\tau_0]$,　他の成分は 0
細長い回転楕円体	$K_{11}=K_{22}\sim 8\pi b/[\log(2s)+(1/2)]$,　$K_{33}\sim 4\pi b/[\log(2s)-(1/2)]$ $L_{11}=L_{22}\sim 8\pi a^2b/\{3[\log(2s)-(1/2)]\}$,　$L_{33}\sim 16\pi a^2b/3$,　$s=b/a\gg 1$
有限長の直円柱(c)	$K_{11}=K_{22}\sim 8\pi b/[\log(s)+2\log 2-(1/2)]$,　$s=b/a\gg 1$, $K_{33}\sim 4\pi b/[\log(s)+2\log 2-(3/2)]$

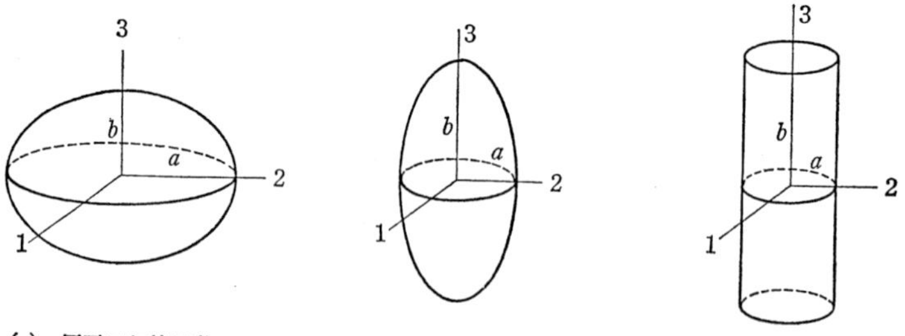

(a) 偏平回転楕円体　　(b) 偏長回転楕円体　　(c) 有限長の直円柱

図 2.7

表 2.5 の例はいずれも対称性のよい物体であったため $C=0$ となっていた．しかしプロペラに代表されるようならせん物体では $C\neq 0$ なので，並進運動をすると回転のモーメントを生じ，また回転運動に伴って並進力を生じる．

$$F_i(t)=-\left[6\pi\mu a u_i(t)+\frac{2}{3}\pi a^3\rho\dot{u}_i(t)+6\pi\mu a^2\int_{-\infty}^{t}\frac{\dot{u}_i(\tau)}{\sqrt{\pi\nu(t-\tau)}}d\tau\right] \quad (2.79)$$

$$M_i(t)=-8\pi\mu a^3\left\{\omega_i(t)+\frac{1}{3}\int_{-\infty}^{t}\dot{\omega}_i(\tau)\left[\frac{a}{\sqrt{\pi\nu(t-\tau)}}-\exp\left(\frac{\nu(t-\tau)}{a^2}\right)\mathrm{erfc}\left(\frac{\sqrt{\pi\nu(t-\tau)}}{a}\right)\right]d\tau\right\} \quad (2.80)$$

となる．ただし $\mathrm{erfc}(x)=(2/\sqrt{\pi})\int_x^{\infty}\exp(-\xi^2)d\xi$，$\rho$ は流体の密度，$\nu=\mu/\rho$ である．

g. 任意の形の固体粒子に働く力とモーメント

任意の形の単一物体が静止流体中を速度 u_i で動き，同時に角速度 ω_i で回転しているとき，これに働く力 F_i とモーメント M_i は次の形にまとめられる．

$$\begin{bmatrix}F_i\\ M_i\end{bmatrix}=-\mu\begin{bmatrix}K_{ij} & C_{0ji}\\ C_{0ij} & L_{0ij}\end{bmatrix}\begin{bmatrix}u_j\\ \omega_j\end{bmatrix}=-\mu(S_{ij})\begin{bmatrix}u_j\\ \omega_j\end{bmatrix} \quad (2.81)$$

ただし，K_{ij} は並進テンソル，L_{0ij} は回転テンソル，C_{0ij} は結合テンソルと呼ばれ，物体の大きさや形に依存する（添字 o は回転の中心）．K_{ij}，L_{0ij} はいずれも対称テンソルである．くわしくは参考文献 23 を参照されたい．物体の形に一致した曲線座標系があれば，ストークス方程式をその座標系を用いて解くことによりこれらのテンソルの成分が解析的に決定される．表 2.5 に二，三の例を示す．ここでは物体の中心に o 点を選んでいる（図 2.7 参照）．

h. 単一微粒子の運動

（1） 定常運動

与えられた力やモーメントによって起こされる運動は，(2.81) を用いて

$$(u_i,\ \omega_i)^T=-\frac{1}{\mu}(S_{ij})^{-1}(F_j,\ M_j)^T \quad (2.82)$$

と表現される．肩字 T は行列の転置を，肩字 -1 は逆行列を表す．$C_{ij}=0$ の物体では並進と回転は独立である．並進だけの場合でも，粒子の主軸が力の方向と一致していない場合には，一般に u_i と F_i は平行にならない．簡単な例として，偏長回転楕円体が重力の作用で沈降するときには，$F_i=(0,0,f)$，また，長軸と鉛直軸との角度を θ，定常的な並進運動の方向を θ' とすると（図 2.8），

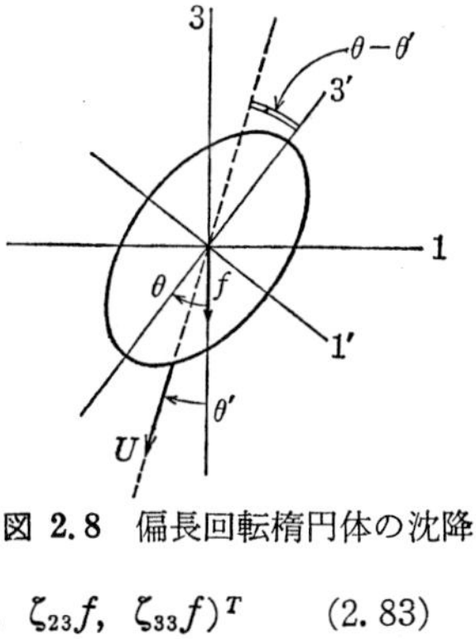

図 2.8 偏長回転楕円体の沈降

$$u_i=-\frac{1}{\mu}(K^*_{ij})^{-1}F_j=-\zeta_{ij}F_j=-(\zeta_{13}f,\ \zeta_{23}f,\ \zeta_{33}f)^T \quad (2.83)$$

となる．ここで，$\zeta_{ij}=(K^*_{ij})^{-1}/\mu$ は移動度テンソルである．また，K^*_{ij} は物体の主軸方向を基準とした並進テンソル K_{ij}（表 2.5 参照）を空間に固定した座標系に変換して表したものである．いまの例では多少の計算により

$$\theta'=\theta-\cos^{-1}\left(\frac{f\cos\theta}{\mu K_{33}U}\right) \tag{2.84}$$

となる．U は並進速度の大きさである．

（2）　非定常運動

固体球（半径 a，密度 ρ'，質量 M）が一様流 $v_{\infty i}(t)$ 中におかれている場合の球の速度 $u_i(t)$ は，(2.79) の結果を利用すればよい．運動方程式

$$M\dot{u}_i=6\pi\mu a(v_{\infty i}-u_i)+\frac{1}{2}m(\dot{v}_{\infty i}-\dot{u}_i)$$

$$+6\pi\mu a^2\int_{-\infty}^{t}\frac{\dot{v}_{\infty i}(\tau)-\dot{u}_i(\tau)}{\sqrt{\pi\nu(t-\tau)}}d\tau+m\dot{v}_{\infty i} \tag{2.85}$$

を解くと（ただし $m=4\pi/3\cdot a^3\rho$ は同体積の流体の質量）

$$u_i(t)=v_{\infty i}(t)-\gamma\int_{-\infty}^{t}G(t-\tau)\dot{v}_{\infty i}(\tau)d\tau \tag{2.86}$$

と表せる．ただし

$$G(t)=\frac{\sigma_1\exp(\sigma_1^2 t)\ \mathrm{erfc}\ (\sigma_1\sqrt{t})-\sigma_2\exp(\sigma_2^2 t)\ \mathrm{erfc}(\sigma_2\sqrt{t})}{\sigma_1-\sigma_2}$$

$$\sigma_1+\sigma_2=\frac{9\sqrt{\nu}}{a(2\lambda+1)},\qquad \sigma_1\sigma_2=\frac{9\nu}{a^2(2\lambda+1)}$$

$$\gamma=\frac{\lambda-1}{\lambda+1/2},\qquad \lambda=\frac{\rho'}{\rho} \tag{2.87}$$

である．流速が $t=0$ で急激に一定の大きさだけ増加したとき，粒子は $t^{-3/2}$ に比例して $t>0$ での流速の値に（重い粒子は加速しながら，軽い粒子は初めに大きな速度を得たのち減速しながら）漸近する．

i.　流れと粒子の相互作用

物体がないときの流速分布 $U_{\infty i}$ の中で，半径 a の球が速度 u_i，角速度 ω_i で運動するとき，球が受ける力 F_i およびモーメント M_i は

$$F_i=6\pi\mu a[(U_{\infty i})_\circ-u_i+(a^2/6)(\partial^2U_{\infty i}/\partial x_j\partial x_j)_\circ] \tag{2.88}$$

$$M_i=8\pi\mu a^3\left[\frac{1}{2}\varepsilon_{ijk}(\partial U_{\infty k}/\partial x_j)_\circ-\omega_i\right] \tag{2.89}$$

である．これをファクセン（Faxén）の法則という．ただし添字 o は球の中心での値を意味する．

j. 2球の相互作用

(1) 十分離れた2球の相互作用

二つの球(半径 a, b)が十分離れている場合（中心間距離を l とすれば，$a, b \ll l$）について考える．原点Oにおかれ，U_{ai} で並進する微小球がつくり出す流れは，遠方では (2.59) のストークスレットで表される．すなわち

$$v_i = \frac{1}{8\pi\mu}\left(\frac{F_{ai}}{r} + \frac{F_{aj}x_jx_i}{r^3}\right) = T_{oij}(x_k)F_{aj} \tag{2.90}$$

ここで，T_{oij} はオセーン（Oseen）テンソルと呼ばれる．さて原点から十分離れた点Pに半径 b の球があり，速度 U_{bi} で並進運動しているときに，この球に働く力をファクセンの法則および $F_{ai} = 6\pi\mu a U_{ai}$ を使って第1近似まで求めると

$$F_{bi} = 6\pi\mu b[(v_i)_P - U_{bi}] = -6\pi\mu b\left[U_{bi} - \frac{3a}{4}\left(\frac{U_{ai}}{l} + \frac{(U_{aj}l_j)l_i}{l^3}\right)\right] \tag{2.91}$$

となる．したがって，2球が中心を結ぶ方向に動いている場合（図2.9(a)）には

$$F_{bi} = (F_b, 0, 0)^T, \qquad F_b = -6\pi\mu b\left(U_b - \frac{3}{2}\varepsilon_a U_a\right) \tag{2.92}$$

また，2球が中心軸に垂直に z 方向に動いている場合（図2.9(b)）には

$$F_{bi} = (0, 0, F_b)^T, \qquad F_b = -6\pi\mu b\left(U_b - \frac{3}{4}\varepsilon_a U_a\right) \tag{2.93}$$

となる．ただし $\varepsilon_a = a/l$．球 a については上式で b と a を交換すればよい．

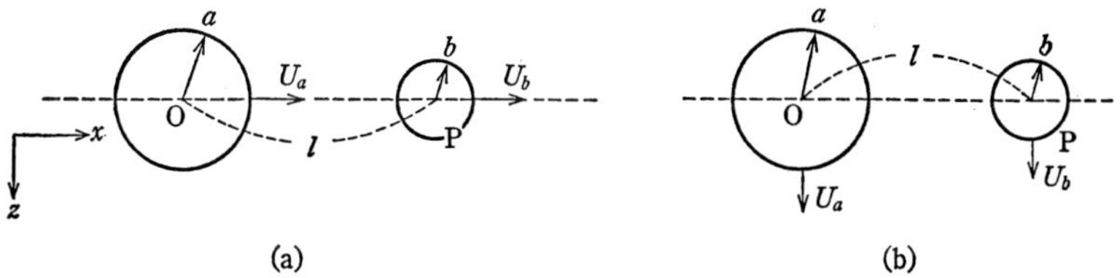

図 2.9 中心線に (a) 平行，(b) 垂直

(2) 修正されたオセーンテンソル

前項の相互作用の近似を高めるために，球面上にストークスレットを一様に分布させる．二つの球の中心の位置ベクトルを r_{ai}, r_{bi} ($R_i = r_{bi} - r_{ai}$)，そこからそれぞれの球面上の点にいたるベクトルを s_{ai}, s_{bi} とする（図2.10）．球aの流速を U_{ai} とすれば，球aに働く力 F_{ai} はファクセンの法則により

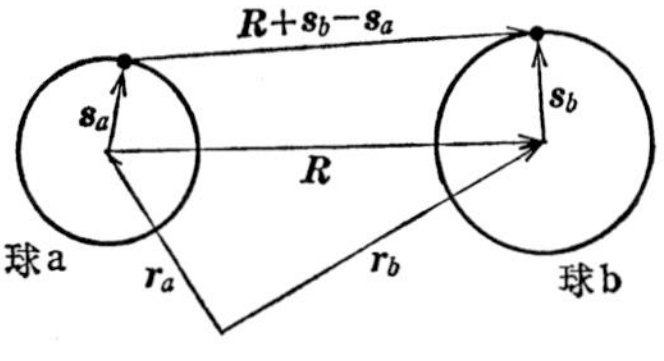

図 2.10 2球の相互作用

$$F_{ai}=-6\pi\mu a[U_{ai}+\langle v_{bi}\rangle_a] \tag{2.94}$$

である．ここで v_{bi} は球 b の表面上のストークスレットによる攪乱場，$\langle\ \rangle_a$ は球 a の表面上での平均を表す．オセーンテンソル (2.90) を使って計算すると，

$$\langle v_{bi}\rangle_a=\langle\langle T_{oij}(R_k+s_{bk}-s_{ak})F_{bj}\rangle_b\rangle_a=\langle\langle T_{oij}(R_k+s_{bk}-s_{ak})\rangle_b\rangle_a F_{bj}$$

となるが，

$$T_{oij}(R_k+s_{bk}-s_{ak})$$
$$=T_{oij}(R_k)+(s_{bl}-s_{al})\frac{\partial T_{oij}}{\partial x_l}+\frac{1}{2}(s_{bl}-s_{al})(s_{bm}-s_{am})\frac{\partial^2 T_{oij}}{\partial x_l \partial x_m}+\cdots$$

とテイラー (Taylor) 展開し，$\langle s_{bi}\rangle_b=\langle s_{ai}\rangle_a=0$ (一般に s_{ai} や s_{bi} が奇数回現れるものは 0)，また，$\langle s_{ai}s_{aj}\rangle=(1/3)a^2\delta_{ij}$，$\langle s_{bi}s_{bj}\rangle=(1/3)b^2\delta_{ij}$，さらに $\delta_{ij}\partial^2/\partial x_i\partial x_j=\partial^2/\partial x_i\partial x_i$ およびストークス方程式の解であることから，$\partial^4 T_{oij}/\partial x_l\partial x_l\partial x_m\partial x_m=\cdots=0$ に注意すると

$$\langle v_{bi}\rangle_a=\left[T_{oij}(R_k)+\frac{a^2}{6}\frac{\partial^2 T_{oij}}{\partial x_l\partial x_l}+\frac{b^2}{6}\frac{\partial^2 T_{oij}}{\partial x_l\partial x_l}\right]F_{bj}$$
$$=\frac{1}{8\pi\mu}\left\{\left[\frac{1}{R}+\frac{a^2+b^2}{3R^3}\right]\delta_{ij}+\left[\frac{1}{R^3}-\frac{a^2+b^2}{R^5}\right]R_iR_j\right\}F_{bj}$$
$$=T_{ij}(R_k)F_{bj} \tag{2.95}$$

となる．T_{ij} を修正されたオセーンテンソルと呼ぶ．半径が等しいときは

$$T_{ij}=\frac{1}{8\pi\mu}\left[\left(\frac{1}{R}+\frac{2a^2}{3R^3}\right)\delta_{ij}+\left(\frac{1}{R^3}-\frac{2a^2}{R^5}\right)R_iR_j\right] \tag{2.96}$$

以上より，球 a，b に働く力は

$$F_{ai}=-6\pi\mu a(U_{ai}+T_{ij}F_{bj}),\qquad F_{bi}=-6\pi\mu b(U_{bi}+T_{ij}F_{aj}) \tag{2.97}$$

を解いて求められる．たとえば，2 球が中心を結ぶ方向に速度 U_a，U_b で動くときに球 a に働く抵抗は

$$F_a=-6\pi\mu a\left\{U_a\left[1+\frac{9}{4}\varepsilon_a\varepsilon_b+\frac{3}{4}\left(-2\varepsilon_a{}^3\varepsilon_b+\frac{27}{4}\varepsilon_a{}^2\varepsilon_b{}^2+3\varepsilon_a\varepsilon_b{}^3\right)+\cdots\right]\right.$$
$$\left.-U_b\left[\frac{3}{2}\varepsilon_b-\frac{1}{2}\left(\varepsilon_a{}^2\varepsilon_b-\frac{27}{4}\varepsilon_a\varepsilon_b{}^2+\varepsilon_b{}^3\right)+\cdots\right]\right\} \tag{2.98}$$

k. N 粒子系の相互作用

N 個の微小球（半径 a_α）が一様流 U_i 中におかれている場合には，前項の結果を拡張して

$$F_i{}^{(\alpha)}=6\pi\mu a_\alpha\left(U_i-\sum_{\beta=1}^{N}{}' T_{ij}{}^{(\alpha\beta)}F_j{}^{(\beta)}\right) \tag{2.99}$$

を解けばよい．ただし，$T_{ij}{}^{(\alpha\beta)}=T_{ij}(r_{\beta k}-r_{\alpha k})$，$F_i{}^{(\alpha)}$ の肩字は粒子につけた番号

で，Σ' は $\beta=\alpha$ を除くことを意味する．これは

$$\mathfrak{M}_{ij}\mathfrak{f}_j=\mathfrak{U}_i \tag{2.100}$$

の形にまとめられる．ただし，$\mathfrak{M}_{ij}$ は $3N\times3N$ 行列で，3×3 のサブブロック $M^{(\alpha\beta)}$ ごとに

$$M_{pq}{}^{(\alpha\beta)}=\{\delta_{pq}(\alpha=\beta \text{ のとき}),\ 6\pi\mu a_\alpha T_{pq}{}^{(\alpha\beta)}(\alpha\neq\beta \text{ のとき})\} \tag{2.101}$$

また，$\mathfrak{f}_i$ と $\mathfrak{U}_i$ は $3N$ 次元のベクトル

$$\mathfrak{f}_i=(F_{1k},\cdots,F_{Nk})^T,\quad \mathfrak{U}_i=6\pi\mu(a_1U_k,\cdots,a_NU_k)^T \tag{2.102}$$

である．抵抗は $\mathfrak{f}_j=(\mathfrak{M}_{ij})^{-1}\mathfrak{U}_i$ を解いて求められる．

一例として，N 個の球（半径は等しく a）を直線的に並べたものを一様流 U 中においてみよう（図 2.11）．$N=50$ の場合の計算値は

$$K_{11}=6\pi\mu aU\times8.603,\qquad K_{33}=6\pi\mu aU\times13.444$$

であり，有限長の直円柱（半径 a，両端の球の中心間距離で定義した長さ $2b=98a$）の場合のくわしい計算では，

$$K_{11}=6\pi\mu aU\times8.646,\qquad K_{33}=6\pi\mu aU\times13.673$$

となって，それぞれ 0.5%，1.7%程度の違いであることがわかる．このように球を並べて複雑な形の物体を近似することもしばしば行われる．

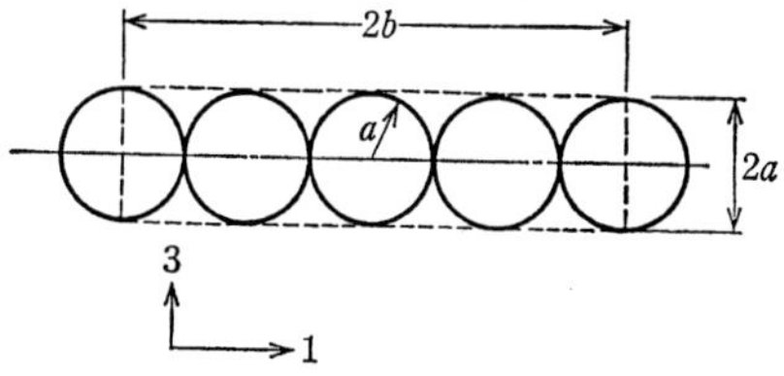

図 2.11　球の直線上配置

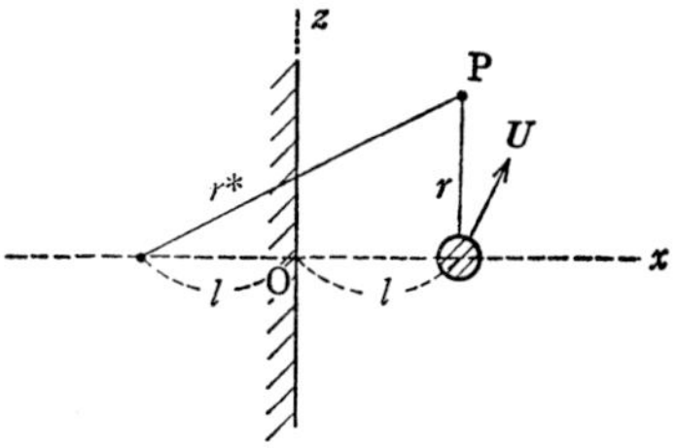

図 2.12　1 平面と微小球

I.　粒子と壁の相互作用

（1）　1 平面壁との相互作用

一つの固体平面が $x=0$ にあり，$x=l$ に半径 a の固体球（$a\ll l$）があって，速度 U_i で並進運動をするときに，この球に働く抵抗を求めてみよう（図 2.12）．まず，$x>0$ でのストークスの流れ $v_i=(u,v,w)$，p が与えられたときに，次の v_i^*，p^* を考える．

$$u^*=-u+2x\frac{\partial u}{\partial x}-\frac{x^2}{\mu}\frac{\partial p}{\partial x},\qquad v^*=-v-2x\frac{\partial u}{\partial y}+\frac{x^2}{\mu}\frac{\partial p}{\partial y},$$

$$w^*=-w-2x\frac{\partial u}{\partial z}+\frac{x^2}{\mu}\frac{\partial p}{\partial z},\qquad p^*=p+2x\frac{\partial p}{\partial x}-4\mu\frac{\partial u}{\partial x} \tag{2.103}$$

この流れはやはりストークス方程式の解になっており，$x=0$ で境界条件

$$u^*+u=0,\qquad v^*+v=0,\qquad w^*+w=0 \tag{2.104}$$

を満たすことが容易に確かめられる．

さて，球が平面から十分離れていると，球の遠方の流れはストークスレットで表される．球が壁に垂直に動く場合（x の正の向きに速度 U）には，これは

$$u=\frac{3}{4}aU\left[\frac{1}{r}+\frac{(x-l)^2}{r^3}\right],\qquad v=\frac{3}{4}aU\frac{(x-l)y}{r^3},\qquad w=\frac{3}{4}aU\frac{(x-l)z}{r^3},$$

$$p=\frac{3}{2}\mu aU\frac{(x-l)}{r^3},\qquad r^2=(x-l)^2+y^2+z^2 \tag{2.105}$$

で表されるから，(2.105) を (2.103) に代入し，鏡像をとる（すなわち $(x-l)\to(x+l)$ とする）ことにより

$$u^*=-\frac{3}{4}aU\left[\frac{1}{r^*}+\frac{x^2+l^2}{r^{*3}}+\frac{6lx(x+l)^2}{r^{*5}}\right],$$

$$v^*=\cdots,\quad w^*=\cdots,\quad r^{*2}=(x+l)^2+y^2+z^2 \tag{2.106}$$

を得る．これより $[u^*]_{x=l}=-9aU/(8l)$ となり，ファクセンの法則によって

$$F_x=-6\pi\mu aU\left[1+\frac{9}{8}\varepsilon+\cdots\right],\qquad \varepsilon=\frac{a}{l} \tag{2.107}$$

を得る．同様にして，球が壁に並行に z の正の向きに動くときには

$$F_z=-6\pi\mu aU\left[1+\frac{9}{16}\varepsilon+\cdots\right] \tag{2.108}$$

となる．さらにくわしい計算は文献 23, 24 を参照されたい．固体平面と固体球の相互作用では，一般に揚力は生じない．これに対して固体平面と液滴（あるいは気泡や弾性球）の場合には，流れによって液滴が変形するために揚力が発生する．

球が $t=0$ で瞬間的に平面に平行な速度 U を得たときに，球に働く非定常な力は

$$\frac{F(t)}{6\pi\mu aU}=1+\frac{a}{\sqrt{\pi\nu t}}+\frac{9}{16}\varepsilon K(\xi),\qquad \xi=\frac{l}{\sqrt{\nu t}} \tag{2.109}$$

$$K(\xi)=1-\frac{16}{9\sqrt{\pi}}\xi+\frac{8}{9\sqrt{\pi}}\xi^3-\frac{1}{6}\xi^4+0(\xi^5),\qquad \xi\ll 1,$$

$$=\frac{1}{3}\xi^{-2}+\frac{4}{3\sqrt{\pi}}\xi^{-3}+0(\xi^{-4}),\qquad \xi\gg 1$$

したがって，$t^{-3/2}$ で定常値に近づく．これに対して，壁の存在しない場合には (2.79) を使って $t^{-1/2}$ となることがわかる（2.2.1 項 h. (2) との条件の違いに注意）．また，球が壁に垂直に動く場合には $t^{-5/2}$ に比例して定常値に漸近する．

（2） 2平面壁との相互作用

二つの平面が角度 2α で交わっており，その中で半径 a の球が運動する場合の

力とモーメントは

$$F_i = -6\pi\mu a[\delta_{ij} + \varepsilon K_{ij} + O(\varepsilon^2)]U_j \tag{2.110}$$

$$M_i = -8\pi\mu a^2[\varepsilon^2 C_{ij} + O(\varepsilon^4)]U_j \tag{2.111}$$

の形にまとめられる．ただし，K_{ij} と C_{ij} は壁効果を表すテンソルで，その成分は壁の形と球の相対位置に依存する．図 2.13(a) のように，平行平面壁の中央に球がある場合は，$K_{xx}=1.00412$，$K_{zz}=1.45156$ である．また，図 2.13(b) のように，直交する 2 平面壁の対称面上に球がある場合には，$K_{xx}=K_{zz}=1.26506$，$K_{xz}=K_{zx}=0.10422$，$K_{yy}=0.81911$ などとなる．この場合には 1 平面壁のときと異なり，揚力が生じている．図 2.13(c) のような，半無限平板（$\alpha=\pi$）の延長面上の点では $K_{xx}=7/4\pi$，$K_{yy}=1/\pi$，$K_{zz}=3/4\pi$，$C_{zy}=-C_{yz}/3=1/8\pi$ である．くわしくは文献 23，24 を参照されたい．

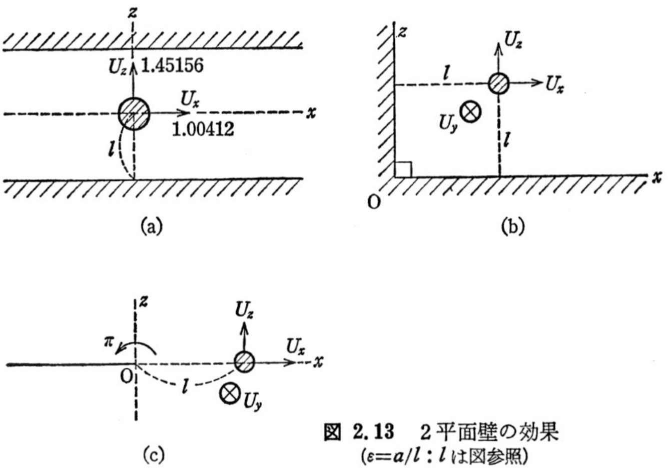

図 2.13　2 平面壁の効果
（$\varepsilon=a/l$: l は図参照）

（3）　円筒壁との相互作用

半径 a の球が半径 R_0 の円筒の軸上を軸方向に進むときに，球が受ける抵抗を反復法で求めてみよう．軸（x 軸）上を速度 U で並進する球による流れは，遠方では強さ $F_0(=6\pi\mu aU)$ のストークスレットで与えられる．軸対称性を考慮して円柱座標系（σ, ϕ, x）で表すと，これは（簡単のために $A=F_0/8\pi\mu$ とおく）

$$v_x^{(0)} = A\left(\frac{1}{r} + \frac{x^2}{r^3}\right) = A\left(1 - x\frac{\partial}{\partial x}\right)\frac{1}{r},$$

$$v_\sigma^{(0)} = \frac{A\sigma x}{r^3} = -Ax\frac{\partial}{\partial \sigma}\left(\frac{1}{r}\right) \tag{2.112}$$

となる．上付き添字 (0) は円筒壁のない場合の流れであることを示す．さて，変

形ベッセル関数による $1/r$ の積分表示

$$\frac{1}{r}=\frac{1}{\sqrt{x^2+\sigma^2}}=\frac{2}{\pi}\int_0^\infty K_0(\lambda\sigma)\cos(\lambda x)\,d\lambda \tag{2.113}$$

を用いて (2.112) を書き直すと

$$v_x^{(0)}=\frac{2A}{\pi}\int_0^\infty K_0(\lambda\sigma)[\cos(\lambda x)+\lambda x\sin(\lambda x)]d\lambda$$

$$v_\sigma^{(0)}=\frac{2A}{\pi}\int_0^\infty K_1(\lambda\sigma)\lambda x\cos(\lambda x)\,d\lambda \tag{2.114}$$

となる．そこで，円筒内で正則なストークス方程式の一般解

$$v_x^{(1)}=\int_0^\infty I_0(\lambda\sigma)\{-F(\lambda)[\lambda x\sin(\lambda x)+\cos(\lambda x)]+G(\lambda)\lambda\cos(\lambda x)\}d\lambda$$

$$v_\sigma^{(1)}=\int_0^\infty \lambda I_1(\lambda\sigma)[F(\lambda)x\cos(\lambda x)+G(\lambda)\sin(\lambda x)]d\lambda \tag{2.115}$$

を使って円筒壁 ($\sigma=R_0$) で $v_i^{(0)}+v_i^{(1)}=0$ となるように F, G を決定する．

$$F=\frac{2A}{\pi\varDelta}\left[\frac{K_0}{I_0}-\frac{1}{2}\zeta_0\left(\frac{K_1}{I_0}+\frac{K_0}{I_1}\right)\right]$$

$$G=\frac{2A}{\pi\zeta_0}\frac{d}{d\lambda}\left[\frac{1}{\varDelta}\left(\frac{1}{I_0}-\frac{\zeta_0}{2I_1}\right)\right]$$

$$\varDelta=1+\frac{1}{2}\zeta_0\left(\frac{I_1}{I_0}-\frac{I_0}{I_1}\right),\quad I_n=I_n(\zeta_0),\quad K_n=K_n(\zeta_0),\quad \zeta_0=\lambda R_0 \tag{2.116}$$

この流れの場 $v_i^{(1)}$ が球のおかれている位置に誘導する軸方向の速度 $[v_x^{(1)}]_0$ は (2.115), (2.116) により $-2.10444(aU/R_0)$ と計算される．これから球に働く抵抗

$$F=-6\pi\mu aU(1+2.10444\,\varepsilon+\cdots),\qquad \varepsilon=a/R_0 \tag{2.117}$$

が得られる．より精密な計算の結果は

$$F=\frac{-6\pi\mu aU}{1-2.10444\varepsilon+2.08877\varepsilon^3-6.94813\varepsilon^5-1.372\varepsilon^6+3.87\varepsilon^8-4.19\varepsilon^{10}\cdots} \tag{2.118}$$

球が任意の位置で任意の方向に並進する場合は文献 24 を参照されたい．とくに，軸の近傍にある球については (2.110) の K_{ij} に対応して

$$K_{xx}=2.10444-0.69793\eta^2+\cdots,\qquad K_{\sigma\sigma}=1.80436+2.50084\eta^2+\cdots$$

$$K_{\phi\phi}=1.80436+0.83983\eta^2+\cdots,\qquad (\eta=\sigma_0/R_0,\ \sigma_0\text{ は球の位置}) \tag{2.119}$$

である．K_{xx} は $\eta\sim0.40$ で最小値 2.04401 をとり，壁の近傍では $9/[16(1-\eta)]$ のように，1 平面の結果に漸近する ($K_{\sigma\sigma}$, $K_{\phi\phi}$ は単調に 1 平面の結果に漸近する)．

円筒内に $U_0(1-\eta^2)$ のポアズイユ流があり，球が任意の位置で軸方向に並進す

るときに，球に働く力は

$$F=6\pi\mu a[U_0(1-\eta^2)-U][1+\varepsilon f(\eta)+\cdots]$$

$$f(\eta)=2.10444-0.698\eta^2+O(\eta^4), \qquad \lim_{\eta\to 1}(1-\eta)f(\eta)=\frac{9}{16} \qquad (2.120)$$

（4） 孔あき平板との相互作用

これは孔のあいた膜を透過する微粒子の問題に関係する．半径 R_0 の孔の軸（x 軸）上を軸方向に並進運動する球（半径 a，平板からの垂直距離 l）に働く抵抗の壁効果 K_{xx} は，孔の中心で $3/2\pi$，$l/R_0=0.8702$ で最大値 0.6877 を，$l\gg R_0$ で孔のあいていない 1 平面壁の結果に漸近する．

本節に関連した総合報告としては，既出のものに加えて，文献 25〜32 も参照．

2.2.2 気体中の微粒子に働く力とその運動

気体中に粒子が含まれる場合，粒子表面で相変化がなく，粒子の径に比べて気体分子の平均自由行程が無視できるときには，粒子まわりの気体の振舞いや粒子の運動は古典流体力学（ナビエ－ストークス方程式と滑りなしの条件）をもとに解析することができる（2.2.1 項参照）．しかし，粒子が気体の凝縮相で，その表面で蒸発・凝縮が起こる場合（2.1.3 項参照），あるいは粒子が小さいか気体の密度が低く，気体分子の平均自由行程が粒子の径に比べて無視できない場合には，古典流体力学の枠内では予想できない種々の流れが粒子まわりに誘起され，粒子はこれによる力を受ける．

これらの現象を理論的に調べるには，分子気体力学（ボルツマン方程式）による解析が必要になる．しかし，微粒子を含む混相気流において通常問題となるのは，粒子の径に基づくクヌーセン数，すなわち，平均自由行程と粒子の径の比，が比較的小さい場合である．系のクヌーセン数（平均自由行程と系の代表長さの比）が小さい場合については，ボルツマン方程式の系統的漸近解析により，任意形状の固体または凝縮相境界まわりの気体の定常的振舞いを記述する一般論（一般滑り流理論）が確立されている[33,21,6~8]（文献 10〜12 および本シリーズ第 3 巻『分子気体力学』参照）．

それによると，この場合の気体の振舞いは，もとのボルツマン方程式に立ち帰ることなく，古典流体力学を少し拡張した形で求めることができる．本項では，無限に広がった気体中の単一の球形粒子を考え，粒子に働く種々の力とその運動について，一般滑り流理論を応用して得られる結果をまとめて示す．途中の解析については個々の引用文献を参照されたい．なお，ここでは気体中の密度，温度変化がそれぞれ代表的な密度，温度に比べて十分小さく，気体の流速が音速に比べて十分小さい系を問題にする[注16]．また，粒子は断りのない限り均質であるとする．

本項では次の記号を用いる：μ は気体の粘性率，k_g は気体の熱伝導率，l_0 は気体分子の平均自由行程，L は粒子の半径，k_s は粒子の熱伝導率，$K_n=l_0/L$ はクヌーセン数．$k=(\sqrt{\pi}/2)K_n$，R は単位質量当りの気体定数（ボルツマン定数/分子の質量）．l_0，K_n は基準静止平衡状態（温度 T_0，圧力 p_0 の静止平衡状態）における値，μ，k_g は基準温度 T_0，基準圧力 p_0 における値，k_s は基準温度 T_0 における値である．

a. 固体粒子

まず，粒子が通常の固体で，表面で蒸発・凝縮が起こらない場合を考える．

(1) 抗　力

粒子に気体の流れが当たると，粒子には抗力が働く．流速 U_i，圧力 p_0，温度 T_0 の一様気流中に粒子がおかれているとき，粒子に働く抗力 F_{Di} は次の形に求められる[34]．

$$F_{Di}=6\pi\mu U_i L h_D(k, K) \tag{2.121}$$

$$h_D(k, K)=1+k_0k+\left(A_D+C_D\frac{K}{2K+1}\right)k^2 \tag{2.122}$$
[注17]

$$K=\frac{k_g}{k_s} \tag{2.123}$$

$$k_0=-1.01619, \qquad A_D=0.50000, \qquad C_D=0.23490$$

(2.122) の初項すなわち $F_{Di}=6\pi\mu U_i L$ は通常の粘性流体におけるストークスの抗力である．気体の希薄化効果による第1次補正（$O(k)$ の項）は気体と粒子の熱伝導率の比 K には依存しない．$h_D(k, K)$ を k の関数として図 2.14 に示す．点線は (2.122) の最初の2項の和である．また，小円は空気中の油滴に対するミリカン (Millikan) の実験結果[35,36]である[注18]．

粒子が均質でなく，その熱伝導率が中心からの距離によって変化する場合には，k_s として粒子の性質だけで決まる適当な見かけの熱伝導率を用いると，(2.121)，(2.122) がそのまま成り立つことが示されている[37]．粒子が半径 $r_0L\,(0<r_0<1)$ の内核（熱伝導率 k_{sI}）とそれ以外の外核（熱伝導率 k_{sO}）とからなる二重構造をしている場合には[注19]，この見かけの熱伝導率 k_s^* は次式で与えられる[37]．

$$k_s^*=k_{sO}\frac{2k_{sO}+k_{sI}-2(k_{sO}-k_{sI})r_0^3}{2k_{sO}+k_{sI}+(k_{sO}-k_{sI})r_0^3} \tag{2.124}$$

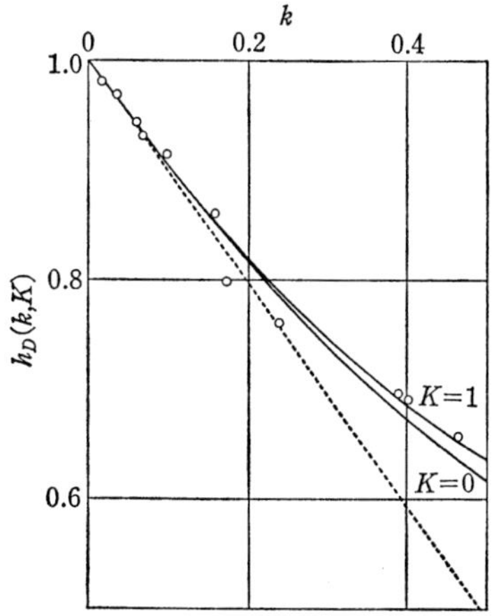

図 2.14 $h_D(k, K)$
文献 34 より．

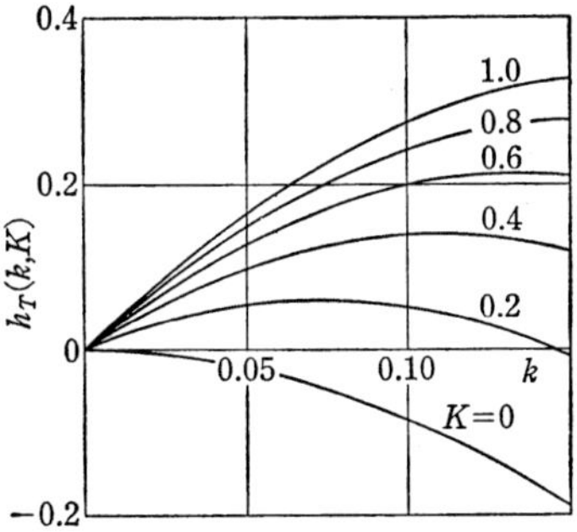

図 2.15 $h_T(k, K)$
文献 34 より．

（2） 熱泳動

温度が一様でない気体中の微粒子のまわりには，気体の希薄化効果によって気体の流れが誘起される．その結果，粒子は力を受け，拘束がなければ気体中を移動する．この現象は熱泳動 (thermophoresis) と呼ばれる．一様な温度勾配 $(\partial T/\partial x_i)_\infty$ をもち，圧力 p_0 の静止した気体中に粒子がおかれているとき，粒子に働く力 F_{Ti} は次のようになる[34]．

$$F_{Ti}=-(2RT_0)^{-1/2}L^2k_g\left(\frac{\partial T}{\partial x_i}\right)_\infty h_T(k,K) \tag{2.125}$$

$$h_T(k,K)=-\frac{16\pi}{5}\left[3K_1\frac{K}{2K+1}-2M_T(K)k\right]k \tag{2.126}$$

$$M_T(K)=-\frac{3}{2}\frac{K}{2K+1}\left[A_T+\left(\frac{1}{K}-1\right)e-2\left(D_T-\frac{E_T}{K}\right)\frac{K}{2K+1}\right] \tag{2.127}$$

$$K_1=-0.38316,\quad e=0.27922,\quad A_T=0.93551$$

$$D_T=0.08492,\quad E_T=0.33277$$

ここに，T_0 は粒子近傍の任意の点の温度である[注20]．$h_T(k, K)$ を種々の K に対して k の関数として図 2.15 に示す．

(2.125) の力は粒子の熱伝導性に大きく依存する．粒子の熱伝導性が悪く，気体のそれと同程度のときには $(K\sim1)$，力は温度勾配 $(\partial T/\partial x_i)_\infty$ とは逆向きであるが，粒子の熱伝導性が非常によいときには $(K\sim0)$，温度勾配の方向である．これは，次に述べるように，それぞれの場合に異なる型の流れが粒子のまわりに誘起されることによる．$K\sim 1$ のときには，粒子表面のうち気体の高温部に面した側は温められ，低温部に面した側は冷やされて，表面に沿って $(\partial T/\partial x_i)_\infty$ と同程度の温度勾配が生じる．気体の希薄化効果が問題となるときには，境界に沿ってその温度が一様でないと，低温部から高温部へ向かう熱ほふく流と呼ばれる流れが現れる．いまの場合，粒子表面の温度勾配によって，この熱ほふく流が低温側から高温側へ向かって誘起される．一方，$K\sim 0$ のときには，粒子の温度はほとんど一様で熱ほふく流は無視できるが，境界に沿って気体の温度勾配が一様でないときに起こる熱応力滑り流（この流れは熱ほふく流よりも高次の希薄化効果である）が高温側から低温側へ誘起される．

希薄化効果を考えない $k\to 0$ の極限では，上の力は 0 になり，熱泳動は起こらない．$K\sim 0$ の場合の温度勾配方向の力とそれによる粒子の運動を，負の熱泳動 (negative thermophoresis) と呼んでいる．とくに $K=0$ の場合に対して，$h_T(k, 0)$ が (2. 126) で与えられる表式よりもう 1 次高次まで得られている[38]．すなわち，

$$h_T(k, 0) = -\frac{48\pi}{5}(e - hk)k^2 \qquad (2.128)$$

$$h = 0.3498$$

粒子が (2. 125) の力を受けて気体中を移動するとき，その定常移動速度 V_{Ti} は，(2. 121)，(2. 122) および (2. 125)，(2. 126) より定常性に関する多少の議論を経て次のように求められる[34]．

$$V_{Ti} = \frac{L}{(2RT_0)^{1/2}}\frac{k_g}{\mu}\left(\frac{\partial T}{\partial x_i}\right)_\infty s_T(k, K) \qquad (2.129)$$

$$s_T(k, K) = \frac{8}{5}\left\{K_1\frac{K}{2K+1} - \left[\frac{2}{3}M_T(K) + k_0K_1\frac{K}{2K+1}\right]k\right\}k \qquad (2.130)$$

とくに，(2. 128) に対応する $s_T(k, 0)$ は[38]，

$$s_T(k, 0) = \frac{8}{5}[e - (h + k_0e)k]k^2 \qquad (2.131)$$

粒子の熱伝導率が中心からの距離によって変化する不均質粒子に対しては，k_s として抗力の場合と同じ見かけの熱伝導率（外殻二重構造の場合は (2. 124)）を用いると，(2. 125)，(2. 126) および (2. 129)，(2. 130) がそのまま成り立つことが示されている[37]．

（3） 光泳動

静止した一様な気体中の微粒子に一方向から光線（輻射）が当たっている場合にも，希薄化効果によって粒子のまわりに流れが誘起される．これによって粒子は

力を受け，拘束がないとその方向に運動する．この現象は光泳動（photophoresis）と呼ばれる．温度 T_0，圧力 p_0 の一様な静止気体中の粒子に，強度 I_0，伝播方向 l_i の光線が当たっている場合を考える．粒子は不透明であり，光線は気体中では吸収されないとする．このとき，粒子に働く力 F_{Pi} は次式で与えられる[34]．

$$F_{Pi}=\bar{a}I_0L^2(2RT_0)^{-1/2}l_ih_P(k,K) \qquad (2.132)$$

$$h_P(k,K)=-\frac{8\pi}{5}\frac{K}{2K+1}\left[K_1+\left(A_P+B_P\frac{K}{2K+1}\right)k\right]k \qquad (2.133)$$

$$K_1=-0.38316, \quad A_P=0.097855, \quad B_P=-2.25136$$

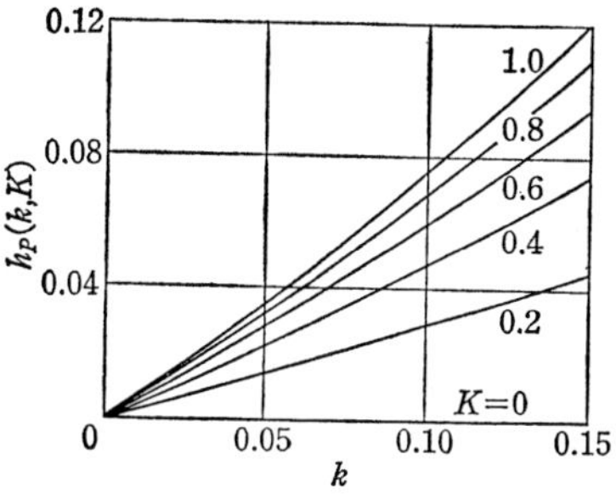

図 2.16 $h_P(k,K)$
文献 34 より．

ここに $\bar{a}(0<\bar{a}\leqq 1)$ は粒子表面の吸収能である．$h_P(k,K)$ を種々の K に対して k の関数として図 2.16 に示す．この力は常に光源から遠ざかる向きで，$K=0$ のとき消滅する．この力の主因は，粒子表面が光線によって不均一に温められることによる熱ほふく流である．$K=0$ のとき粒子は一様に温められ，気体の温度場は球対称となるため，流れは起こらない．この力も希薄化効果特有のもので，$k\to 0$ のとき消滅する．

(2.132) の力による粒子の定常移動速度 V_{Pi} は，(2.121)，(2.122) および (2.132)，(2.133) より直ちに[34]

$$V_{Pi}=\frac{\bar{a}I_0L}{\mu(2RT_0)^{1/2}}l_is_P(k,K) \qquad (2.134)$$

$$s_P(k,K)=-\frac{4}{15}\frac{K}{2K+1}\left[K_1+\left(A_P-k_0K_1+B_P\frac{K}{2K+1}\right)k\right]k \qquad (2.135)$$

球が均質でなく，熱伝導率が中心からの距離によって変化する場合，k_s として抗力，熱泳動の場合と同じ見かけの熱伝導率（外殻構造の場合は (2.124)）を用いることにより，(2.132)，(2.133) および (2.134)，(2.135) がそのまま成り立つ[39]．

b. 凝縮相粒子

次に，微粒子が考えている気体の凝縮相でできており，その表面で蒸発・凝縮が起こる場合（1成分系）について，粒子に働く抗力，粒子の熱泳動，光泳動を考える．粒子の変形，内部流動は無視する．

（1） 抗 力

一様気流（流速 U_i，圧力 p_0，温度 T_0）中の微粒子に働く抗力 F_{Di} は，(2.121)

において $h_D(k,K)$ の代わりに次の $h_D(k,\alpha)$ を用いたもので与えられる[40].

$$h_D(k,\alpha)=1-\tilde{M}_D(\alpha)k \tag{2.136}$$

$$\tilde{M}_D(\alpha)=\frac{1}{2}\frac{1}{\gamma^2\alpha-C_4{}^*}-k_0 \tag{2.137}$$

$$\alpha=p_0(2RT_0)^{1/2}\frac{L}{k_sT_0} \tag{2.138}$$

$$k_0=-1.01619,\qquad C_4{}^*=-2.13204$$

ここに γ は温度 T_0 における蒸発潜熱と RT_0 の比である．凝縮相粒子では，気体と粒子の熱伝導率の比 K よりも，(2.138) の α が重要なパラメータとなる．これは圧力 p_0，流速 $(2RT_0)^{1/2}$ のときの気体中のエネルギー流と温度勾配 T_0/L のときの粒子内部の熱流の比程度の量であり，K とは

$$\alpha=\frac{4}{5}\frac{K}{k} \tag{2.139}$$

なる関係にある．したがって $K\sim1$ のとき $\alpha\sim1/k$ で大きく，$K\sim k$ のときには $\alpha\sim1$ である．$\tilde{M}_D(\alpha)$ を α の関数として図 2.17 に示す．(2.136) を (2.122) と比較すると，$\alpha\sim1$ のときには抗力は蒸発・凝縮を考えない固体粒子の場合より小さいが，$K\sim1$ のときには（このとき，(2.137) で $\alpha\to\infty$ すなわち $M_D=-k_0$ とおけばよい），k の1次までは固体粒子の場合に一致する．これは次のように説明される[注21]．$\alpha\sim1$ のとき，粒子前面の高圧側で凝縮が，後面の低圧側で蒸発が起こり，粒子を貫通する質量流があるのと同じ効果が生じて抗力が減少する．この場合，前面では凝縮によって粒子に熱が供給されるが，それは粒子内部を通って後面に伝わり，そこで蒸発のために消費される．しかし，粒子の熱伝導性が悪いと $(K\sim1)$，粒子温度は前面で上昇し，後面で下降する．

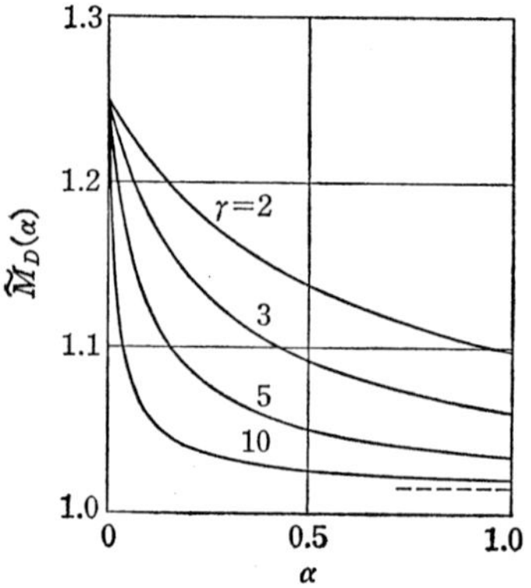

図 2.17　$\tilde{M}_D(\alpha)$
全曲線は $\alpha\to\infty$ のとき $-k_0(=1.01619)$（破線）に近づく．文献 40 より．

最終的には，前面，後面それぞれの温度における飽和蒸気圧がそこでの気体の圧力と等しくなって蒸発・凝縮が起こらない状態で定常になる．このため，蒸発・凝縮による効果は現れない．

（2）　熱泳動

一様な温度勾配のある静止した気体（温度勾配 $(\partial T/\partial x_i)_\infty$，圧力 p_0）中の凝縮

相微粒子に働く力 F_{Ti} は，(2.125) において，$h_T(k,K)$ の代わりに次の $h_T(k,\alpha)$ を用いたもので与えられる[40]．

$$h_T(k,\alpha)=\frac{6\pi}{5}\tilde{M}_T(\alpha)k \tag{2.140}$$

$$\tilde{M}_T(\alpha)=\frac{5\gamma\alpha+4C_1}{\gamma^2\alpha-C_4^*} \tag{2.141}$$

$$C_1=0.55844,\qquad C_4^*=-2.13204$$

$K\sim1$ のときは $\alpha\to\infty$，すなわち $M_T=5/\gamma$，$K=0$ のときは $\alpha=0$ とおけばよい．$\tilde{M}_T(\alpha)$ を α の関数として図 2.18 に示す．蒸発・凝縮が起こらない場合とは異なり，粒子に働く力は常に温度勾配とは逆向きで，負の熱泳動は起こらない．また，K が小さくない限り，力は K に依存しない．

この力の原因は，熱ほふく流や熱応力滑り流ではなく，次に述べる蒸発・凝縮による非対称な速度場である（注 21 参照）．気体中の温度勾配によって，高温側に面した粒子の表面には熱が流入する．その熱の一部は粒子内部の伝導によって反対側に伝わるが，残りはそこでの蒸発に費やされる．一方，低温側に面した表面では，気体中の温度勾配によって熱が粒子から奪われる．その一部は粒子内部の高温側からの熱流によって補われるが，残りはそこにおける凝縮によって補充される．このように，高温側に面した表面では定常な蒸発が，低温側に面した表面では定常な凝縮が起こる．粒子の熱伝導性が悪いと（$K\sim1$），粒子内部の熱流は無視でき，気体の温度勾配による熱流だけで蒸発・凝縮の強さが決まる．それゆえ，この場合の力は粒子の熱伝導性（すなわち K）に依存しない．

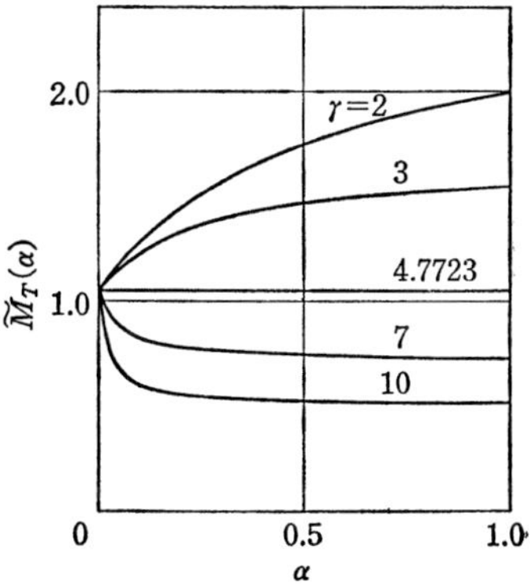

図 2.18 $\tilde{M}_T(\alpha)$
各曲線は $\alpha\to\infty$ のとき $5/\gamma$ に近づく．$\gamma=-5C_4^*/(4C_1)$ $(=4.7723)$ のとき，$\tilde{M}_T$ は定数になる．文献 40 より．

上述の力による粒子の定常移動速度 V_{Ti} は，(2.121) の h_D に (2.136) の h を用いたものおよび (2.125) の h_T に (2.140) の h_T を用いたものから，定常性についての議論を経て，容易に求められる．すなわち V_{Ti} は，(2.129) の $s_T(k,K)$ の代わりに，次の $\tilde{s}_T(k,\alpha)$ を用いたもので与えられる．

$$\tilde{s}_T(k,\alpha)=-\frac{1}{5}\tilde{M}_T(\alpha)k \tag{2.142}$$

（3） 光泳動

一様な静止気体（圧力 p_0，温度 T_0）中の粒子に一様な光線（強度 $\tilde{I}_0$，伝播方向 l_i）が当たる場合に粒子に働く力 F_{Pi} は，次の形に求められる[41]．

$$F_{Pi}=\bar{a}\tilde{I}_0\mu Lp_0^{-1}l_ih_P(k,\alpha)=\bar{a}\tilde{I}_0L^2(2RT_0)^{-1/2}kl_ih_P(k,\alpha) \qquad (2.143)$$

$$h_P(k,\alpha)=\pi\tilde{M}_P(\alpha)[1+\tilde{N}_P(\alpha)k] \qquad (2.144)$$

$$\tilde{M}_P(\alpha)=\frac{\gamma\alpha}{\gamma^2\alpha-C_4{}^*} \qquad (2.145)$$

$$\tilde{N}_P(\alpha)=-2\Biggl\{\left(K_1+\frac{5}{4\gamma}\right)\left(d_4{}^*-\frac{C_4{}^*}{\gamma}\right)+A_P{}^* + \frac{1}{\gamma^2\alpha-C_4{}^*}\left[\left(C_1+\frac{5}{4}\frac{C_4{}^*}{\gamma}\right)\left(d_4{}^*-\frac{C_4{}^*}{\gamma}\right)+B_P{}^*\right]\Biggr\} \qquad (2.146)$$

$C_4{}^*=-2.13204$,　$K_1=-0.38316$,　$d_4{}^*=-0.44675$,

$C_1=0.55844$,　$A_P{}^*=-0.72910$,　$B_P{}^*=1.51114$

$K\sim1$ のときには，$\alpha=(4/5)(K/k)$ を（2.144）に代入して k について再展開し，k の1次までとればよい．$\tilde{M}_P(\alpha)$，$\tilde{M}_P(\alpha)\tilde{N}_P(\alpha)$ を α の関数としてそれぞれ図2.19(a)，(b) に示す．（2.143）の力の主因は，光線の当たる側で強く起こる蒸発による速度場である．$K=0$ すなわち $\alpha=0$ のときには，粒子は一様に温められ，粒子まわりの温度場，したがって蒸発による速度場が球対称になるため，粒子に力は働かない．なお，（2.143）最右辺の $\tilde{I}_0h_P$ の係数と（2.132）右辺の I_0h_P の係数が k 倍だけ違っているのは，次の理由による．

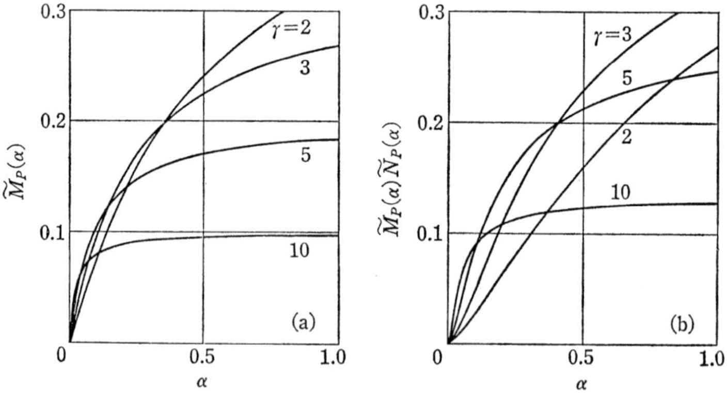

図 2.19　(a) $\tilde{M}_P(\alpha)$，(b) $\tilde{M}_P(\alpha)\tilde{N}_P(\alpha)$
文献41より．

光線によって粒子に供給されるエネルギーは，凝縮相粒子の場合，粒子の表面における蒸発によって消費されるか熱流の形で気体中に逃げるかのいずれかである注22)．気体中の熱流によるエネルギー輸送は，蒸発によるエネルギー消費に比べて k 倍程度小さい．蒸発が起こらない固体粒子に凝縮相粒子の場合の光（蒸発によるエネルギー消費に見合う程度の強さの光）を当てると，気体中に逃げるエネルギーが小さいために粒子の温度が上昇し，線形近似が成り立たなくなる．固体粒子の場合，線形理論の範囲で定常状態が実現するには，気体中の熱流に見合う程度の強さの光，すなわち凝縮相粒子の場合に比べて k 倍程度弱い光を当てる必要がある（$I_0 \sim k\tilde{I}_0$）．

(2.143) の力による粒子の定常移動速度 V_{Pi} は，(2.121) の h_D に (2.136) の h_D を用いた式と (2.143)，(2.144) から容易に求められる[41]．すなわち

$$V_{Pi}=\frac{\bar{a}\tilde{I}_0}{p_0}l_i\mathfrak{z}_P(k,\alpha) \tag{2.147}$$

$$\mathfrak{z}_P(k,\alpha)=\frac{1}{6}\tilde{M}_P(\alpha)\{1+[\hat{N}_P(\alpha)+\hat{M}_D(\alpha)]k\} \tag{2.148}$$

2.2.3 超微粒子——ブラウン運動

たとえば，気体の場合，分子の速さを 300 m/s，平均自由行程（衝突から衝突までの間に粒子が動く距離）を 1 μm(10^{-6} m) とすれば，1 秒間には 3×10^8 回衝突することになる．一つの分子に乗ってみれば，1 秒間にそれだけの回数他の分子が衝突してくることになる．乗っている分子を粒子に置き替えると，衝突してくる分子の数は粒子の断面積に比例して増加するから，粒子が大きくなるにつれて，衝突の効果は平均されて，衝突による粒子のゆらぎもだんだんと小さくなっていく（分子の直径を 1 Å(10^{-10} m)，粒子の直径を 1 μm(10^{-6} m) とすれば，衝突回数は 10^8 倍に増える）．話を逆にたどれば，粒子の大きさを小さくすれば，分子との衝突が減少して，粒子のゆらぎが目立ち始める．このゆらぎがブラウン (Brown) 運動と呼ばれているものである．液体についても同様のことがいえる．実際に，ブラウン運動が最初に発見されたのは「水中の花粉の運動」であったことは周知のとおりである．

これを簡単な式で表したのが，いわゆるランジュバン (Langevin) の式である．それは粒子に対する（1 次元の）運動方程式

$$m\frac{dv}{dt}=-\zeta v+F(t) \tag{2.149}$$

で与えられる．右辺の $-\zeta v$ は粒子に働く抵抗力，$F(t)$ は粒子がまわりの流体分子から受ける力から $-\zeta v$ を差し引いた部分で，揺動力と呼ばれ，衝突によるゆ

らぎの効果（ブラウン運動をもたらす力）を表している．粒子がある程度大きいと $F(t)$ は $-\zeta v$ に比べて十分小さくなり，ブラウン運動への効果は無視できる．いま，この条件を調べてみよう．

上の式に x を掛け，$v=dx/dt$ の関係を用いると，

$$\frac{1}{2}m\frac{d^2(x^2)}{dt^2}-mv^2=-\frac{1}{2}\zeta\frac{d(x^2)}{dt}+F(t)x$$

となる．多くの粒子について平均をとり，平均した量は〈　〉をつけて表す．まず，微粒子に対して，エネルギー等分配則の成り立つことが実験的に証明されている（ペラン(Perrin)の実験）から，$1/2\cdot m\langle v^2\rangle=1/2\cdot kT$ とおくことができる．また，$F(t)$ の変化と x の変化は独立であり，$\langle F(t)\rangle=0$ であるから，$\langle F(t)x\rangle=\langle F(t)\rangle\langle x\rangle=0$ となる．それゆえ，

$$\frac{1}{2}m\frac{d^2\langle x^2\rangle}{dt^2}+\frac{1}{2}\zeta\frac{d\langle x^2\rangle}{dt}=kT$$

積分して，

$$\frac{d\langle x^2\rangle}{dt}=\frac{2kT}{\zeta}+Ce^{-\zeta t/m}$$

を得る．C は積分定数を表す．粒子に働く抵抗力にストークス抵抗を仮定して $\zeta=6\pi\mu a$（μ は粘性率，a は粒子の半径）とおき，m/ζ（減衰特性時間）が t（単位時間）に比べて十分に小さいことを考慮して最後の項を落とす．そこで，t について 0 から t（単位時間）まで積分すると，

$$\langle(\Delta x)^2\rangle=\langle[x(t)-x(0)]^2\rangle=2\left(\frac{kT}{\zeta}\right)t \tag{2.150}$$

を得る．これはアインシュタインの関係式を表している．$(kT/\zeta t)^{1/2}$ は揺動（ブラウン運動）による拡散速度である．この拡散速度が流れ場（または巨視的現象）の代表的速度に比べて十分に小さければ，ブラウン運動の効果は無視できる．

運動方程式からもっと直接にいえば次のようになる．粒子の単位質量に作用する揺動力 $F(t)/m=P(t)$ は時間に関し完全にランダムであると考えられるので，$P(t)P'(t')$ の平均は $t=t'$ 以外では 0 となり，

$$\langle P(t)P'(t')\rangle=2\varepsilon\delta(t-t') \tag{2.151}$$

のように書くことができる．ε は揺動の大きさを表す量，δ はデルタ関数である．さて，粒子に対する運動方程式の解から，$\zeta t/m\gg1$ を仮定することによって

$$\Delta x=\frac{\zeta}{m}\int_0^t P(t')dt'$$

が得られる．それゆえ，

$$\langle(\Delta x)^2\rangle=\frac{\zeta^2}{m^2}\int_0^t\int_0^t\langle P(t')P(t'')\rangle dt'dt''=2\frac{\varepsilon m^2 t}{\zeta^2}. \qquad (2.152)$$

先ほど得た拡散速度に対する表式（アインシュタインの関係式）と比較して，揺動の大きさは

$$\varepsilon=\frac{\zeta kT}{m^2} \qquad (2.153)$$

のように表すことができる．それゆえ，粒子に対する運動方程式で，揺動力の項が抵抗力の項に比べて十分小さいためには，

$$\varepsilon^{1/2}\ll\frac{\zeta v}{m} \qquad (2.154)$$

でなければならない．これは，上に述べた拡散速度が流れ場の代表的速度に比べて十分小さい条件と一致している．拡散速度は，半径 1 μm の粒子の場合，標準状態の水で 0.5 mm/s，空気ではその 10 倍程度である．

注

注 1）ここでは，境界面の両側が流体である場合について述べるが，結果は境界面の片側が固体である場合にも当てはまる．

注 2）面輸送の定理は，移動する物質界面 $A(t)$ について，界面だけで定義される関数 ϕ^* に対して，

$$\frac{d}{dt}\iint_{A(t)}\phi^* dA=\iint_{A(t)}\left(\frac{d\phi^*}{dt}+\phi^*\frac{\partial q_i^*}{\partial s_i}\right)dA$$

の関係が成り立つことを示す．$d/dt(=\partial/\partial t+q_i^*\partial/\partial x_i)$ は界面に乗った時間微分，$\partial/\partial s_i$ は界面内の ∇ 演算子を表す．

注 3）面内におけるガウスの定理は

$$\int_c \tau_i^* N_i dc=\iint_{\Delta A}\frac{\partial\tau_i^*}{\partial s_i}dA$$

のように表される．τ_i^* は面に接するベクトルである．

注 4）括弧内の T_{ij} は，ニュートン(Newton)流体の場合，$T_{ij}=-p\delta_{ij}+\mu(\partial q_i/\partial x_j+\partial q_j/\partial x_i-2/3\cdot\partial q_k/\partial x_k\delta_{ij})$ のように表される．p は圧力，μ は粘性率である．

注 5）直交曲線座標における変形速度テンソルの表式については，たとえば，日本流体学会編：流体力学ハンドブック（丸善，1987）25 を参照されたい．

注 6）2.1.3 項では，1 成分系すなわち凝縮相とその物質の気相のみからなり，他の気体を含まない系を考える．

注 7）流体力学条件を満たす系，すなわち気体分子の平均自由行程，平均自由時間がそれぞれ物理量の空間的変化の尺度，時間的変化の尺度に比べて非常に小さい系を対象とする．以下に示す界面における境界条件は，気体が定常状態にあるとして導かれたものであるが，上の流体力学条件を満たす限り，時間的に変化する系にも適用で

きる．また，流体力学条件が大域的には成り立っていなくても，それが凝縮相界面を含む適当な気体領域において，ある時間範囲で局所的に成り立てば，この領域に含まれる界面において（この時間範囲で）以下に示す境界条件が成り立つ．

注 8) これは，分子気体力学で通常用いられる界面における微視的条件である．より一般的な条件の下での結果については，文献 9, 16～18, 20 を参照されたい．

注 9) 気体の運動を記述するうえで，レイノルズ数以外にマッハ (Mach) 数 $M_a=U/a$ (a は音速)，クヌーセン (Knudsen) 数 $K_n=l/L$ (l は気体分子の平均自由行程) が重要な無次元パラメータである．これらは互いに独立ではなく，$M_a \sim K_n \cdot R_e$ の関係がある[21,7,10]．ここでは気体の希薄化効果は考えていないから，K_n は十分小さく，したがって M_a も十分小さい．M_a は系の静止平衡状態からのずれを表す尺度であるから[21,7,10]，いま考えている系ではこのずれが小さいことになる．

注 10) p_w は，クラウジウス－クラペイロン (Clausius–Clapeyron) の関係[22]より，T_w によって決まる．しかし，本項に示す結果の導出にはこの関係はいっさい使われておらず，したがって p_w は T_w とは独立のパラメータと考えればよい．

注 11) もちろん，気体分子と界面の相互作用の形にも依存する．

注 12) 正確には，$R_e \gg 1$ で $M_a \sim 1$ の場合を考える（注 9 参照）．

注 13) 一般に蒸発・凝縮を伴わない通常の境界まわりの高レイノルズ数気体流では，境界付近に粘性，熱伝導性が重要になる領域（粘性境界層）が現れる．しかし蒸発・凝縮を伴う流れの場合，粘性境界層に対応する部分は強い蒸発流によって蒸発が起こっている界面から吹き飛ばされ，凝縮が起こっている界面近傍に吹き寄せられて，そこでクヌーセン層と一体化する．すなわち，粘性，熱伝導性の効果はボルツマン方程式によるクヌーセン層の解析に取り込まれている．

注 14) 2.1.3 項 a. 同様クヌーセン層の結果は省略する（各引用文献参照）．

注 15) （校正時注） 本稿執筆後，一般の場合 $[(v_i-v_{wi})t_i\neq 0]$ に対しても境界条件が求められた [K. Aoki, K. Nishino, Y. Sone and H. Sugimoto : *Phys. Flids A*, **3** (1991)2260]. この場合，(2.39)，(2.40)の F_s, F_b は，M_n, T/T_w および M_t（界面における相対的な気体の流速の接線成分に基づく局所 Mach 数）の関数になるが，M_t への依存性は小さい．くわしくは上記文献または本シリーズ第 3 巻『分子気体力学』を参照されたい．

注 16) 静止平衡状態からのずれが小さく，線形近似が成り立つ系を取り扱う．したがって，以下固体粒子と凝縮相粒子の各場合について述べる三つの現象（抗力，熱泳動，光泳動）が共存する場合には，それらを重ね合わせて考えればよい．その他，気体の振舞いはボルツマン－クルック－ベランダ(BKW) 方程式で記述されること，界面を離れる分子は拡散反射条件（固体粒子）あるいは蒸発・凝縮の場合の慣用の条件（凝縮相粒子，2.1.3 項参照）に従うことが仮定されている．これらの事項については文献 10 および本シリーズ第 3 巻『分子気体力学』を参照されたい．

注 17) この式は，$h_D(k, K)$ が $k(\ll 1)$ の 2 次まで求められており，それより高次の項は無視されていることを示す．以下，(2.126)，(2.128)，(2.130)，(2.131)．(2.133)，

(2.135), (2.136), (2.140), (2.142), (2.144), (2.148) の各式についても同様である.

注 18) 気体分子の平均自由行程と粘性率との関係は，分子間力の形（あるいはモデル方程式）によって異なる．たとえば，BKW 方程式では $\mu=(\sqrt{\pi}/2)p_0(2RT_0)^{-1/2}l_0$，ミリカンの場合は $\mu=0.7903p_0(2RT_0)^{-1/2}l_0$．図 2.14 のミリカンの結果は，$\mu$ を基本的な量と考えてこれら 2 式から μ を消去して得られる関係：l_0(ミリカン)$=1.121l_0$(BKW 方程式) を用いてクヌーセン数を換算してある.

注 19) これは粒子表面に異物が付着している場合のモデルである.

注 20) (2.125) において，T_0 のとり方による違いは線形近似で無視した程度の微小量である.

注 21) 無限遠の圧力が飽和蒸気圧でないと，球表面で一様な蒸発または凝縮が起こり，これによる球対称な流れの場が生じるが，これは粒子に働く力には寄与しないので，以下の説明では除いて考える.

注 22) そのほか，粒子からの輻射によるエネルギー流出が考えられるが，線形理論の範囲では，これは基準温度に対応する一様な輻射であり，粒子に働く力には寄与しない.

参考文献

1) J.M. Delhaye : *Int. J. Multiphase Flow*, **1** (1974) 395-409.
2) M. Ishii : Thermo-fluid dynamic theory of two-phase flow (Fyrolles, Paris, 1975).
3) H. Brenner : *J. Colloid and Interface Science*, **68** (1979) 422-439.
4) I.B. Ivanov : *Pure Appl. Chem.*, **52** (1980) 1242-1262.
5) 森岡茂樹：気体力学（朝倉書店，1982）104-120.
6) Y. Sone and Y. Onishi : *J. Phys. Soc. Jpn.*, **44** (1978) 1981.
7) Y. Onishi and Y. Sone : *J. Phys. Soc. Jpn.*, **47** (1979) 1676.
8) Y. Sone and K. Aoki : *Transp. Theory Stat. Phys.*, **16** (1987) 189; *Mem. Fac. Eng. Kyoto Univ.*, **49** (1987) 237.
9) Y. Sone, T. Ohwada and K. Aoki : *Phys. Fluids A*, **1** (1989) 1398.
10) 日本流体力学会編：流体力学ハンドブック（丸善，1987）第14章.
11) Y. Sone : Rarefied Gas Dynamics (ed. A.E. Beylich, VCH Verlagsgesellschaft mbH, Weinheim, 1991) 489.
12) Y. Sone : Advances in Kinetic Theory and Continuum Mechanics (eds. R. Gatignol and Soubbaramayer, Springer, Berlin, 1991) 20.
13) Y. Sone, K. Aoki and I. Yamashita : Rarefied Gas Dynamics (eds. V.C. Boffi and C. Cercignani, Teubner, Stuttgart, 1986) Vol. 2, 323.
14) 曾根良夫，杉元　宏：真空，**31** (1988) 420.
15) Y. Sone, K. Aoki, H. Sugimoto and T. Yamada : *Theor. Appl. Mech.* (Bulgarian Academy of Sciences), **19**, No. 3 (1 88) 89.
16) 杉元　宏，曾根良夫：真空，**32** (1989) 214.

17) Y. Sone and H. Sugimoto: Adiabatic Waves in Liquid-Vapor Systems (eds. G.E.A. Meier and P.A. Thompson, Springer, Berlin, 1990) 293.
18) 杉元　宏：修士論文（京大・航空, 1989).
19) K. Aoki, Y. Sone and T. Yamada: *Phys. Fluids A*, **2** (1990) 1867.
20) K. Aoki and Y. Sone: Advances in Kinetic Theory and Continuum Mechanics (eds. R. Gatignol and Soubbaramayer, Springer, Berlin, 1991) 43.
21) Y. Sone: Rarefied Gas Dynamics (ed. D. Dini, Editrice Tecnico Scientifica, Pisa, 1971) 737.
22) F. Reif: Fundamentals of Statistical and Thermal Physics (McGraw-Hill, New York, 1965) 304 [中山・小林訳, 統計熱物理学の基礎（吉岡書店), 454].
23) J. Happel and H. Brenner: Low Reynolds Number Hydrodynamics (Nordhoff, Leyden, 1973).
24) 日本流体力学会編：流体力学ハンドブック（丸善, 1987) §§3.5-3.12.
25) H. Brenner: *Adv. Chem. Eng.*, **6** (1966) 287.
26) H.L. Goldsmith and S.G. Mason: *Rheology*, **4** (1967) 86.
27) R.G. Cox and S.G. Mason: *Ann. Rev. Fluid Mech.*, **3** (1971) 291.
28) H. Brenner: *Int. J. Multiphase Flow*, **1** (1974) 195.
29) C. Brennen and H. Winet: *Ann. Rev. Fluid Mech.*, **9** (1977) 339.
30) H. Hasimoto and O. Sano: *Ann. Rev. Fluid Mech.*, **12** (1980) 335.
31) L.G. Leal: *Ann. Rev. Fluid Mech.*, **12** (1980) 435.
32) J.F. Brady and G. Bossis: *Ann. Rev. Fluid Mech.*, **20** (1988) 111.
33) Y. Sone: Rarefied Gas Dynamics (eds. L. Trilling and H.Y. Wachman, Academic, New York, 1969) 243.
34) Y. Sone and K. Aoki: Rarefied Gas Dynamics (ed. J.L. Potter, AIAA, New York, 1977) 417.
35) R.A. Millikan: *Phys. Rev.*, **32** (1911) 349.
36) R.A. Millikan: *Phys. Rev.*, 2nd Ser., **22** (1923) 1.
37) K. Aoki and N. Tsuji: *J. Aerosol Sci.*, **10** (1979) 395.
38) Y. Sone and K. Aoki: Rarefied Gas Dynamics (ed. S.S. Fisher, AIAA, New York, 1981) 489.
39) S. Tanaka and T. Maruyama: 希薄気体力学の研究（科研費総合B(代表者：曽根良夫)研究成果報告集, 1984) 37.
40) Y. Sone and K. Aoki: Rarefied Gas Dynamics (ed. R. Campargue, Commissariat a l'Energie Atomique, Paris, 1979) 1207.
41) K. Aoki: *J. Méc. Théor. Appl.*, **3** (1984) 825.
42) 米沢富美子：物理学 One Point-27, ブラウン運動（共立出版, 1986).

3. 基礎方程式

この章では混相流を記述する方程式について述べるのであるが，今日みられる数多い混相流のモデルやそれに対応する関係式，とくに構成式の一部始終を書き並べるつもりはない．混相流のモデル化について今日までに発展してきた考え方を，なるべく系統だてて説明し，その現状，問題点，今後の発展への手がかりなどについてまとめてみたい．

3.1 一般的な取扱い

流体力学は古くから発展してきた学問であり，その教科書や参考書は本屋の店頭でも数多く見られるが，混相流はこれらの本に書かれた流体力学によってどのように取り扱われるのであろうか．そこでまず，水だけまたは空気だけといった単相流の場合を思い出してみよう．普通まず，質量，運動量，エネルギーの保存則が，空間に固定されたある閉曲面（検査面と呼ばれる）について積分の形式で与えられる．

$$\frac{\partial}{\partial t}\iiint_V \rho dV = -\iint_S \rho q_i n_i dS \tag{3.1}$$

ここで，ρ は流体の密度，q_i は流速，S は検査面，V は S で囲まれた空間の体積，n_i は面素片 dS に立てた外向き法線方向の単位ベクトルである（図 3.1 参照）．

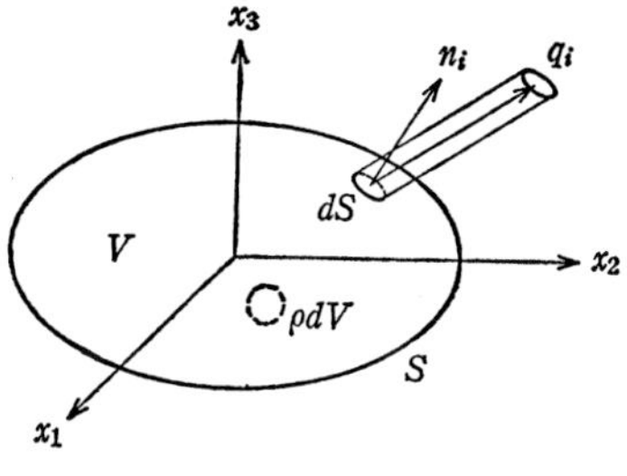

図 3.1 保存則を与えるための空間に固定された閉曲面

(3.1) の左辺は，S で囲まれた体積 V 内の流体の全質量が単位時間当り増加する割合を，微分・積分の記法を用いて表したものである．また，(3.1) の右辺は，単位時間当り

Sを通して流入する流体の質量を表したものである．質量保存則はこの両者が等しくなければならないことを示している．このような積分形式の保存則は，混相流の場合にも導くことができる．

しかし，積分形式の保存則は解析に向かないので，微分形式に置き替えられる．まず，Vが固定されているので，左辺の微分と積分の順序を入れ替える．次に，ガウスの定理を用いて，右辺の面積分を体積積分の形に書き表す．その結果

$$\iiint_V \left(\frac{\partial \rho}{\partial t} + \frac{\partial}{\partial x_i} \rho q_i \right) dV = 0$$

となる．この積分は任意のVについて成り立つから，

$$\frac{\partial \rho}{\partial t} + \frac{\partial}{\partial x_i} \rho q_i = 0$$

でなければならない．このようにして，微分形式の質量保存則，いわゆる連続の式が得られる．

微分形式の運動量保存則およびエネルギー保存則も，同様にして，積分形式のそれらから，微分と積分の順序の入替えとガウスの定理の適用によって得られる．流体力学の問題は，多くの場合，これらの微分方程式を用いて解かれる．

ここで注意すべきことは，ガウスの定理を用いたとき，その条件として被積分関数（上の例では ρq_i）が空間的に微分可能で，その導関数が連続であると仮定されたことである．しかし，混相流の場合，異なる相の間に不連続面が存在するので，被積分関数は積分領域内で（普通の関数としては）微分可能でない．微分と積分の順序を入れ替えるときにも時間に関して同じことがいえる．それゆえ，単相流の場合とまったく同様な手法で，微分形式の保存則を得ることはできないのである．

しかし，検査面（積分領域）をそれぞれの連続した相内に限れば，積分形式の保存則から微分形式の保存則が得られる．

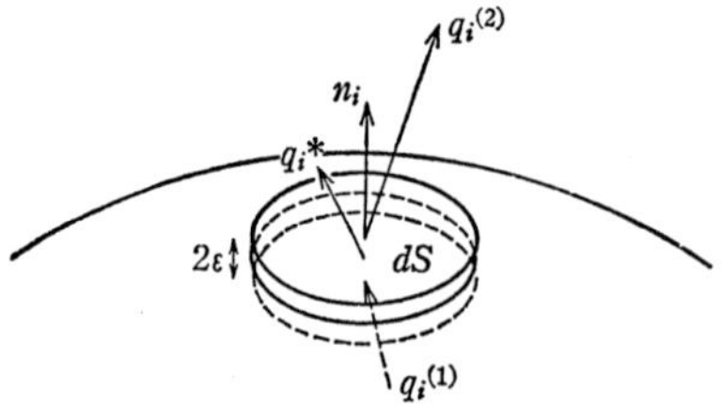

図 3.2　異なる相の間の境界面をはさむ薄い筒形検査面

一方，異なる相の間の不連続な境界面では，面をはさむ薄い層の素片に積分形式の保存則を適用して，代数形式の保存則，いわゆる「とびの条件」が得られる．

図 3.2 は，不連続な境界面をはさむ薄い筒形検査面を示している．筒の切断面を dS，筒の高さを 2ε とする．この筒の

位置で，境界面の速度を q_i^*，筒の下面および上面における速度を $q_i^{(1)}$ および $q_i^{(2)}$ とする．この筒に積分形式の保存則を適用する．この場合，筒は空間を動くので，(3.1) で $\partial/\partial t$ は d/dt で置き替えられねばならない．筒の高さ 2ε を十分小さくするとき，左辺の体積積分および右辺の面積分の筒側面からの寄与は無視できる．そこで，

$$\{\rho_2(q_i^{(2)}-q_i^*)n_i-\rho_1(q_i^{(1)}-q_i^*)n_i\}dS=0$$

の関係が得られる．ここで，n_i は筒の上面に立てた外向きの（相1から外に向かう）単位法線ベクトルを表す．筒の下面の外向き単位法線ベクトルが筒の上面のそれとちょうど反対の方向にあることに注意しよう．上の式を dS で除し，残りの部分を

$$[\rho(q_i-q_i^*)n_i]=0$$

のように簡略化して表す．これが相間の不連続な境界面を横切って成り立つ質量保存則に対応する「とびの条件」である．運動量保存則およびエネルギー保存則に対応する「とびの条件」も同様にして見出される[注1)]．

上に述べた微分形式および代数形式の保存則は，気体や液体だけに限らず，固体も含めた一般の連続体に対して成り立つ．それらの結果を（応力テンソルを用いて）まとめて書くと，

各相に対する場の方程式：

$$\frac{\partial\rho}{\partial t}+\frac{\partial}{\partial x_i}\rho q_i=0 \tag{3.2}$$

$$\frac{\partial}{\partial t}\rho q_i+\frac{\partial}{\partial x_j}\rho q_i q_j=\frac{\partial T_{ij}}{\partial x_j}+\rho f_i \tag{3.3}$$

$$\frac{\partial}{\partial t}\rho\left(e+\frac{1}{2}q^2\right)+\frac{\partial}{\partial x_i}\rho\left(e+\frac{1}{2}q^2\right)q_i=\frac{\partial}{\partial x_j}T_{ij}q_i+\rho f_i q_i-\frac{\partial Q_i}{\partial x_i} \tag{3.4}$$

相間の境界面におけるとびの条件：

$$[\rho(q_i-q_i^*)n_i]=0 \tag{3.5}$$

$$[\rho q_i(q_j-q_j^*)n_j-T_{ij}n_j]=\sigma\kappa n_i \tag{3.6}$$

$$\left[\rho\left(e+\frac{1}{2}q^2\right)(q_i-q_i^*)n_i-T_{ij}q_i n_j+Q_i n_i\right]=\sigma\kappa q_i^* n_i \tag{3.7}$$

ここで，ρ は密度，q_i は速度，T_{ij} は応力テンソル，f_i は単位質量当りの体積力，e は単位質量当りの内部エネルギー，Q_i は熱流ベクトル，q_i^* は境界面の速度，σ は表面張力，κ は境界面の平均曲率で $-n_i$ に向かって正とする．$[f]=f^{(2)}-f^{(1)}$

は量 f の不連続境界面を横切ってのとびを表し，肩文字 (k) $(k=1,2)$ は相 k 側からの極限値を示す．簡単のため，とびの条件で表面張力および表面エネルギーの変化は無視されている[注2)]．

そこで，混相流の問題は，それぞれの相内で成り立つ場の方程式 (3.2)～(3.4) を，相間の境界面で「とびの条件」(3.5)～(3.7) を満足し[注3)]，問題に対して与えられた初期条件および境界条件を満足するように，解くことである．それゆえ，混相流の問題を流体力学（または連続体力学）の問題として公式化することは，このような方法で少なくとも形式的には可能である．

しかし，実際問題として，相の間の境界面は複雑に運動および変形し，その運動および変形は解の一部分として決定されねばならない．このような動く多境界の問題を解くことは，多数の分子の運動を力学の法則に従って解いて，気体の流れを知ろうとするのと同様に，いやそれ以上に厄介であり，今日のコンピュータの能力ではできないのである．また，たとえできたとしても，得られた膨大なデータはそのままでは役に立たないであろうし，また必要でもない．普通必要とされるものはたとえば密度，速度，温度に対する適当な平均量なのである．

もちろん，分離した相の数が少なくて，境界の運動や変形がそれほど複雑でない場合には，このような方法で取り扱うことができる．気体中の１個ないし数個の固体粒子または液滴，液体中の１個ないし数個の気泡[注4)]，水平管内を気体と液体が上下にわかれて流れる分離成層流[1)]などはこのような例である．これらの例は，流れ中の単一粒子の運動や変形，それらの流れへの影響，数個の接近した粒子間の相互作用，分離成層流における波動といった素過程を知るうえで非常に有用である．

3.2 粒子追跡法

ここでいう粒子とは，固体粒子，液滴，または気泡のいずれかを指す．粒子の数密度が十分小さい，いわゆる希薄粒子の場合には，流体の流れ場は粒子の存在によってほとんど影響を受けないと考えられる．このような場合，流れ場の上流のある位置で，可能な既知の初期状態から出発する粒子のその後の運動を，（与えられた）流体相の流れ場の中で追跡して，粒子群の振舞いを知ろうとする方法がある[2,3)]．

これは「粒子追跡法」と呼ばれ，プラズマ物理の分野では，電磁場中の荷電粒子の運動からプラズマの振舞いを知るために古くから用いられている．混相流では，粒子が比較的大きく，流体運動からのずれが目立つ場合，とくに，粒子に外力が働く場合，粒子が流れ場の境界壁に入・反射する場合，粒子が異なる流れ場の間を出入りする場合，または粒子が変化の激しい流れ場にある場合などに，この方法が有用である．さらに，この章の後で述べる混合体モデルの方程式または2流体モデルの流体相の方程式と組み合わせて，粒子相の存在が流体相の流れ場へ影響を与えるような場合へ拡張することができる．

3.2.1 粒子のランダム運動に関する注意

流体中を動く粒子は，常に流体から力を受け，軌道を変える．粒子の運動量が，粒子が次の衝突をするまでに受ける力の力積に比べて十分小さい場合，（その力が粒子どうしを引きつけるようなものでなければ，）粒子どうしの衝突は起こらないであろう．その逆の場合（気体中に分散した比較的大きい固体粒子または液滴の場合）でも，もし粒子の数密度が十分小さくて粒子の平均自由行程が流れ場の代表長さに比べて大きければ，粒子どうしの衝突はやはり無視できる．まず，気体分子運動論の考え方に従って，この条件を考えてみよう．

一様に分布した同じ大きさの粒子の相に1個の粒子を打ち込んだとき，その粒子が粒子相の他の粒子と衝突するときの平均自由行程 λ は

$$\lambda=\frac{1}{\pi(2a)^2n} \tag{3.8}$$

で与えられる（物理学の教科書参照）．n は粒子の数密度，a は粒子の半径を表す．粒子相の体積比率を α_2，平均粒子間距離を l とすれば，$\alpha_2=4/3\cdot\pi a^3n$ および $l^3n=1$ の関係が成り立つから，$\lambda\sim l/\alpha_2{}^{2/3}$ を得る．それゆえ，流れ場の代表長さを L とすれば，

$$\frac{\lambda}{L}\sim\frac{l}{L\alpha_2{}^{2/3}}>1 \tag{3.9}$$

であれば，粒子どうしの衝突は無視できる．塵埃流にみられるように，単位体積当りの粒子相の質量 $\alpha_2\rho_2$ と気相の質量 $\alpha_1\rho_1$ との比（粒子の負荷率と呼ばれる）が1以下の程度であれば，α_2 は $\rho_1/\rho_2\sim10^{-3}$ 以下の程度に小さい．したがって，粒子どうしの衝突が無視できるためには，$l/L>10^{-2}$ または $n<10^6/L^3$ の程度であればよい．

混相流では，粒子どうしの衝突がない場合にも，粒子速度のランダムな変動が

生じうる．このような変動を引き起こす原因として次の三つが考えられる．第1は，粒子のブラウン運動である．しかし，粒子がある程度以上に大きい場合には，この影響は無視できる．第2は，粒子の配置の変化や周囲流体との相対運動によってもたらされる．しかし，粒子相が十分希薄で，平均粒子間距離が粒子の直径に比べて十分大きければ，この変動も無視できる程度に小さいと考えられる．しかし，粒子と流体の相対運動に基づく粒子のレイノルズ数が大きいときには，必ずしも無視できない．第3は，流体相の流れのレイノルズ数が高くて，乱流になっている場合である．乱れた流体相との相互作用によって粒子速度の変動が引き起こされる．

粒子追跡法は，個々の粒子の振舞いが決定論的であることを前提にしており，その意味でこの方法が最も自然にしかも適切に適用できるのは，

$$\frac{[\overline{(q'_{2i})^2}]^{1/2}}{|\overline{q_{2i}}|} \ll 1 \tag{3.10}$$

の場合である．$q_{2i}=\overline{q_{2i}}+q'_{2i}$ は粒子の局所・瞬時的速度，$\overline{q_{2i}}$ は平均値を表す．たいていこのような場合について粒子追跡法が用いられている．しかし粒子の変動が決定できるような適当な流体変動を何らかの方法で与えることができれば，有限な変動をもつ粒子相の解析も，粒子追跡法により可能である．

3.2.2　気流中の粒子

この項では，一般に粒子の存在が気相の流れ場に影響を与えるような場合を，コンピュータによる数値計算を前提として考える．粒子は同一半径 a の球であるとし，相変化はなく，気相は非粘性・圧縮性完全気体とする（ただし，粒子に働く抵抗および粒子への熱輸送では気体の粘性および熱伝導性が考慮される）．

まず，粒子相を多数の小粒子群に分割し，それぞれの小粒子群を離合集散可能な集団と考える．各小粒子群が占める領域 ΔS_2 は十分小さく，その中の粒子の振舞いはその中心にある粒子により代表されるとする．すなわち，各小粒子群に属するすべての粒子の速度と温度はその代表粒子のそれらと同じ値をもつとする．さらに，各小粒子群と気相との相互作用は，その代表粒子1個とその場所での気相との相互作用で代表させ，単位時間当りの各小粒子群と気相との間の運動量およびエネルギーのやりとりは，代表粒子1個のそれらの値にその小粒子群に含まれる粒子の数をかけたものに等しいとする．

説明をなるべく簡単にするため，2次元の座標系（x, y）で記述できる問題を

考える．適当な大きさ（たとえば数値計算におけるメッシュ）の断面積 S_2 をもつ空間 $S_2\times 1$ を考え，その中には多数の小粒子群が含まれているとする．空間 $S_2\times 1$ 内で単位時間当り粒子群と気相の間の運動量およびエネルギーのやりとりは，$S_2\times 1$ 内に存在する各小粒子群と気相がやりとりしたものの和と考える．このような近似が物理的に妥当であるためには，

$$l^2 \ll \Delta S_2 \ll S_2 \ll L^2 \tag{3.11}$$

が要求される．ここで，$l(\sim n^{-1/3})$ は平均粒子間距離，L は流れ場の代表的長さである．

流れ場の上流境界で粒子相の状態がすべてわかっているとする．時刻 t^* に上流境界へ入射する粒子群を適当な大きさ $\Delta S_{2n}{}^*$ の小粒子群に分割し，それぞれの代表粒子の上流境界での座標を $(x_{2n}{}^*,\ y_{2n}{}^*)$，速度を $(q_{2xn}{}^*,\ q_{2yn}{}^*)$，温度を $T_{2n}{}^*$ とする．そこで，任意時刻 t における小粒子群 n の代表粒子の座標 $[x_{2n}(t),\ y_{2n}(t)]$，速度 $[q_{2xn}(t),\ q_{2yn}(t)]$，温度 $T_{2n}(t)$ は

$$\frac{dU_{2n}}{dt}=I_{2n} \tag{3.12}$$

$$U_2=\begin{bmatrix} x_2 \\ y_2 \\ q_{2x} \\ q_{2y} \\ cT_2 \end{bmatrix}, \qquad I_2=\begin{bmatrix} q_{2x} \\ q_{2y} \\ A(q_{1x}-q_{2x}) \\ A(q_{1y}-q_{2y}) \\ B(T_1-T_2) \end{bmatrix}$$

から計算できる．ここで，

$$A=\frac{9}{2}\frac{\mu_1}{\rho_2 a^2}\frac{C_D}{C_{DS}}, \qquad B=\frac{3\lambda_1}{\mu_1\rho_2 a}\frac{N_u}{N_{uS}}$$

c は粒子の比熱，μ_1，λ_1 は気体の粘性率，熱伝導率，C_D，N_u は粒子の抵抗係数，ヌッセルト (Nusselt) 数，添字 S はストークス流れを表す．

気相が粒子相から受ける影響を考えるときは，次のような空間 S_2 にわたる平均量 F_2 を求める．

$$F_2=\frac{1}{S_2}\sum_n N_n f_{2n} \tag{3.13}$$

上の式で，$f_{2n}=m_2A(q_{1x}-q_{2x})$，$m_2A(q_{1y}-q_{2y})$，$m_2B(T_1-T_2)$，$1/2\cdot m_2 d/dt(q_{2x}{}^2+q_{2y}{}^2)=m_2A[q_{2x}(q_{1x}-q_{2x})+q_{2y}(q_{1y}-q_{2y})]$ とおけば，F_2 はそれぞれ，単位体積当り粒子相が気相から受ける力の x 成分 F_{2x} および y 成分 F_{2y}，単位時間・単位体積当り粒子相が気相から受ける熱量 Q_2 および仕事 W_2 を与える．ここで，

$N_n=(y_{2n}^*/y_{2n})^i N_n^*$ は小粒子群 n の $\Delta S_{2n}\times 1$ に含まれる粒子数，m_2 は粒子 1 個の質量である．公式は軸対称流の場合も含めて書かれる．したがって 2 次元流れでは $i=0$，軸対称流れでは $i=1$ とおく．軸対称流の場合，x および y はそれぞれ円柱座標系で軸方向および径方向の座標に対応する．

これらを用いて，混合体モデルの三つの保存式（3.5 節で与えられる）から，気相の流れ場を支配する式が得られる．

$$\frac{\partial Q}{\partial t}+\frac{\partial F}{\partial x}+\frac{\partial G}{\partial y}+H+H_2=0 \tag{3.14}$$

$$Q=\begin{bmatrix}\sigma_1\\ \sigma_1 q_{1x}\\ \sigma_1 q_{1y}\\ \sigma_1\varepsilon_1\end{bmatrix},\qquad F=\begin{bmatrix}\sigma_1 q_{1x}\\ \sigma_1 q_{1x}{}^2+p_1\\ \sigma_1 q_{1x}q_{1y}\\ q_{1x}(\sigma_1\varepsilon_1+p_1)\end{bmatrix},\qquad G=\begin{bmatrix}\sigma_1 q_{1y}\\ \sigma_1 q_{1x}q_{1y}\\ \sigma_1 q_{1y}{}^2+p_1\\ q_{1y}(\sigma_1\varepsilon_1+p_1)\end{bmatrix},$$

$$H=\frac{i}{y}\begin{bmatrix}\sigma_1 q_{1y}\\ \sigma_1 q_{1x}q_{1y}\\ \sigma_1 q_{1y}{}^2\\ \sigma_1\varepsilon_1+p_1\end{bmatrix},\qquad H_2=\begin{bmatrix}0\\ F_{2x}\\ F_{2y}\\ Q_2+W_2\end{bmatrix}$$

ここで，$\sigma_1\varepsilon_1=p_1/(\gamma-1)+1/2\cdot\sigma_1(q_{1x}{}^2+q_{1y}{}^2)$，$p_1=RT_1\sigma_1$ である．添字 1 は気相に関する量であることを示す．

$H_2=0$ とすれば，気相の流れ場は粒子の存在によって影響されずに決まり，小

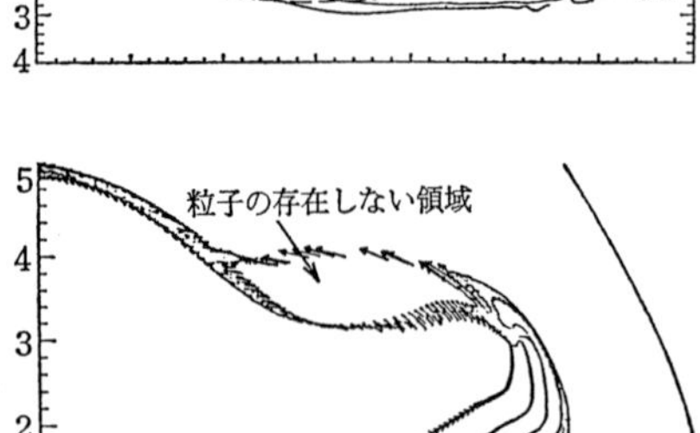

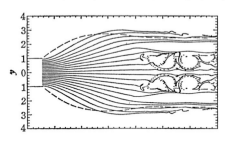

図 3.3　微小粒子を含む気体のジェット流
マッハ反射波およびジェット境界で粒子の複雑な行動がみられる．貯気槽圧力と外気圧力の比は 20，粒子は半径 1 μm のアルミナである．

図 3.4　微小粒子を含む気体の逆噴射ジェット流
変動の激しいジェットの境界で粒子の複雑な行動がみられる．貯気槽圧力と一様流圧力の比は 20，一様流のマッハ数は 2，粒子は半径 2 μm のアルミナである．

粒子群の運動は (3.12) から決まる．$H_2 \neq 0$ の場合は，粒子相に関する式と気相に関する式とを与えられた境界条件および初期条件について連立して解くことにより，両方の相が互いに作用し合う流れ場が見出される．この方法の重要な特徴は，粒子群の分解・集積・交差について（数学的には粒子相の物理量の不連続や多価領域の発生について）何らの不都合も生じないことである．

図 3.3 および図 3.4 は上に述べた方法で計算された例である．それぞれ微小粒子を含む気体の推進ジェット流および逆推進ジェット流で，流れが急激に変化する領域における粒子群の複雑な運動をうまく表している．

3.2.3 液流中の気泡

小さな気泡が分散して存在している液体の流れについても，前項と同様にして，粒子（気泡）追跡法が考えられてよい[4]．この場合，流体相である液体は非圧縮性流体とみなすことができる．また，液体の熱容量が非常に大きいことから，等温変化を仮定してエネルギー保存則が避けられるので，簡単になるようにみえる．しかし，気泡は並進運動するだけでなく変形や体積変化もするので，粒子追跡法の立場からはむしろ厄介である．また，気泡に対する力のつり合いを考えるとき，気泡自身の慣性力は無視できるが，気泡が周囲の密度の大きい液体を押し退けて進むために生じる仮想慣性力や気泡の表面に働く複雑な応力の合力を考慮せねばならない．

いま，気泡が十分小さく，気泡の周囲流体との相対速度が大きくない場合には，気泡が球形を保つ（変形しないが体積が変わる）と仮定することができる．このような場合には，液体の流れ中の気泡の運動を与える式は次のように書ける (3.7.2 項参照)．

$$\frac{d}{dt}\begin{bmatrix} x_i \\ R \\ q_{1i} \\ \\ \dot{R} \end{bmatrix} = \begin{bmatrix} q_{1i} \\ \dot{R} \\ \dfrac{1}{R^3}\dfrac{d}{dt}R^3 q_{2i} - 3q_{1i}\dfrac{\dot{R}}{R} - \dfrac{2}{\rho_2}\dfrac{\partial p}{\partial x_i} \\ \qquad + \dfrac{9\mu_2}{\rho_2 R^2} f_1 (q_{2i} - q_{1i}) \\ -\dfrac{3}{2}\left(\dfrac{\dot{R}}{R}\right)^2 + \dfrac{1}{\rho_2 R}\left(p_1 - p - \dfrac{2\sigma}{R} - 4\mu_2 \dfrac{\dot{R}}{R}\right) \end{bmatrix} \tag{3.15}$$

ここで，x_{1i} は気泡中心の位置，R は気泡の半径，$\dot{R} = dR/dt$，p_1 は気泡の圧力，p は混合体の圧力，μ_2 は液体の粘性率，σ は表面張力，$f_1 = C_D/C_{DS}$，C_D は気泡の抵抗係数，添字 S はストークスの流れを表す．

気泡の慣性が無視できるので，気泡の運動は液体の流れ場に大きく影響される．一方，気泡の運動が液体の流れに及ぼす影響は，ボイド率が十分小さい希薄気泡流に関する限り大きくない．しかし，ボイド率が無視できないときには，気泡の配置や形の変化，気泡をまわる液体の流れに伴って，気泡が液体の流れに及ぼす影響は大きく，かつ重要な役割をもつ．この点に関しては，3.7.2 項および 3.8 節を読んでいただきたい．

3.3 平均化の方法

流体（気体または液体）中に 1 個ないし数個の粒子（固体粒子，液滴または気泡）が存在する場合も 2 相流の例であり，粒子の流体中での運動や相互作用の素過程を知るうえで重要であるが，実際には，もっと多数の粒子が存在している場合がほとんどで，数個の粒子の例から，そのような多数の粒子が存在する場合に重要となる 2 相間の相互作用の集積効果を知ることはできない．

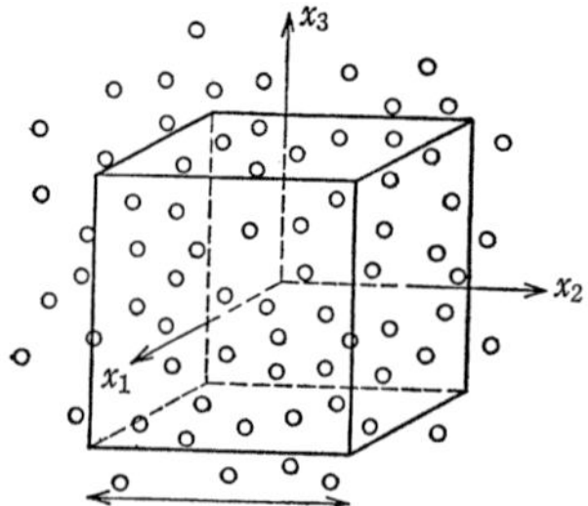

図 3.5 平均化の方法で用いられる中間尺度の空間

そこで，多数の（無数といってよい）粒子が存在する場合には，「平均化の方法」と呼ばれる方法が用いられる．これは，無数の粒子が存在する混相流において，ある時刻に多数の粒子を含む「中間尺度」の空間，またはある位置で多数の粒子が通過する「中間尺度」の時間，またはその両方の空間および時間にわたる平均量を考える．そして，それぞれの相で（局所・瞬時的に）成り立つ場の方程式を中間尺度の空間・時間にわたって積分することにより，この平均量が支配される関係式を与えるのである．このような方法については，多くの人々によって述べられているが[5,6]，ここではドリュウ（Drew）の手順に従って与えることにしよう．実質的内容は他と変わらないが，導出がすっきりしているからである．

まず，上に述べた「中間尺度」の空間・時間にわたって平均化された量を〈 〉をつけて表す．すなわち

$$\langle f\rangle=\frac{1}{TL^3}\int_{t-T}^{t}\int_{x_1-L/2}^{x_1+L/2}\int_{x_2-L/2}^{x_2+L/2}\int_{x_3-L/2}^{x_3+L/2}f(t',x_i')\,dx_3'dx_2'dx_1'dt' \quad (3.16)$$

ここで，T および L^3 は中間尺度の時間および空間を表す．

次に，相関数と呼ばれる量 $X_k(t, x_i)$ を定義する．

$$X_k(t, x_i)=\begin{cases}1 & \text{位置 } x_i \text{ が時刻 } t \text{ に相 } k \text{ にあるとき}\\ 0 & \text{それ以外のとき}\end{cases} \tag{3.17}$$

$X_k(t, x_i)$ を "一般化された関数" として取り扱うと話が簡単になり，また，はっきりする．このとき相関数 X_k は次の関係を満足する．

$$\frac{\partial X_k}{\partial t}+q_i^*\frac{\partial X_k}{\partial x_i}=0 \tag{3.18}$$

ここで，q_i^* は相間の境界面の速度を表しており，$k=1, 2$ である注5)．

そこで，それぞれの相において局所・瞬時的に成り立つ場の方程式 (3.2)～(3.4) のそれぞれに X_k をかけ，(3.18) の関係を用い，平均すると，次の関係が得られる．

$$\frac{\partial}{\partial t}\langle X_k\rho\rangle+\frac{\partial}{\partial x_i}\langle X_k\rho q_i\rangle=\Gamma_k \tag{3.19}$$

$$\frac{\partial}{\partial t}\langle X_k\rho q_i\rangle+\frac{\partial}{\partial x_j}\langle X_k\rho q_i q_j\rangle=\frac{\partial}{\partial x_j}\langle X_k T_{ij}\rangle+\langle X_k\rho f_i\rangle+M_{ki} \tag{3.20}$$

$$\frac{\partial}{\partial t}\left\langle X_k\rho\left(e+\frac{1}{2}q^2\right)\right\rangle+\frac{\partial}{\partial x_i}\left\langle X_k\rho\left(e+\frac{1}{2}q^2\right)q_i\right\rangle$$
$$=\frac{\partial}{\partial x_j}\langle X_k T_{ij}q_i\rangle+\langle X_k\rho f_i q_i\rangle-\frac{\partial}{\partial x_i}\langle X_k Q_i\rangle+E_k \tag{3.21}$$

ここで，

$$\Gamma_k=\left\langle[\rho(q_i-q_i^*)]^{(k)}\frac{\partial X_k}{\partial x_i}\right\rangle \tag{3.22}$$

$$M_{ki}=\left\langle[\rho q_i(q_j-q_j^*)-T_{ij}]^{(k)}\frac{\partial X_k}{\partial x_j}\right\rangle \tag{3.23}$$

$$E_k=\left\langle\left[\rho\left(e+\frac{1}{2}q^2\right)(q_j-q_j^*)-T_{ij}q_i+Q_j\right]^{(k)}\frac{\partial X_k}{\partial x_j}\right\rangle \tag{3.24}$$

とおいた．(3.22)～(3.24) はそれぞれ境界面における質量，運動量，エネルギーのわき出しを表している．$\partial X_k/\partial x_i$ が境界面を見分ける δ 関数のように振る舞い，相 k の内側へ向かう法線の方向をもつことに注意しておこう．このことから，新たに

$$n_{ki}\frac{\partial X}{\partial n}=\frac{\partial X_k}{\partial x_i} \tag{3.25}$$

により，もう一つの一般化された関数 $\partial X/\partial n$ を定義する．この関数の平均量 $\langle\partial X/\partial n\rangle$ は境界面の面積密度（単位体積内に含まれる境界面の面積の和）に等し

い．

一方，相間の境界面における「とびの条件」(3.5)～(3.7) のそれぞれに $\partial X/\partial n$ をかけ，上の関係を用い，平均すると，

$$\sum_k \Gamma_k=0 \tag{3.26}$$

$$\sum_k M_{ki}=\left\langle \sigma\kappa\frac{\partial X_1}{\partial x_i}\right\rangle=M_{mi} \tag{3.27}$$

$$\sum_k E_k=\left\langle \sigma\kappa q_i{}^*\frac{\partial X_1}{\partial x_i}\right\rangle=E_m \tag{3.28}$$

の関係を得る．M_{mi}, E_m は相間の境界面における表面張力，界面エネルギーの混合体への寄与を表している (2.1.2 項参照)．

3.4　2 流体モデル

前節で得られた結果を

$$\alpha_k=\langle X_k\rangle \qquad (k=1,2) \tag{3.29}$$

$$\alpha_k\overline{f_k}=\langle X_k f\rangle \tag{3.30}$$

で定義される相 k の体積比率 α_k（単位体積内で相 k が占める体積の割合）および変数 f の相平均 $\overline{f_k}$ を用いて書き直すと

$$\frac{\partial}{\partial t}\alpha_k\overline{\rho_k}+\frac{\partial}{\partial x_i}\alpha_k\overline{\rho_k q_{ki}}=\Gamma_k \tag{3.31}$$

$$\frac{\partial}{\partial t}\alpha_k\overline{\rho_k q_{ki}}+\frac{\partial}{\partial x_j}\alpha_k\overline{\rho_k q_{ki} q_{kj}}=\frac{\partial}{\partial x_j}\alpha_k\overline{T_{kij}}+\alpha_k\overline{\rho_k f_{ki}}+M_{ki} \tag{3.32}$$

$$\frac{\partial}{\partial t}\alpha_k\overline{\rho_k\left(e_k+\frac{1}{2}q_k{}^2\right)}+\frac{\partial}{\partial x_i}\alpha_k\overline{\rho_k\left(e_k+\frac{1}{2}q_k{}^2\right)q_{ki}}$$

$$=\frac{\partial}{\partial x_j}\alpha_k\overline{T_{kij}q_{ki}}+\alpha_k\overline{\rho_k f_{ki} q_{ki}}-\frac{\partial}{\partial x_i}\alpha_k\overline{Q_{ki}}+E_k \tag{3.33}$$

のようになり，混合気体の保存式に類似した形の関係式が得られる[注6)]．

中間尺度の空間・時間内で，局所・瞬時的な各変数を，平均値と変動の和で表す．

$$\rho_k=\overline{\rho_k}+\rho'_k, \qquad q_{ki}=\overline{q_{ki}}+q'_{ki}, \ \cdots \tag{3.34}$$

そして，流体力学における乱流の取扱いと同様に，変動の平均は消えるが，変動の積の平均は一般に消えないと仮定すると，各変数の相平均に対する場の方程式が得られる．

$$\frac{\partial}{\partial t}\alpha_k\overline{\rho_k}+\frac{\partial}{\partial x_i}\alpha_k\overline{\rho_k}\,\overline{q_{ki}}+\frac{\partial}{\partial x_i}\alpha_k\overline{\rho'_k q'_{ki}}=\Gamma_k \tag{3.35}$$

$$\frac{\partial}{\partial t}\alpha_k\overline{\rho}_k\overline{q}_{ki}+\frac{\partial}{\partial t}\alpha_k\overline{\rho'_k q'_{ki}}+\frac{\partial}{\partial x_j}\alpha_k\overline{\rho}_k\overline{q}_{ki}\overline{q}_{kj}$$
$$+\frac{\partial}{\partial x_j}\alpha_k(\overline{\rho}_k\overline{q'_{ki}q'_{kj}}+\overline{\rho'_k q'_{ki}}\,\overline{q}_{kj}+\overline{\rho'_k q'_{kj}}\,\overline{q}_{ki}+\overline{\rho'_k q'_{ki}q'_{kj}})$$
$$=\frac{\partial}{\partial x_j}\alpha_k\overline{T}_{kij}+\alpha_k\overline{\rho}_k g_i+M_{ki} \qquad (3.36)$$

ここで，$f_{ki}=g_i$（重力加速度）とした．この場合 f_{ki} は k に関係しない．エネルギー式についても，長くなるのでここには書かないが，同様に計算できる．

変動からの寄与は変動の積の形で現れるので，変動が小さい場合には無視できる．そのような場合には

$$\frac{\partial}{\partial t}\alpha_k\overline{\rho}_k+\frac{\partial}{\partial x_i}\alpha_k\overline{\rho}_k\overline{q}_{ki}=\Gamma_k \qquad (3.37)$$

$$\frac{\partial}{\partial t}\alpha_k\overline{\rho}_k\overline{q}_{ki}+\frac{\partial}{\partial x_j}\alpha_k\overline{\rho}_k\overline{q}_{ki}\overline{q}_{kj}=\frac{\partial}{\partial x_j}\alpha_k\overline{T}_{kij}+\alpha_k\overline{\rho}_k g_i+M_{ki} \qquad (3.38)$$

$$\frac{\partial}{\partial t}\alpha_k\rho_k\left(\overline{e}_k+\frac{1}{2}\overline{q}_k^2\right)+\frac{\partial}{\partial x_i}\alpha_k\overline{\rho}_k\left(\overline{e}_k+\frac{1}{2}\overline{q}_k^2\right)\overline{q}_{ki}$$
$$=\frac{\partial}{\partial x_j}\alpha_k\overline{T}_{kij}\overline{q}_{ki}+\alpha_k\overline{\rho}_k g_i\overline{q}_{ki}-\frac{\partial}{\partial x_i}\alpha_k\overline{Q}_{ki}+E_k \qquad (3.39)$$

となる．

また，混合気体の場合と同様に，質量保存式 (3.37) および運動量保存式 (3.38) を利用して，運動量保存式 (3.38) およびエネルギー保存式 (3.39) をもっと簡単な形に書き直すと

$$\alpha_k\overline{\rho}_k\left(\frac{\partial}{\partial t}+\overline{q}_{kj}\frac{\partial}{\partial x_j}\right)\overline{q}_{ki}=-\Gamma_k\overline{q}_{ki}+\frac{\partial}{\partial x_j}\alpha_k\overline{T}_{kij}+\alpha_k\overline{\rho}_k g_i+M_{ki} \qquad (3.40)$$

$$\alpha_k\overline{\rho}_k\left(\frac{\partial}{\partial t}+\overline{q}_{ki}\frac{\partial}{\partial x_i}\right)\overline{e}_k=-\left(\overline{e}_k-\frac{1}{2}\overline{q}_k^2\right)\Gamma_k-M_{ki}\overline{q}_{ki}$$
$$+\alpha_k\overline{T}_{kij}\frac{\partial\overline{q}_{ki}}{\partial x_j}-\frac{\partial}{\partial x_i}\alpha_k\overline{Q}_{ki}+E_k \qquad (3.41)$$

となる．

この点で，混相流における変動について再度注意しておこう．それは3.2.1項で述べられたが，混相流では，単相流の場合のような乱流によるものだけでなく，粒子の配置の変化，変形や体積変化，周囲流体との相対運動によっても変動が生じることである．つまり，流れが安定である場合にも変動が存在するのである．このような変動は，粒子数密度が大きい場合，粒子が大きい場合，粒子と周囲流体との相対速度が大きい場合には，混相流に特有で重要な効果をもたらす．しかしながら，変動に関する項を形式的に書き加えることはそれほど厄介でない

が，それらを平均量でどのように表すかという，方程式を閉じる問題はきわめて難しい．

上の方程式系で与えられる2相流モデルは，2流体モデルと呼ばれる．

3.5 混合体モデル

質点系の力学で，2個の質点に対する二つの運動方程式の一つを質量中心に対する運動方程式で置き替えるのと同じように，また，混合気体の力学で2成分気体に対する2組の保存式（質量，運動量，エネルギー）の1組を混合気体全体に対する保存式で置き替えるのと同じように，混相流体の力学でも，2組の流体に対する2組の保存式の1組を混相流体全体に対する保存式で置き替えることが考えられる．このようにすると，作用－反作用の法則によって，全体に対する保存式から，その構成式を与えることが難しい2相間の相互作用の項を消すことができる．

記述を簡単にするため

$$\sigma_k=\alpha_k\overline{\rho_k}\qquad(k=1,2)\tag{3.42}$$

とおいて，単位体積当りの相kの質量を表す変数σ_kを導入する．また，

$$\sigma=\sum_k\sigma_k\tag{3.43}$$

$$\sigma q_i=\sum_k\sigma_k\overline{q_{ki}}\tag{3.44}$$

によって，混相流体の密度σおよび混相流体の質量中心速度q_iを定義する[注7)]．さらに，

$$w_{ki}=\overline{q_{ki}}-q_i\tag{3.45}$$

によって，相kの拡散速度w_{ki}を定義する．

前節で与えた2流体モデルの三つの保存式（3.37）～(3.39）をそれぞれkについて加え合わせ，上に定義した変数で書き表すと，次の結果が得られる．

$$\frac{\partial\sigma}{\partial t}+\frac{\partial}{\partial x_i}\sigma q_i=0\tag{3.46}$$

$$\frac{\partial}{\partial t}\sigma q_i+\frac{\partial}{\partial x_j}\sigma q_i q_j=\frac{\partial T_{ij}}{\partial x_j}+\sigma g_i+M_{mi}\tag{3.47}$$

$$\frac{\partial}{\partial t}\sigma\left(e+\frac{1}{2}q^2\right)+\frac{\partial}{\partial x_i}\sigma\left(e+\frac{1}{2}q^2\right)q_i$$

$$=\frac{\partial}{\partial x_j}T_{ij}q_i+\sigma g_i q_i-\frac{\partial Q_i}{\partial x_i}+E_m\tag{3.48}$$

これらの式では変動からの寄与は落とされている．また，

$$T_{ij}=\sum_k(\alpha_k\overline{T_{kij}}-\sigma_k w_{ki}w_{kj}) \tag{3.49}$$

$$\sigma e=\sum_k\left(\sigma_k\overline{e_k}+\frac{1}{2}\sigma_k w_k{}^2\right) \tag{3.50}$$

$$Q_i=\sum_k\left[\alpha_k\overline{Q_{ki}}+\sigma_k\left(\overline{e_k}+\frac{1}{2}w_k{}^2\right)w_{ki}-\alpha_k\overline{T_{kij}}w_{kj}\right] \tag{3.51}$$

とおいた．相変化に伴う潜熱は$\overline{e_k}$に含めてある．ここで注意すべきことは，質量中心速度を用いることによって，1)混合体の応力テンソル，内部エネルギー，熱流ベクトルに拡散速度に関係する項が加えられること，2)表面張力の寄与を表す項 M_{mi} および E_m が存在することである．1)は混合気体の場合と同じである[13]．

2 流体モデルの場合と同様に，質量保存式および運動量保存式を利用して，運動量保存式およびエネルギー保存式をもっと簡単な形に書くこともできる．

$$\sigma\left(\frac{\partial}{\partial t}+q_j\frac{\partial}{\partial x_j}\right)q_i=\frac{\partial T_{ij}}{\partial x_j}+\sigma g_i+M_{mi} \tag{3.52}$$

$$\sigma\left(\frac{\partial}{\partial t}+q_i\frac{\partial}{\partial x_i}\right)e=T_{ij}\frac{\partial q_i}{\partial x_j}-\frac{\partial Q_i}{\partial x_i}+E_m-M_{mi}q_i \tag{3.53}$$

これらの方程式は相間の相互作用を表す項を含まず，方程式の数は半分に減ったので，もしこれだけで問題が解けるならば，非常に都合がよい．実際に，相変化がなく，相の間に相対速度も温度差もない場合がそれにあたる．これは均質モデルとして知られている．このような均質モデルは，粒子相の体積比率を有限のままにして，粒子の大きさを小さくした理想的極限として考えられる．均質モデルは，その記述が簡単なため，混相流体の非定常・多次元空間における流れ場の特徴を解析するために有用である．また，内部摩擦損失のない理想的な混相流として工学的立場から重要である．

しかし，最初にも触れたように，一般の場合には，問題の複雑さは本質的に変わっていない．質点系の力学でいえば，質量中心の運動を記述する式は，質点間の相互作用を表す項を含まず，確かに簡単になるが，これで質点系の問題が完全に解けたわけでなく，質点中心まわりの各質点の運動，または質量中心座標系からみた質点間の相対運動が与えられねばならず，このためにはやはり相互作用を表す項をもつ各質点に対する運動方程式が必要になるのである．事情は混合気体および混相流体についても同じことである．

さて，

$$\eta_k=\frac{\sigma_k}{\sigma} \tag{3.54}$$

によって相kの質量濃度η_kを定義すると，相kに対する質量保存式は

$$\left(\frac{\partial}{\partial t}+q_i\frac{\partial}{\partial x_i}\right)\eta_k=-\frac{1}{\sigma}\frac{\partial}{\partial x_i}\sigma\eta_k w_{ki}+\frac{\Gamma_k}{\sigma} \tag{3.55}$$

のように書き直すことができる．これは相変化（蒸発・凝縮）の速度式であり，また，相変化がない場合（$\Gamma_k=0$）には，混合気体の場合のように拡散速度が濃度勾配に比例すると仮定して，

$$\sigma\eta_k w_{ki}\sim -D_k\frac{\partial\eta_k}{\partial x_i} \tag{3.56}$$

とおけば明らかなように，(3.55) は質量濃度η_kに対する移流拡散方程式を表す．このため，混合体に対する質量，運動量，エネルギー保存式に (3.55) を加えたモデルは，拡散モデルと呼ばれている．相kに対する運動量およびエネルギー保存式は複雑な形をとるが，本質的には相の間の相対速度および温度差を与える関係と考えられる．

質量中心速度に対して

$$j_i=\sum_k \alpha_k q_{ki} \tag{3.57}$$

で定義される速度は，体積中心速度またはドリフト速度と呼ばれる．粒子および流体の密度変化がともに無視できるとき，混合体の質量保存式は

$$\frac{\partial j_i}{\partial x_i}=0 \tag{3.58}$$

のように簡単になる．そして，混合体モデルの保存式における構成式をj_iで表したとき，それはドリフトモデルと呼ばれている．

3.6　構成式について

3.4 節および 3.5 節で与えた 2 流体モデルまたは混合体モデルに対応する方程式を用いて問題を解くためには，方程式の数と含まれた未知数の数を一致させる必要がある．いわゆる方程式系を閉じる必要がある．このため，密度，速度，温度といった基本的な量によって

1)　熱的状態式および熱量的状態式（$\overline{p}_k$, $\overline{e}_k$, p, e）
2)　応力テンソルおよび熱流ベクトル（$\overline{T}_{kij}$, $\overline{Q}_{ki}$, $\overline{q'_{ki}q'_{kj}}$, T_{ij}, Q_i, …）
3)　質量，運動量，エネルギーの相間輸送速度（Γ_k, M_{ki}, E_k, M_{mi}, E_m）

に対する表式を合理的に与える必要がある．これらの表式は，構成式または構成関係式と呼ばれる．

工学のいろいろな分野では，構成原理[注8)]および実験データに矛盾しない，それぞれの実験条件に即した構成式が提案されている．それらは玉石とり混ぜておびただしい数にのぼる．多様な表式と説明を必要とするそれらの構成式をとりまとめ，評価することは非常に厄介な仕事である．この点に関連して，1989年8月にグルノーブルで開かれた第16回ICTAM（理論と応用の力学国際会議）で企画されたミニシンポジウム「2相流の力学」でケンブリッジ大学のバチェラー教授が行った講演「2相流への簡単なガイド」の最後で結論として述べられたことは，このあたりの現状を理解するうえで有益である[8)]．

それは日本語に訳して次のようになる．「2相流の進展に対する主な障害は，数学的，数値的または実験的手法の貧困ではなく，本質的なことは，分離した相の平均運動を支配する閉じた形の式がないことである．それは1930年代に乱流理論がおかれていた情況と似ている．支配する力学のこの貧困の下には，関連した物理過程についての無知と不確かさがある．これらの物理過程について我々に何かを告げる鋭い観測が必要である．すなわち，工学的情報を与えるよりも，科学的ニーズに合うように企画された実験が必要なのである．」

中間尺度での応力テンソルや熱流ベクトルに対する構成式には，粒子の回転，変形，体積変化，周囲流体との相対運動の集積された効果が含まれるべきである．また，質量，運動量，エネルギーの相間輸送速度に対する構成式には，相間の境界における分子および薄膜レベルでの輸送過程の集積された効果が含まれるべきである．このように考えるとき，粒子および分子レベルでの素過程から，統計的手法で構成式を見出すのが合理的であると思われる．

実際にこのような観点から，バチェラーは，混相流が局所統計的に均質とみなせる場合，統計平均と体積平均の同等性を用いて，粒子スケールでの微視的構造から応力テンソルに対する構成式を与える方法を試みた[注9)]．つまり，中間尺度での平均化を忠実に実行したのである．たとえば，流体が非圧縮性ニュートン流体の場合，混合体の応力テンソルに対する一般的公式は[9)]

$$T_{ij}=-\alpha_1\overline{p_1}\delta_{ij}+\mu_1\left(\frac{\partial\overline{q_{1i}}}{\partial x_j}+\frac{\partial\overline{q_{1j}}}{\partial x_i}\right)$$
$$+\frac{1}{V}\Sigma\int_{A_0}[T_{ik}x_jn_k-\mu(q_in_j+q_jn_i)]dA-\frac{1}{V}\Sigma\int_{V_0}\frac{\partial T_{ik}}{\partial x_k}x_jdV \tag{3.59}$$

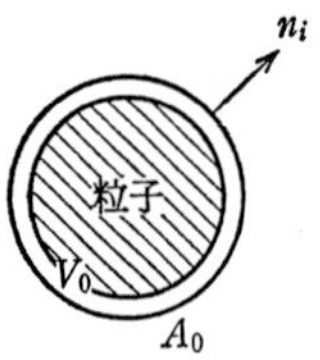

図 3.6　(3.59) の積分で用いられる閉曲面

のように与えられる. Vは中間尺度の体積, A_0はV内の代表粒子に隣接した（粒子と境界膜を含む）閉曲面, V_0はその体積, ΣはV内のすべての粒子についてとられる. n_iはA_0に立てた外向き法線単位ベクトルである(図 3.6).

粒子間の平均距離が大きい希薄サスペンションでは, ある粒子の表面近くの流れは他の粒子の存在によって影響を受けないと考えられるから, 平均流中におかれた単一粒子をまわる流れのT_{ij}およびq_iを用いて, 上の表式に含まれた積分が具体的な形で計算される. それらの結果は 5.5 節で述べられるであろう.

3.7　希薄粒子モデル

3.5 節で述べた拡散モデルは, 混合体全体に対する三つの（質量, 運動量, エネルギー）保存式と, いずれかの相に対する質量保存式からなる. これにいずれかの相に対する運動量保存式とエネルギー保存式を追加せねばならない. これら二つの式を, 単一粒子に対する運動方程式およびエネルギーつり合い式で置き替えたモデルが古くから用いられている. この場合, 中間尺度の領域内で, 粒子は同じ大きさをもち, 均一に分布していると仮定される. このモデルは「粒子の体積比率がゼロに近づくとき, 粒子相の運動量およびエネルギーの保存式は, 単一粒子の運動方程式およびエネルギーつり合い式に帰着される」という極限に関する構成原理をよりどころとしている. この理由から, このモデルは希薄粒子モデルと呼ばれる.

希薄粒子モデルは, 粒子の表面における蒸発・凝縮, エネルギー輸送, 界面エネルギーの変化, また, 粒子の並進運動・回転・変形・体積変化と粒子を取り巻く流体の（中間尺度での）平均量を結びつける関係を具体的に与えるので, 非常に有用である. いいかえれば, 粒子の微視的状態を考慮した相間の質量, 運動量, エネルギーの輸送速度に対応する関係を具体的に与えることができる. さらに, これらの表式は粒子相の体積比率がもっと大きな場合へ拡張するときの足掛りとしても有用である.

粒子に対する運動方程式およびエネルギーつり合い式は一般に多くの項からなり, 複雑な表式の項も含まれるが, 粒子相の種類（固体か, 液体か, 気体かということ）と流体相の種類（液体か, 気体かということ）の間の組合せによって,またその流動条件によって，重要となる項の種類が異なる．そしてこれが，それぞれの混相流の特徴を表すことになる．粒子に対する運動方程式およびエネルギーつり合い式の一般的な形は，2.3節でくわしく述べられているが，以下では，気体中に分散した固体粒子の場合と液体中に分散した気泡の場合について，代表的な流れの条件にある希薄粒子モデルの基礎方程式を議論しよう．

3.7.1 気体中に分散した粒子[9~12)]

大気圧レベルでは，固体粒子の物質密度 ρ_2 は，気体の密度 ρ_1 に比べて 10^3 倍程度に非常に大きいと考えられる．それゆえ，単位体積当りの粒子相の質量 $\sigma_2=\alpha_2\rho_2$ が単位体積当りの気相の質量 $\sigma_1=\alpha_1\rho_1$ と同程度またはそれ以下にある場合には，粒子相の体積比率 α_2 は 10^{-3} 程度に非常に小さい．このような場合，混合体モデルの三つの保存式を次の形に書くと都合がよい．

$$\frac{\partial\sigma_1}{\partial t}+\frac{\partial}{\partial x_i}\sigma_1 q_{1i}+\frac{\partial\sigma_2}{\partial t}+\frac{\partial}{\partial x_i}\sigma_2 q_{2i}=0 \tag{3.60}$$

$$\frac{\partial}{\partial t}\sigma_1 q_{1i}+\frac{\partial}{\partial x_j}\sigma_1 q_{1i}q_{1j}+\frac{\partial}{\partial t}\sigma_2 q_{2i}+\frac{\partial}{\partial x_j}\sigma_2 q_{2i}q_{2j}$$
$$=-\frac{\partial p_1}{\partial x_i}+\frac{\partial\tau_{1ij}}{\partial x_j}+(\sigma_1+\sigma_2)g_i \tag{3.61}$$

$$\frac{\partial}{\partial t}\sigma_1\left(e_1+\frac{1}{2}q_1^2\right)+\frac{\partial}{\partial x_i}\sigma_1\left(e_1+\frac{1}{2}q_1^2\right)q_{1i}$$
$$+\frac{\partial}{\partial t}\sigma_2\left(e_2+\frac{1}{2}q_2^2\right)+\frac{\partial}{\partial x_i}\sigma_2\left(e_2+\frac{1}{2}q_2^2\right)q_{2i}$$
$$=-\frac{\partial}{\partial x_i}p_1 q_{1i}+\frac{\partial}{\partial x_j}\tau_{1ij}q_{1i}+(\sigma_1 q_{1i}+\sigma_2 q_{2i})g_i-\frac{\partial Q_{1i}}{\partial x_i}-\Gamma_1 h_L \tag{3.62}$$

ここで，p_1，τ_{1ij}，Q_{1i} はそれぞれ気体の圧力，粘性応力，熱流を表している．τ_{2ij} および Q_{2i} からの寄与は $\alpha_2\sim0$ がかかっているため無視されている．これらの式は，2流体モデルの三つの保存式をそれぞれについて加え合わせ，相間の相互作用を表す項を相殺しただけで，混合体の変数で書き直す前の段階で止められている．また，相変化に伴う熱の出入り（潜熱 h_L）が内部エネルギーから切り離して書かれている．この場合，熱的状態式は

$$p_1=RT_1\sigma_1 \tag{3.63}$$

熱量的状態式は

$$e_1=c_v T_1,\qquad e_2=cT_2 \tag{3.64}$$

で与えられる．R は気体定数，c_v は気体の定積比熱，c は固体の比熱である．

気相の質量保存式は

$$\frac{\partial \sigma_1}{\partial t}+\frac{\partial}{\partial x_i}\sigma_1 q_{1i}=\Gamma_1 \tag{3.65}$$

で与えられる．ここでは固体粒子を考えているが，液滴の場合でも，液滴の数密度が小さくて，液滴どうしの衝突による合体が無視できる場合には，同じ式が適用できる．そしてその場合，Γ_1は単位体積内で単位時間に蒸発する蒸気の質量を表す．固体粒子の場合は，普通$\Gamma_1=0$と仮定できる．

粒子相の運動量保存式およびエネルギー保存式に置き替えられる，単一粒子に対する運動方程式およびエネルギーつり合い式は，次のように表すことができる．

$$\left(\frac{\partial}{\partial t}+q_{2j}\frac{\partial}{\partial x_j}\right)q_{2i}=\frac{1}{t_q}(q_{1i}-q_{2i})+g_i-\frac{\Gamma_1}{\sigma_2}(q_{1i}-q_{2i}) \tag{3.66}$$

$$\left(\frac{\partial}{\partial t}+q_{2j}\frac{\partial}{\partial x_j}\right)T_2=\frac{1}{t_T}(T_1-T_2)-\frac{\Gamma_1 h_L}{c\sigma_2}-\frac{\Gamma_1}{c\sigma_2}\left\{h_1-h_2+\frac{1}{2}(q_{1i}-q_{2i})^2\right\}$$

(3.67)[注10)]

$1/t_q(q_{1i}-q_{2i})$ は粒子が流体から受ける抵抗を表し，t_qは相間の運動量輸送に対する特性時間，別のいい方をすれば速度の緩和時間を表している．g_iは重力加速度である．また，$1/t_T(T_1-T_2)$ は熱輸送で，t_Tは相間の熱輸送に対する特性時間，別のいい方をすれば温度の緩和時間を表している．$\Gamma_1 h_L/c\sigma_2$は蒸発による粒子からの熱輸送を表す．流れの条件によっては，他の力やエネルギー輸送の効果も考える必要がある．

t_qおよびt_Tは，粒子への運動量輸送や熱輸送の物理過程から決定されるべきもので，その表式は一般には簡単でない．しかし，気体分子の平均自由行程が粒子の大きさに比べて十分小さく，粒子と気相間の相対速度が小さい場合には，ストークス抵抗およびフーリエ (Fourier) 熱伝達を仮定することができる．そのような場合には，粒子が球形であるとして．

$$t_q=\frac{2\rho_2 a^2}{9\mu_1} \tag{3.68}$$

$$t_T=\frac{\rho_2 c a}{3\lambda_1} \tag{3.69}$$

のように表すことができる．aは粒子の半径，μ_1は気体の粘性率，λ_1は気体の熱伝達率を表す．$\lambda_1=k_1/a$(k_1：気体の熱伝導率)とすれば，t_qとt_Tは普通同程度の大きさにある．蒸発・凝縮を伴う液滴の場合には，質量輸送に対する特性時間

(蒸発・凝縮の緩和時間) が入ってくるが，一般に t_q とは大きさの程度が異なる．

粒子 - 流体間の運動量輸送の特性時間 (速度の緩和時間) t_q と流れ場の特性時間 $t_0=L/q$ (L は流れ場の代表的長さ，q は代表的流速) との比を表す無次元パラメータ

$$S_t=\frac{\rho_2 a^2 q}{\mu_1 L}\sim\frac{t_q}{t_0} \tag{3.70}$$

はストークス数と呼ばれ，粒子の負荷率 $\nu=\sigma_2/\sigma_1$ とともに，流体中に分散した粒子の流動形態を分類するのに有用なパラメータである．$S_t\ll 1$ の場合，粒子と流体は行動をともにするが，$S_t\gg 1$ では，両者は行動を別にする傾向がある．この項では，$\nu=\sigma_2/\sigma_1$ (粒子の負荷率)~ 1，したがって $\alpha_2\sim\rho_1/\rho_2\sim 0$ と仮定して簡単化したが，もっと高い負荷率，したがって粒子体積比率の小さいが有限の値に対しては，α_2 を含む項からの寄与を考慮した議論が必要になる．

なお，この項の混合体モデルに対する基礎方程式も，気体力学の場合と同様に，他の保存式や状態式を用いて，いろいろな形に書き表すことができる．たとえば，運動量の式については，

$$\begin{aligned}\frac{\partial}{\partial t}\sigma_1 q_{1i}+\frac{\partial}{\partial x_j}\sigma_1 q_{1i}q_{1j}&=\sigma_1\left(\frac{\partial}{\partial t}+q_{1j}\frac{\partial}{\partial x_j}\right)q_{1i}+\Gamma_1 q_{1i}\\&=-\frac{\partial p_1}{\partial x_i}+\frac{\partial \tau_{1ij}}{\partial x_j}+\sigma_1 g_i-\frac{\sigma_2}{t_q}(q_{1i}-q_{2i})+\Gamma_1 q_{1i}\end{aligned} \tag{3.71}$$

また，エネルギーの式については，

$$\begin{aligned}&\frac{\partial}{\partial t}\sigma_1\left(e_1+\frac{1}{2}q_1^2\right)+\frac{\partial}{\partial x_i}\sigma_1\left(h_1+\frac{1}{2}q_1^2\right)q_{1i}\\&=\frac{\partial}{\partial x_j}\tau_{1ij}q_{1i}+\sigma_1 q_{1i}g_i-\frac{\partial Q_{1i}}{\partial x_i}-\frac{\sigma_2 c}{t_T}(T_1-T_2)\\&\quad-\frac{\sigma_2}{t_q}(q_{1i}-q_{2i})q_{2i}+\Gamma_1\left(h_1+\frac{1}{2}q_1^2\right)\end{aligned} \tag{3.72}$$

または，

$$\begin{aligned}&\sigma_1 c_v\left(\frac{\partial T_1}{\partial t}+q_{1i}\frac{\partial T_1}{\partial x_i}\right)-\frac{p_1}{\sigma_1}\left(\frac{\partial \sigma_1}{\partial t}+q_{1i}\frac{\partial \sigma_1}{\partial x_i}\right)\\&=\frac{1}{\gamma-1}\left(\frac{\partial p_1}{\partial t}+q_{1i}\frac{\partial p_1}{\partial x_i}\right)-\frac{\gamma}{\gamma-1}\frac{p_1}{\sigma_1}\left(\frac{\partial \sigma_1}{\partial t}+q_{1i}\frac{\partial \sigma_1}{\partial x_i}\right)\\&=\tau_{1ij}\frac{\partial q_{1i}}{\partial x_j}-\frac{\partial Q_{1i}}{\partial x_i}-\frac{\sigma_2 c}{t_T}(T_1-T_2)+\frac{\sigma_2}{t_q}(q_{1i}-q_{2i})^2\end{aligned} \tag{3.73}$$

などである．ここで，$h_1=e_1+p_1/\sigma_1$，$\gamma=c_p/c_v$ を表す．3.2.2 項 (粒子追跡法―

気流中の粒子）では，(3.71) および (3.73) の関係が用いられた.

3.7.2 液体中に分散した気泡[14~16)]

液体中に多数の気泡が分散している気液2相流は，気泡流と呼ばれる．気相の体積比率，すなわち単位体積内で気泡が占める体積の割合はボイド率と呼ばれる．気泡流では，界面活性剤を添加して気泡の合体を防止しない限り，ボイド率の値は比較的小さい．液体の密度が気体の密度に比べて非常に大きいので，気泡流では，σ_2 は σ_1 に比べて十分大きい．それゆえ，混合体モデルにおける質量および運動量の保存式は，σ_1 のかかった項を落として，

$$\frac{\partial\sigma_2}{\partial t}+\frac{\partial}{\partial x_i}\sigma_2 q_{2i}=0$$

$$\sigma_2\left(\frac{\partial}{\partial t}+q_{2j}\frac{\partial}{\partial x_j}\right)q_{2i}=-\frac{\partial p}{\partial x_i}+\frac{\partial\tau_{ij}}{\partial x_j}+\sigma_2 g_i+M_{mi}$$

のように近似できる．$\sigma_2=\rho_2(1-\alpha)$ により，液体の密度 ρ_2 が変わらないとして，σ_2 の代わりにボイド率 α で表すと，

$$\frac{\partial}{\partial t}(1-a)+\frac{\partial}{\partial x_i}(1-\alpha)q_{2i}=0 \tag{3.74}$$

$$\rho_2(1-\alpha)\left(\frac{\partial}{\partial t}+q_{2j}\frac{\partial}{\partial x_j}\right)q_{2i}=-\frac{\partial p}{\partial x_i}+\frac{\partial\tau_{ij}}{\partial x_j}+\rho_2(1-\alpha)g_i+M_{mi} \tag{3.75}$$

となる．τ_{ij} はビーショウベルとファン・ウインハルテン (Bieshouvel and van Wijngaarden) が3.6節で述べたバチェラーの手法に従って計算し，α の小さな値に対して

$$\tau_{ij}=\alpha\rho_2\left[\frac{3}{20}(q_{1k}-j_k)(q_{1k}-j_k)\delta_{ij}-\frac{9}{20}(q_{1i}-j_i)(q_{1j}-j_j)\right] \tag{3.76}$$

となることを示した[16)]．j_i は体積中心速度で，(3.57) で定義された．ここで，$q_{1i}-j_i=(1-\alpha)(q_{1i}-q_{2i})$ と書き直せることに注意したい．相対速度およびボイド率が小さいとき，τ_{ij} からの寄与は無視できる．

混合体モデルにおけるエネルギー保存式は運動量保存式よりさらに複雑な形になるが，気泡流では液相の熱容量が気相の熱容量に比べて非常に大きいので，等温変化を仮定してエネルギー保存式を避ける方法がとられる．この場合，

$$T_1=T_2\equiv T=\text{const.} \tag{3.77}$$

気相に対する質量保存式は

$$\frac{\partial}{\partial t}\alpha\rho_1+\frac{\partial}{\partial x_i}\alpha\rho_1 q_{1i}=\Gamma_1 \tag{3.78}$$

で与えられる．Γ_1は単位時間に単位体積内で蒸発（$\Gamma_1>0$）または凝縮（$\Gamma_1<0$）により発生または消滅する気体の質量を表す．水と空気からなる気泡流のように，2成分2相流の場合は$\Gamma_1=0$となる．

気相に対する運動量保存式に置き替わる単一気泡に対する運動方程式は，球形の気泡を仮定し，その変形を無視するとき，気泡の体積変化に対して

$$p_1-p=\rho_2 R\frac{d^2R}{dt^2}+\frac{3}{2}\rho_2\left(\frac{dR}{dt}\right)^2+\frac{4\mu_2}{R}\frac{dR}{dt}+\frac{2\sigma}{R} \tag{3.79}$$

また，気泡の並進運動に対して

$$\frac{d}{dt}\left[\frac{1}{2}\rho_2 V(q_{1i}-q_{2i})\right]=-V\frac{\partial p}{\partial x_i}-C_D(q_{1i}-q_{2i}) \tag{3.80}$$

のように与えられる．ここで，p_1は気泡内の圧力，pは混合体の圧力，Rは気泡の半径，μ_2は液体の粘性率，σは表面張力，Vは気泡の体積で$4/3\cdot\pi R^3$に等しい．C_Dは抵抗係数で，相対速度$q_{1i}-q_{2i}$が小さいとき，純粋の液体の場合の$12\pi\mu_2 R$から，不純物（たとえば界面活性剤）を含む液体の場合の$6\pi\mu_2 R$（ストークス抵抗）まで変わる．$d/dt=\partial/\partial t+q_{1i}\partial/\partial x_i$は気泡に乗った時間微分を表す．

(3.79) はレイリー－プリセット (Rayleigh–Pleset) の式として知られており，無限遠で圧力pにある無限に広がった液体中の単一気泡の球面対称な運動における境界面の運動を支配する式である[注11)]．また，(3.80) は，気泡の質量を無視し，気泡に働く仮想慣性力と気泡表面に働く圧力および粘性応力の合力とのつり合いを表した式である．

(3.79) の右辺第1項と左辺の比：$\rho_2 R^2/p\cdot q_1{}^2/L^2=3/\omega_B{}^2\cdot q_1{}^2/L^2$（$\omega_B$は気泡の体積振動の固有角振動数），(3.80) の左辺と右辺第2項の比：$\rho_2 R^2/18\mu_2\cdot q_1/L=t_q\cdot q_1/L=S_t$（ストークス数）は[注12)]，(3.75) の左辺と右辺第1項および第3項の比：$\rho_2(1-\alpha)q_2{}^2/p=M^2/\alpha$（$M$：平衡マッハ数）および$q_2{}^2/gL=F$（フルード数）とともに，気泡流において重要な無次元パラメータである．

最近，ビーショウベルとファン・ウインハルテンは，(3.80) の代わりに

$$\frac{d}{dt}M(\alpha)(q_{1i}-j_i)=\rho_2 V\frac{dj_i}{dt}-f(\alpha)(q_{1i}-j_i)+\rho_2 Vg_i \tag{3.81}$$

を用いることを提案している[16)]．$j_i=\alpha q_{1i}+(1-\alpha)q_{2i}$は体積中心速度（ドリフト速度）である．$M(\alpha)$および$f(\alpha)$は仮想質量および抵抗係数で，それらのボイド率依存が重要であることを示すが，現在までのところそれらの関数形は与えられていない．この式は，体積中心速度で動く座標系からみた気泡の加速反作用の式に，粘性抵抗と浮力を補正したものである．この式を用いる理由については次

節で（基礎方程式の適切さに関係して）くわしく述べられるが，ここでは，ボイド率が0となる希薄粒子の極限で，(3.80) と (3.81) が一致することだけを注意しておく．

ここでは，気泡の体積変化と並進運動だけを考慮したが，気泡の変形も考える場合には，変形に対する式を追加する必要がある．変形に対する式は液－液2相流でとくに重要である．

3.8　基礎方程式の不適切とその原因

1975年にヒューストンで開かれた米国機械学会の熱輸送部会の会合で，リクゼハウスキー他3名（Lyczhowski *et al.*）によりあるショッキングな研究が報告された[19]．それは「気液2相流に対する基礎方程式が初期値問題として適切でない」ということであった．もっと具体的にいうと，「平均化して得られた保存式系にある構成式を用いて初期値問題を解こうとするとき，特性曲線が複素数になる」というのである．これは不安定な波が存在していて，その成長速度が波数に比例して限りなく大きくなることを意味する．したがって，数値計算をする場合，高い波数の部分が急速に発散する．また，メッシュを細かくするほど収束が悪くなるといった障害が起こる．

それ以後，その原因が平均化法で導かれた保存式や，用いられた構成式の欠陥によるものであるか，あるいは2相流に固有の（不安定）特性であるかについて，いろいろな議論がなされてきた．15年が経過した今日，まだ完全な結論には達していないが，その問題点はかなりはっきりしてきた．それは次のように説明できる．

2相流の初期値問題（非定常問題）に対する基礎方程式には，圧力波（音波）に対応する特性曲線と，ボイド波[注13]に対応する特性曲線が含まれている．複素数になる特性曲線はボイド波に対応するものである．それは気泡相の運動量保存式に含まれる構成式に関係している．さらに突き詰めると，気泡と液体の間の相対運動に関する項に関係しており，相対並進速度が存在する場合にのみ現れるのである．

希薄気泡流の場合，前節で述べたように，複素数の特性曲線は，旧モデルの (3.80) では現れるが，新モデルの (3.81) では現れない．これらのモデルが，ボイド率が0になる極限で一致することから，気泡に働く仮想慣性力および表面応力のボイド率への依存の仕方が問題の鍵を握っている，または重要な役を演じると考えられる．

しかし，2相流に特有な不安定が存在してはならないという理由はない．また，「平均化法で得られた基礎方程式を用いて，中間尺度の長さまたは気泡間距離より短い波長の波の発散を論じることには問題がある」という意見も少なくない[20]．実際に，そのような波長の短い波は，多数のランダムに配置された，運動し変形する気泡との相互作用によって減衰すると思われる．もし気泡間距離よりも短い波長の波を除外すれば，気泡間距離よりも長い波長の波（ボイド波）の成長速度は，実験室内の装置でつくり出される気泡流では，その観測が難しいほど小さいものになる．実際に高い波数の変動の発生が観測できるのは，ボイド率および相対速度が非常に大きくなる流れの部分に限られている．

完全な結論に達するためには，構成式，とくに，気泡の相対並進運動に関する構成式のより正確な議論と，それを実証する確かな実験が必要である．

3.9 粒子に運動論を用いる方法

希薄粒子モデルでは，粒子は周囲の流体を介してのみ相互に作用し，粒子どうしの直接衝突は考慮されなかった．さらに，具体的な構成式を与えるときには，粒子のまわりの流れが他の粒子の存在によって影響を受けないほど希薄な場合に制限された．当然のことながら，そのような正確な表式が得られる希薄粒子モデルを足掛りとして，粒子のまわりの流れが他の粒子の存在によって影響を受ける場合や，粒子どうしの直接衝突が起こる場合へ拡張しようとする試みは，今日までに数多くなされている．

この節で述べる粒子に運動論を用いる手法も，かなり古くから考えられているものであるが，そのような拡張の可能性をもっている[21]．これは，運動論の基礎方程式（いわゆるボルツマン方程式）で，粒子どうしの直接衝突はいわゆる衝突項に含め，流体を介しての相互作用は外力の項に含め，また，粒子の回転，変形，体積変化，内部温度などは粒子の内部自由度に対する項として表し，それらを統計的に取り扱おうとする方法である[22]．とくに，粒子どうしの直接衝突や強い近接相互作用は粒子の運動にランダム性を与え，それに関連した粒子の疑似応力や疑似熱流の効果が議論できると考えられる．

ここでは，その取扱い方の基本を示すために，同じ大きさの球形固体粒子の場合に限り，内部自由度としては粒子の内部温度だけを考えることにする．このとき，粒子の分布関数 $f(t, x_i, c_i, \theta)$ に対する運動論の式は

$$\frac{\partial f}{\partial t}+\frac{\partial}{\partial x_i}c_i f+\frac{\partial}{\partial c_i}\left(\frac{F_i}{m}f\right)+\frac{\partial}{\partial \theta}\left(\frac{Q}{mc}f\right)=\left(\frac{\partial f}{\partial t}\right)_{\mathrm{coll}} \qquad (3.82)$$

のように表すことができる．ここで，c_i は粒子の速度，θ は粒子の内部温度，F_i は粒子の働く力，Q_i は粒子からの熱輸送速度，m および c は粒子の質量および比熱である．粒子の分布関数を粒子の速度および温度の空間にわたって積分すれば，粒子の数密度（単位体積内の粒子の数）n_2 が見出される．

$$n_2=\int_{-\infty}^{+\infty}\int_{-\infty}^{+\infty}\int_{-\infty}^{+\infty}\int_{0}^{+\infty}f(t, x_i, c_i, \theta)\,dc_1dc_2dc_3d\theta\equiv\int fdc_ld\theta \qquad (3.83)$$

(3.82) で，粒子どうしの直接衝突は右辺の衝突項 $(\partial f/\partial t)_{\mathrm{coll}}$ で表される．粒子に働く力 F_i には，重力のような粒子に直接働く力と周囲流体との相互作用による力が含まれる．後者は粒子と流体分子との衝突によって生じるもので，粒子の大きさが分子の大きさまで小さくなれば，運動論における衝突項の形をとる．粒子と流体間の熱輸送は Q に含まれる．

固体粒子に対する保存式は，運動論の基礎方程式 (3.28) にそれぞれ m, mc_i, $1/2\cdot mc^2$, θ をかけ，粒子速度 c_i の各成分に関して $-\infty$ から $+\infty$ まで，温度 θ に関して 0 から $+\infty$ まで積分すれば得られる．

$$\frac{\partial \sigma_2}{\partial t}+\frac{\partial}{\partial x_i}\sigma_2 q_{2i}=0 \qquad (3.84)$$

$$\sigma_2\left(\frac{\partial}{\partial t}+q_{2j}\frac{\partial}{\partial x_j}\right)q_{2i}=-\frac{\partial p_p}{\partial x_i}+\frac{\partial \tau_{pij}}{\partial x_j}+\int F_i f dc_l d\theta \qquad (3.85)$$

$$\sigma_2\left(\frac{\partial}{\partial t}+q_{2i}\frac{\partial}{\partial x_i}\right)\left(\frac{3}{2}\frac{k}{m}T_p\right)$$
$$=-p_p\frac{\partial q_{2i}}{\partial x_i}+\tau_{pij}\frac{\partial q_{2i}}{\partial x_j}-\frac{\partial Q_{pi}}{\partial x_i}+\int c_i F_i f dc_l d\theta \qquad (3.86)$$

$$\sigma_2\left(\frac{\partial}{\partial t}+q_{2i}\frac{\partial}{\partial x_i}\right)\left(\frac{k}{m}T_2\right)=-\frac{\partial Q_{2i}}{\partial x_i}+\int\frac{kQ}{mc}f dc_l d\theta \qquad (3.87)$$

ここで，単位体積当りの粒子相の質量 σ_2，粒子相の疑似圧力 p_p，粒子相の疑似応力 τ_{pij}，粒子相の疑似熱流 Q_{pi} および Q_{2i} はそれぞれ次のように定義される．

$$\sigma_2=\int mfdc_ld\theta \qquad (3.88)$$

$$p_p=\frac{1}{3}\int mC^2 fdc_ld\theta \qquad (3.89)$$

$$\tau_{pij}=-\int m\left(C_iC_j-\frac{1}{3}C^2\delta_{ij}\right)fdc_ld\theta \qquad (3.90)$$

$$Q_{pi}=\int \frac{1}{2} mC^2 C_i f dc_l d\theta \tag{3.91}$$

$$Q_{2i}=\int k\Theta C_i f dc_l d\theta \tag{3.92}$$

ここで，$C_i=c_i-q_{2i}$ および $\Theta=\theta-T_2$ を表す．

粒子に働く力，粒子からの熱輸送，粒子どうしの衝突，それぞれに対する物理過程を考えて，F_i，Q，$(\partial f/\partial t)_{\rm coll}$ の表式を与え，運動論の (3.82) を解くことができるならば，(3.88)～(3.92) に従って，p_p，τ_{pij}，Q_{pi}，Q_{2i} および相互作用の項（保存式に含まれる積分項）の表式が得られる．

たとえば，粒子に働く力として重力とストークスの流体抵抗を，粒子からの熱輸送としてフーリエの熱伝達を，衝突として緩和近似（BGK モデル）を考え

$$\frac{F_i}{m}=g_i+\frac{1}{t_q}(q_{1i}-c_i) \tag{3.93}$$

$$\frac{Q}{mc}=\frac{1}{t_T}(T_1-\theta) \tag{3.94}$$

$$\left(\frac{\partial f}{\partial t}\right)_{\rm coll}=\nu(f_0-f) \tag{3.95}$$

$$f_0=n_2\left(\frac{m}{2\pi kT_p}\right)^{3/2}\exp\left(\frac{-mC^2}{2kT_p}\right)\left(\frac{1}{2\pi\varepsilon}\right)^{1/2}\exp\left(\frac{-|\Theta|}{\varepsilon}\right) \tag{3.96}$$

のように仮定する[注14)]．そこで，気体分子運動論で知られているチャプマン－エンスコク（Chapman-Enskog）の展開法を用いて

$$f=f_0[1+\xi\phi+0(\xi^2)] \tag{3.97}$$

$$\begin{aligned}\nu\xi\phi=&-\left(\frac{mC^2}{2kT_p}-\frac{5}{2}\right)C_i\frac{\partial}{\partial x_i}\ln T_p-\frac{m}{kT_p}\left(C_iC_j-\frac{1}{3}C^2\delta_{ij}\right)\frac{\partial q_{2i}}{\partial x_j}\\&-\frac{2}{t_q}-\frac{C_i}{\varepsilon}\frac{\partial T_2}{\partial x_i}-\frac{1}{t_T}+\frac{\Theta}{\varepsilon}\end{aligned} \tag{3.98}$$

が見出される．ここで，$\xi=c_r/L\nu_r\ll 1$，添字 r は基準値を示す．それゆえ

$$p_p=kT_pn_2$$

$$\tau_{pij}=\frac{p_p}{\nu}\left(\frac{\partial q_{2i}}{\partial x_j}+\frac{\partial q_{2j}}{\partial x_i}-\frac{2}{3}\frac{\partial q_{2k}}{\partial x_k}\delta_{ij}\right)$$

$$Q_{pi}=-\frac{5}{2}\frac{k}{m}\frac{p_p}{\nu}\frac{\partial T_p}{\partial x_i}$$

$$Q_{2i}=-\frac{k}{m}\frac{p_p}{\nu}\frac{\partial T_2}{\partial x_i} \tag{3.99}$$

$$\int F_i f dc_l d\theta=\sigma_2 g_i+\frac{\sigma_2}{t_q}(q_{1i}-q_{2i})$$

$$\int c_i F_i f dc_l d\theta = -\frac{\sigma_2}{t_q}\left(3\frac{k}{m}T_p\right)$$

$$\int \frac{kQ}{m} f dc_l d\theta = -\frac{\sigma_2}{t_T}\frac{k}{m}(T_1 - T_2)$$

が得られる．粒子のランダム運動がなくなる極限（$kT_p \to 0$）で，希薄粒子モデルの構成式に帰着することが確かめられる．

たとえば，流動層のように，多数の粒子が下から吹き上げられる気流の中に浮遊し左右上下に揺動している状態では，粒子どうしの直接衝突や流体を介しての強い近接相互作用によるランダムな運動が顕著に現れる．実際に，上で得られた基礎方程式を用いて流動層の構造や波の伝播を調べると，粒子のランダムな運動が流動層に深い係わりをもつボイド波の安定‐不安定性を支配していることがわかる．これについては4.7.2項でくわしく述べられるであろう．

注

注 1）詳細は2.1.2項で述べられている．

注 2）詳細は2.1.2項で述べられている．

注 3）分離していた同じ相が接触する場合や異なる三つの相が同時に接触する場合などでは特別な注意が必要である．

注 4）これらの例は2.2節で述べられている．

注 5）この証明は簡単であるが，ドリュウの論文[4]に示されている．

注 6）流体相では $\overline{T_{kij}} = -\overline{p_k}\delta_{ij} + \overline{\tau_{kij}}$ で置き替えられる．$\overline{p_k}$ および $\overline{\tau_{kij}}$ は相 k の圧力および粘性応力を表す．

注 7）混相流全体に対する量にも一を付けるべきであるが，複雑さを避けるため，一を省略する．変動を無視する場合，混乱は生じない．

注 8）構成式を構成するに当たって当然満足せねばならない原理，たとえば，ドリュウとラヘイ（Drew and Lahey）の論文[6]にくわしく述べられている．

注 9）統計的に均質とみなせない場合には，体積平均は粒子の分布状態によって異なり，平均量を一意的に決定することができない．現実の問題では統計的に均質とみなせない場合が多く，混相流に対して構成式を与えることが難しい大きな理由となっている．とくに気泡流の場合そうである．

注 10）蒸発（凝縮）した気体は速度 q_{1i}，比エンタルピー h_1 をもつと仮定している．蒸発した気体の速度，比エンタルピーが q_{2i}，h_2 であれば，(3.66)，(3.67) で最後の項は消える．

注 11）レイリー‐プリセットの式は，液体の圧縮性および気泡内の熱拡散[17]，または界面での熱・質量輸送，液体の気泡径方向の粘性および気泡周囲の温度分布[18]などを考慮して一般化されている．

注 12）希薄でない気泡流では，気泡の変形やボイド率による仮想慣性力や抵抗の変化が重要な役を演じる.

注 13) 濃度波とも呼ばれ, 流体の圧縮性を無視した場合でも存在し, 対流波に近い波である. 4.2.1 項および 4.7.3 項でくわしく述べられる.

注 14) 粒子のランダムな運動は, 粒子どうしの直接衝突だけでなく, 粒子の配置の変化や周囲流体との相対運動によってもたらされる, 粒子が流体から受けるランダムな力を通しても引き起こされる. いまの緩和近似では, それらは f_0 に含まれる疑似温度の項 kT_p を通して考慮されているとみることができる. この場合, 仮定された f_0 および ν について議論の余地が残されている.

参考文献

1) S. Morioka and G. Matsui : *J. Fluid Mech.*, **70** (1975) 721.
2) G.T. Crowe, M.P. Sharma and D.E. Stock : *ASME J. Fluid Eng.*, **99** (1977) 325.
3) R. Ishii, Y. Umeda and M. Yuhi : *J. Fluid Mech.*, **203** (1989) 475.
4) M. Rein and G.E.A. Meier : *Acoustica*, **71** (1990) 1.
5) D.A. Drew : *Ann. Rev. Fluid Mech.*, **15** (1983) 261.
6) M. Ishii : Thermo-Fluid Dynamic Theory of Two-Phase Flow (Fyrolles, Paris, 1975)
7) D.A. Drew and R.T. Lahey : *Int. J. Multiphase Flow*, **5** (1979) 243.
8) G.K. Batchelor : Proc. 17th ICTAM (North-Holland, 1989) 27.
9) G.K. Batchelor : *J. Fluid Mech.*, **41** (1970) 545.
10) G. Rudinger : Nonequilibrium Flows, Part 1 (ed. P.P. Wegener, Marcel Dekker, 1969) 119.
11) F.E. Marble : *Astronautica Acta*, **14** (1969) 585.
12) F.E. Marble : *Ann. Rev. Fluid Mech.*, **2** (1970) 397.
13) 森岡茂樹 : 気体力学 (朝倉書店, 1982) 104, 179.
14) L. van Wijngaarden : *J. Fluid Mech.*, **4** (1968) 465.
15) L. Noordzij and L. van Wijngaarden : *J. Fluid Mech.*, **66** (1974) 115.
16) A. Biesheuvel and L. van Wijngaarden : *J. Fluid Mech.*, **148** (1984) 301.
17) A. Prosperetti : *J. Fluid Mech.*, **222** (1991) 587.
18) R.I. Nigmatulin *et al.* : *J. Fluid Mech.*, **186** (1988) 85.
19) R.W. Lyczkowski *et al.* : ASME publication (1976).
20) L.A. Klebanov *et al.* : *PMM*, **46** (1982) 66.
21) F.E. Marble : Proc. 5th AGARD Combustion and Propulsion Colloquium (Pergamon, 1963) 175.
22) S. Morioka and T. Nakajima : *J. Méca. Théor. Appl.*, 6 (1987) 77.

4. 流れの基本的性質

この章では，これまでに得られた関係式に基づき，混相流が単相流（普通の流体の流れ）と違っている主要な点について述べる．それらは，混相流の基本的な性質または特徴であるとともに，従来の流体力学の考え方や取扱い方が直接適用できない理由でもある．

4.1 流れ場の多重構造

混相流の例は我々の身近にいくらでもある．まずその一つとして，魚の飼育水槽の浄化装置をとりあげてみよう．水槽の底におかれたバブリング装置では，ポンプによって送られた新鮮な空気が，焼結金属粒子の隙間から吹きだしている．吹き出した空気は，多数の小さな気泡となって，水槽内の水を通り抜けて上昇

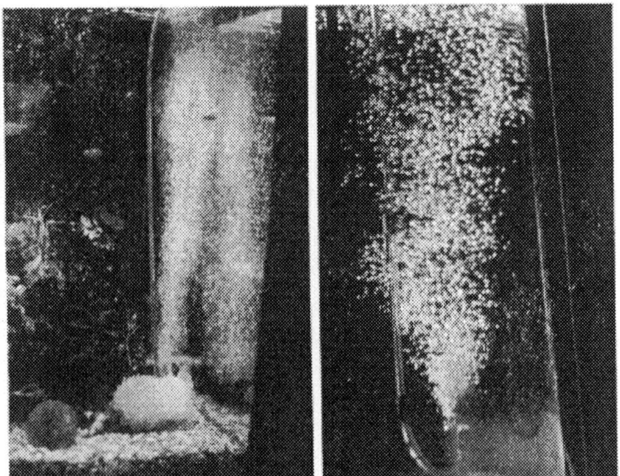

図 4.1　魚の飼育水槽で用いられている気泡流（左）とそのバブリングの実験（右）

し，水面から大気中へ出ていく．気泡は進行方向にいくらか扁平に変形し，左右に振動しながらまたはらせん運動しながら上昇していく．目にはよく見えないが，気泡の運動に伴って，気泡のまわりの水は気泡に押し退けられたり，気泡が通過した後の空間を埋めたりして，揺動しているはずである．水の揺動は近くの気泡に影響を及ぼすであろう．

水槽内の水は，全体的にみると，多数の気泡の上昇に引きずられて，気泡群に近い水は上方へ動き，気泡群から離れた所の水は下方へ動いて，対流をつくり出している．この対流は，魚の糞や食べ残した滓がフィルターに集められていく様子からみることができる．バブリングによる対流は，水槽の底にある水を水面に運び大気に接触させ，また，揺動しながら上昇する気泡も水中への酸素の溶解を促進させる．

この例では，水槽内に多数の気泡が存在している領域と水だけが存在している領域があって，両者は互いに関連して動いているが，ここでいう流れ場の多重構造とは，そのような流れ場の構造をいっているのではない．多数の気泡を含む混相流体の平均化してみた流れ場，その中の1個または互いに接近した数個の気泡のまわりの局所・瞬時的な流れ場，各気泡と水の界面で起こっている分子または薄膜レベルでの流れ場といった，スケールの大きさの程度が異なる流れ場の構造をいっているのである．

また，他の例として，強い風によって舞い上げられ，吹き流されていく砂塵をあげることができる．遠くから全体的にみると，砂塵の無数の粒子は風に従って流れているようにみえる．しかし，砂塵の速度は空気の速度とは一般に異なり，砂塵の各粒子のまわりには局所・瞬時的な空気の流れが生じている．また，そのような流れは，砂塵粒子が相互に接触するほど接近するとき，変化する．実際に，そのような局所・瞬時的な空気の流れが，地上にあった砂塵を重力に逆らって空中へ舞い上げ，遠くまで運んでいくと考えられる．一方，風の流れや変動も，砂塵を取り込むことによって，少なからず影響を受けていると思われる．しかしこの例では，粒子の表面における分子または薄膜レベルでの現象は，粒子のまわりの局所・瞬時的な流れ場や平均化してみた混相流れを議論するために，取り立てていうほどの必要はない．

ところが，これに類似した固気2相流の例として，微粉炭燃焼炉から出る塵埃を含んだ排ガスがある．このとき，電界をかけて，塵埃を帯電させ，電極に集めて取り除く方法が用いられる．このような場合には，粒子のまわりの流れや平均化した全体の流れを知るために，電界の存在下で電荷が粒子の表面に吸着され，電荷の膜を形成していく分子レベルでの過程を理解することが必要になる.

一般に，混相流体を構成している気相が混合気体の場合，液相が溶液の場合，または相変化や化学変化を含む場合には，界面における分子または薄膜レベルでの過程や現象が重要な役を演じると考えられる.

いうまでもなく，これらの大きさの程度が異なる流れ場は，互いに密接に関連している．分子または薄膜レベルでの流れ場は，粒子レベルでの流れ場に，界面における境界条件として関与する（ここでいう粒子とは，気泡，液滴または固体粒子のいずれかを指す)．また，粒子レベルでの流れ場は，局所・瞬時的な流れ場の集合・集積された効果として，平均化した流れ場を支配する式を通して，混相流の輸送特性および全体の流れ場に関与する.

逆にたどれば，多数の粒子を含む流れの平均化された特性は，各粒子に働く力や各粒子の状態のレベルを決定し，各粒子のまわりの局所・瞬時的な流れ場は，界面における分子または薄膜レベルでの過程をリモートコントロールする.

混相流の振舞いを真に理解するためには，これらのスケールの異なる空間・時間で起こっている現象を理解すると同時に，それらのスケールの異なる空間・時間における流れ場が相互にどのように関係しているかを理解することが重要であると思われる.

4.2　微小変動の伝播

4.2.1　圧力波とボイド波

2 相の境界面近くで起こる分子スケールでの現象を含み，粒子スケールでの局所・瞬時的な流れの集合・集積された結果としてもたらされる混相流体に特有な力学的性質は，そのような媒質を伝播する微小変動の振舞いをみることによって，最もよく理解できる．しかし，それには，波動に関する基本的知識をもち，波動を記述するために用いられる基本的考え方・取扱い方について知っている必要がある．このような観点から，流体力学シリーズ 1『流体における波動』の中で，「混相流体中で起こる波」について簡単に紹介された[2)]．ここでは，そこでの知識をもとに，混相流体の多重構造がもたらす微小変動の伝播の特徴をまとめてみよう.

混相流体の多重構造，すなわち混相流体が大きさの程度が異なる流れ場から構成されていることは，考察の対象となる波の波長または振動数について制限を加える．たとえば，ここで考える波動では，粒子スケールでの局所・瞬時的な流れの集合・集積された結果に関心があるから，波長は粒子の大きさおよび粒子間距離に比べて十分に大きくなければならない．いいかえれば，1波長の範囲内にはまだ多数の固体粒子，液滴または気泡が含まれていなければならない．

流体力学シリーズ1の中の「混相流体中で起こる波」で述べられたように，混相流体の内部を伝播する波には，圧力波とボイド波の2種類がある．ボイド波は濃度波とも呼ばれる．圧力波は流体の圧縮性（気相の存在）に関係した波で，音波と同じものである．一方，ボイド波は流体が非圧縮性の場合にも存在し，2相の間に速度差（または速度滑り）がないときは，流体とともに移動する，いわゆる対流波に帰着する．しかし，2相の間に速度差（または速度滑り）があるとき，ボイド波の伝播速度は一般にいずれの相の速度とも一致しない．したがって，それを対流波と呼ぶことはできない．しかし，それは各相の速度に近く，それゆえ圧力波の速度に比べて遅い．ボイド波はボイド率の変動の伝播を表している．ボイド波は圧縮性流体を含む2相流にも存在し，2相の間に速度差（または速度滑り）があるときだけ圧力変動を伴う．

圧力波およびボイド波が起こるメカニズムおよびそれらの波の特徴を，物理法則に基づいて，定性的または定量的に説明するためには，考察下の混相流について合理的なモデルとそれに対応する物理法則を表す方程式（基礎方程式）が，閉じた形で与えられねばならない．しかし，混相流に対する一般的なモデルおよびそれに対応する閉じた形の基礎方程式が今日まだ確立されていないので，ここでは，これまでに提案された，制限された条件の下でのみ成り立つ，基礎方程式によって，現象のある側面（しかし重要とみられる）を理解する方法がとられる．簡単で曖昧な部分のないそのようなモデルとして，均質モデルおよび希薄粒子モデルが考えられる．この節では，もっぱら圧力波について述べる．ボイド波については4.7節で「混相流に特有な不安定化および安定化の機構」に関連してくわしく述べる．

4.2.2 伝播速度の減少——均質モデル

3.5節で述べたように，均質モデルは，粒子相（ここで，粒子は固体粒子，液滴または気泡のいずれかを指す）の体積比率を有限の値に保ったまま，粒子の大きさを無限に小さく，同時に粒子の数密度を無限に大きくした理想的な極限とみなされる．この極限で，相間の局所・瞬時的な速度差および温度差はなくなり，混相の効果は密度や内部エネルギーといった熱力学的量と，粘性率や熱伝導率といった輸送係数を通して現れる．そして，粘性および熱伝導性を無視した場合の圧力波では，密度と圧縮率だけが関係する．固気2相流または気液2相流の場合，大気圧程度の圧力下では，混相流体の密度が固体または液体によって支配され，圧縮率が気体によって支配されるので，密度と圧縮率の積の平方根の逆数で与えられる圧力波の伝播速度は，気体または液体だけの単相流体中のそれに比べて著しく遅くなる．これは，混相流体中を伝播する圧力波の一般的で重要な特徴の一つである．

実際に，混相流体の密度は

$$\rho=\sigma_1+\sigma_2=\rho_1\alpha+\rho_2(1-\alpha) \tag{4.1}$$

で与えられる．ρ_1 は気体の密度，ρ_2 は固体または液体の密度，α は気相の体積比率（ボイド率）である．相間に速度差がないとき，両相に対する質量保存式から，蒸発・凝縮が起こらないとして，

$$\frac{\sigma_2}{\sigma_1}=\frac{\rho_2(1-\alpha)}{\rho_1\alpha}=\text{const.}=\nu \tag{4.2}$$

の関係が得られる．

気体中に分散した固体粒子または液滴の場合，断熱変化を仮定した状態式から

$$\frac{dp}{p}=-\frac{c_p+\nu c}{c_v+\nu c}\frac{dv}{v} \tag{4.3}$$

の関係が成り立つ．$v=1/\rho$，c_p および c_v は気体の定圧比熱および定積比熱，c は固体または液体の比熱を表している．したがって，混相流体の圧縮率は

$$\kappa=-\frac{dv/v}{dp}=\frac{c_v+\nu c}{c_p+\nu c}\frac{1}{p} \tag{4.4}$$

圧力波の伝播速度（後で述べる平衡音速に対応している）は

$$c_e=\frac{1}{(\kappa\rho)^{1/2}}=\left[\frac{c_p+\nu c}{c_v+\nu c}\frac{p}{(1+\nu)\rho_1}\right]^{1/2} \tag{4.5}$$

で与えられる．

液体中に分散した気泡の場合，等温変化を仮定した状態式 $p/\rho_1=\text{const.}$ と速度差がない条件 $\rho_1\alpha/\rho_2(1-\alpha)=\text{const.}$ から ρ_1 を消去し，それを微分して得られる関係 $dp/p=-d\alpha/\alpha(1-\alpha)$，および $v=1/\rho\fallingdotseq 1/(1-\alpha)\rho_2$ を微分して得られる関係 $dv/v=d\alpha/(1-\alpha)$ から，圧縮率は

$$\kappa=-\frac{dv/v}{dp}=\frac{\alpha}{p} \tag{4.6}$$

のように表される．それゆえ，圧力波の伝播速度は

$$c_e=\frac{1}{(\kappa\rho)^{1/2}}=\left[\frac{p}{\alpha(1-\alpha)\rho_2}\right]^{1/2} \tag{4.7}$$

となる．均質モデルでは，圧力波の伝播速度は波数または振動数によらず一定である．それゆえ，均質モデルは伝播速度の減少を説明できるが，混相流体に特有な波の分散性を説明することはできない．

4.2.3 緩和効果による分散・減衰――気体中に分散した粒子[1~5]

次に，気体中に分散した固体粒子または液滴に対する希薄粒子モデルを考えよう．粒子相の体積比率は1に比べて十分小さく，粒子どうしの衝突はほとんど起こらないとする．この場合には，粒子相（分散した相）と流体相（連続した相）の間の運動量およびエネルギーの輸送速度，いいかえれば，速度および温度の緩和速度が，圧力波の伝播に本質的な特徴（分散および減衰）をもたらす．前にも注意したように，粒子に対してストークス抵抗およびフーリエ熱伝達の公式が適用できるとき，速度および温度の緩和速度は同程度の大きさをもつ．

このモデルに対する圧力波の式および分散関係式は，流体力学シリーズ1の中で（4.245）および（4.248）に与えられている．図4.2は分散関係式の解のグラフである．

圧力波の振動数が速度および温度の緩和速度に比べて十分大きいとき（波の周期が緩和時間に比べて十分小さいとき），圧力波は気体中の音速（凍結音速）c_fで伝播する．これとは逆に，圧力波の振動数が緩和速度に比べて十分小さいとき（波の周期が緩和時間に比べて十分大きいとき），圧力波は気体中の音速より低い速さ（平衡音速）で伝播する．平衡音速 c_e（前項の(4.5)）は，粒子の負荷率 $\nu=\sigma_2/\sigma_1$ が大きくなるにつれて小さくなる．また，圧力波の減衰係数（1周期または1波長当りの減衰率）は，振動数が緩和時間に比べて十分大きいか十分小さいとき0になるが，その中間では有限値をとり，その値は波の周期が緩和時間に等しくなるあたりで最大になる[注1]．

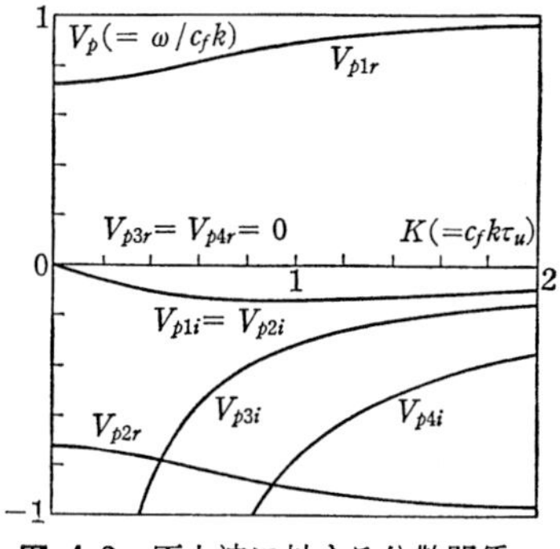

図 4.2 圧力波に対する分散関係式（気体中に分散した固体粒子）
（無次元波数 対 無次元位相速度 $V_P=V_{Pr}+V_{Pi}$）

弱い圧力波を支配する線形化された式は，

微分階数の異なる波動方程式の結合された形に書ける．凍結音速が高階の波動方程式に，平衡音速が低階の波動方程式に含まれているので，微分方程式の一般的性質から，加えられた変動は最初凍結音速で伝播し始めるが，やがて（緩和時間を越えると），波形は大きく崩れ，波の中心部分は平衡音速で伝播し，その前後に拡散して広がる．しかし，十分時間が経過した後には非線形の効果が無視できなくなり，それによって波形の拡散は止まる．これは摂動法で線形解が大きな時間に対して一様に収束しないことを意味する．くわしいことは5.1.1項の「平面衝撃波」で述べられている．

上に述べたことは蒸発・凝縮を伴わない場合であるが，蒸発・凝縮が起こる場合は，蒸発・凝縮（質量輸送）に対する特性時間が追加される[5]．蒸発・凝縮の特性時間が一般に運動量緩和およびエネルギー緩和の特性時間と大きさの程度が異なるので，波の振動数（周期）が蒸発・凝縮速度（蒸発・凝縮の特性時間）に等しくなるあたりで，第2の強い減衰が起こる．圧力波の式はさらに1階だけ微分階数が増える．

4.2.4　気泡の体積振動による分散——液体中に分散した気泡[1,2,6~10]

次に，液体中に分散した気泡に対する希薄粒子モデルの場合を考えよう．気相の体積比率は1に比べて十分小さく，気泡どうしの衝突・合体は起こらないとする．この場合には，気泡の体積振動が圧力波の伝播に本質的な特徴（分散およびカットオフ）をもたらす．

簡単のため，気泡は球形を保ち，基準状態で気泡はすべて同一の大きさをもち，均一に分布していると仮定される．また，液体の熱容量が気体のそれに比べて非常に大きいので，等温状態変化が仮定される．このモデルに対する圧力波の式および分散関係式は本シリーズ1『流体における波動』の中で（4.271）および（4.268）に与えられている．図4.3は分散関係式の解のグラフである．

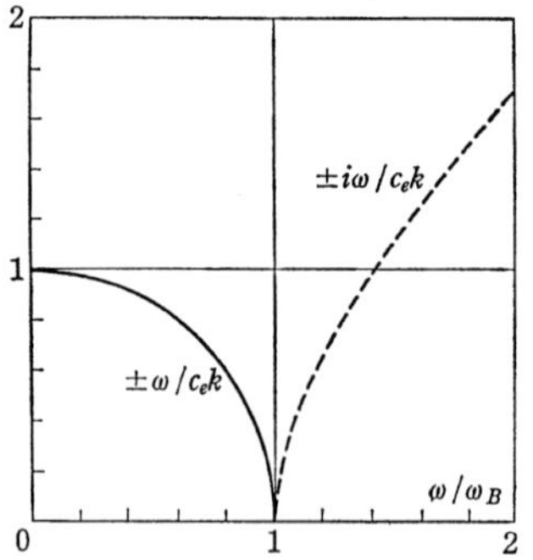

図 4.3　圧力波に対する分散関係式（液体中に分散した気泡）
（無次元角振動数 対 無次元位相速度）

圧力波の振動数が気泡の体積振動の固有振動数に比べて十分小さいとき（波の周期が気泡の体積振動の固有周期に比べて十分大きいとき），圧力波は平衡音速（均質モデルにおける音速）で伝播する．しかし，波の振動数が増加するにつれて（波の周期が減少するにつれて），波の伝播速度（位相速度および群速度）は減少し，波の振動数が気泡の体積振動の固有振動数に近づくとき，0に近づく．それを超えて，伝播する波は存在しない．すなわち，圧力波のカットオフ現象が起こる．気泡の体積振動は，気泡の形，大きさおよび分布状態のいかんにかかわらず起こりうるから，この圧力波の特徴は，液体中に分散した気泡に対して本質的なものと考えられる．このような圧力波の伝播の特徴は気泡流にみられる特有な圧力変動，たとえば低周波数の変動，を説明すると思われる．

気泡の体積振動は，波に純分散性を与え，波は減衰しない．もちろん気泡の体積振動および並進運動に対する液体の粘性抵抗，気体または液体の熱拡散，液体の圧縮性，蒸発・凝縮などは波を減衰させる．このような効果を含む気泡流中の微小振幅および有限振幅の波の構造や伝播特性については，文献7, 9, 10にくわしく述べられている．

4.3 分散性流れ場

4.3.1 分散性媒質としての混相流

前節で述べたように，混相流体中の波は，微分階数の異なる項からなる波動方程式に支配され，伝播速度（位相速度および群速度）や減衰率が波数または振動数によって異なる．物体を過ぎる流れの場が，物体表面の各部分で生じた変動が波によって流れの他の部分に伝達され相互に干渉し合うことによって形成されることを考えるとき，波の伝播の特徴は流れの場にも大きく影響せねばならない．その結果，空気中の音波のように，波数または振動数の広い範囲にわたって，標準の（2階導関数だけからなる）波動方程式に支配され，波の速さが一定で，減衰もない場合の流れ場とは著しく異なる．すなわち，混相流体は一般に分散性媒質として考えなければならない．このため，普通の気体力学でおなじみの亜音速流，超音速流または遷音速流のイメージは修正されねばならない．さらに，そのような分散性の流れ場は，媒質の分散特性によって非常に違う．たとえば，希薄粒子モデルを考えるときでも，気体中に分散した液滴の場合と液体中に分散した気泡の場合とでは，流れ場は非常に違うのである．

4.3.2 気体中に分散した粒子

気体中に分散した液滴または固体粒子の場合，音速は，短波長の極限で凍結音速（気体中の音速）c_f から長波長の極限で平衡音速 c_e まで単調に減少する．c_e は c_f に比べて小さい（$c_e < c_f$）．その差は粒子の負荷率とともに大きくなる．流速 u の一様な流れ中におかれた物体によって引き起こされる波は，u が c_e より小さいとき，あらゆる方向に伝播し，物体まわりの流れは亜音速流の特徴を示すように思われる．一方，u が c_f より大きいとき，物体によって引き起こされた波は伝播方向の制限を受け，物体まわりの流れ場は超音速流の特徴を示すように思われる．しかし，以下でみられるように，流れ場の様子は気体だけの単相流の場合とは非常に違っている．とくに，$c_e < u < c_f$ の範囲の流速では，短波長の変動に対しては亜音速流，長波長の変動に対しては超音速流とみられるので，変わった流れ場が予想される．

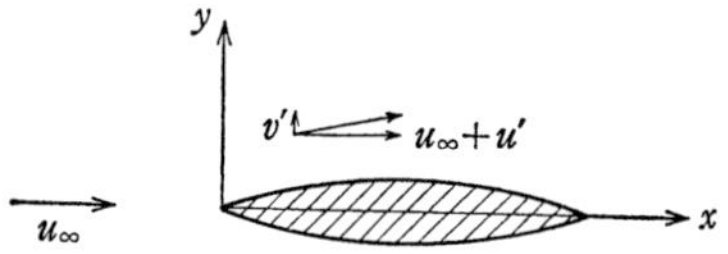

図 4.4　薄い 2 次元物体を過ぎる流れ

実際に，3.7.1 項で与えた保存式で，蒸発・凝縮，重力，粘性および熱伝導を無視し，定常・2 次元流れを仮定し，一様流からの摂動（たとえば気相流速の一様流に直角な成分 v'）に対する方程式を導くと，

$$\frac{\partial^2}{\partial x^2}\left[(1-M_f{}^2)\frac{\partial^2}{\partial x^2}+\frac{\partial^2}{\partial y^2}\right]v' + \frac{1}{L_q}\,\frac{\partial}{\partial x}\left[(1-M_q{}^2)\frac{\partial^2}{\partial x^2}+\frac{\partial^2}{\partial y^2}\right]v' + \frac{1}{L_T}\,\frac{\partial}{\partial x}\left[(1-M_T{}^2)\frac{\partial^2}{\partial x^2}+\frac{\partial^2}{\partial y^2}\right]v' + \frac{1}{L_qL_T}\left[(1-M_e{}^2)\frac{\partial^2}{\partial x^2}+\frac{\partial^2}{\partial y^2}\right]v'=0 \qquad (4.8)$$

を得る．ここで，x は一様流方向の座標，y はこれと直角方向の座標，L_q および L_T は，それぞれ，粒子－流体間の運動量およびエネルギー輸送に関連した特性距離，M_f，M_q，M_T および M_e は特性マッハ数を表している．前節で注意したように，$L_q \sim L_T$ および $M_e{}^2 > M_q{}^2 \sim M_T{}^2 > M_f{}^2$ の関係がある．

薄い 2 次元物体を過ぎる流れ場は，上の方程式を x についてフーリエ変換し，その結果得られる y に関する 2 階の常微分方程式を，物体上（$y=0$）および無限遠方（$y\to\infty$）における境界条件の下に解き，逆変換して見出される．たとえば，正の x 軸に沿っておかれた薄い対称半無限くさびを過ぎる流れ（$y=0$ で $v'=\varepsilon H(x)$，$y\to\infty$ で $v'<\infty$，ε はくさびの半頂角と一様流の流速の積）に対する解は

$$v'=\frac{\varepsilon}{\pi}\int_0^\infty \exp(-\sigma_r\eta)\sin(\xi\lambda+\eta\sigma_i)\frac{d\lambda}{\lambda} \qquad (4.9)$$

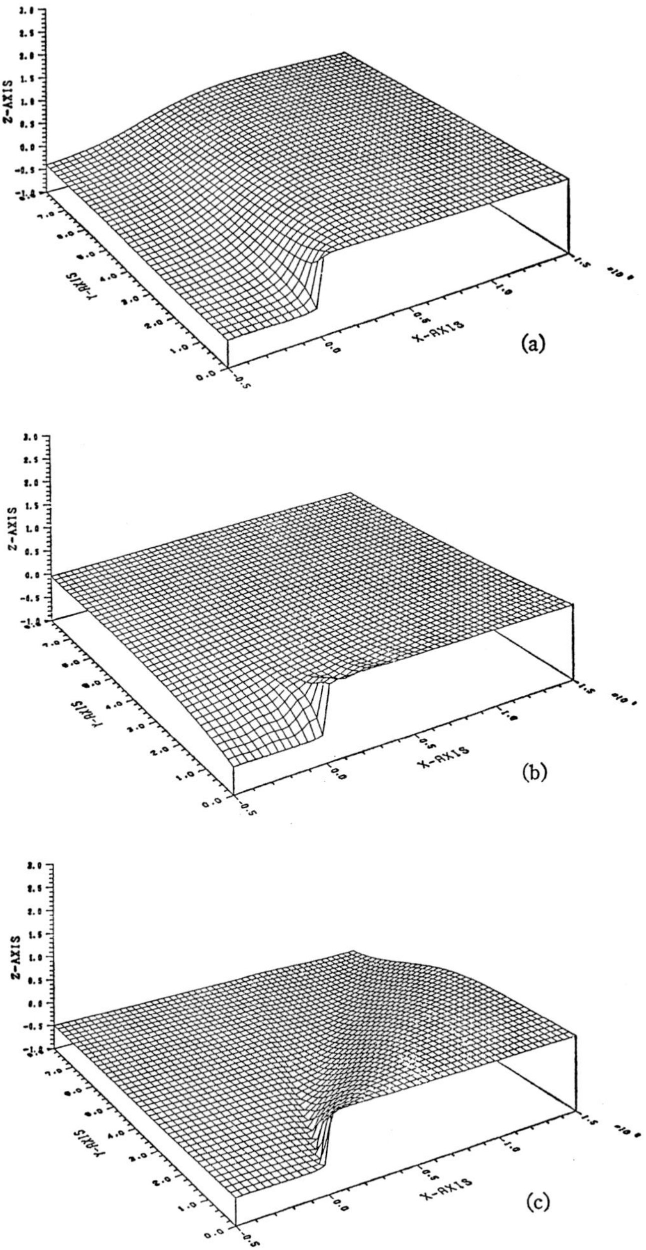

図 4.5 半無限くさびを過ぎる流れ（気体中に分散した固体粒子）
（y 方向の速度成分 v' の分布）
(a) $M_f{}^2<M_e{}^2<1$,　(b) $M_f{}^2<1<M_e{}^2$,　(c) $1<M_f{}^2<M_e{}^2$

の形に与えられる．ただし，

$$\sigma_r+i\sigma_i=\left[\frac{\lambda^2\{\lambda^2(1-M_f^2)-i\lambda(1-M_q^2+\Gamma-\Gamma M_T^2)-\Gamma(1-M_e^2)\}}{\{\lambda^2-i\lambda(1+\Gamma)-\Gamma\}}\right]^{1/2} \tag{4.10}$$

$\Gamma=L_q/L_T$, $\xi=x/L_q$, $\eta=y/L_q$ とおかれている．上の解のいくつかの数値例が図4.5に示されている．(a), (b), (c) は三つの代表的場合 ($M_f^2<M_e^2<1$, $M_f^2<1<M_e^2$, $1<M_f^2<M_e^2$) の流れ場である．気相の流速がわかれば，粒子の速度は粒子の運動方程式から（たとえば粒子速度の一様流に直角な成分 V' に対しては $dV'/dt=(v'-V')/L_v$ から）見出される．この解は一般に境界に沿った流れを与えず，粒子の境界への付着または剝離を表す．

微分方程式の一般的性質から，物体近く ($x, y\ll L_q$) の流れ場は，階数の高い導関数（上の式では最初の項）によって支配され，物体から遠く離れた $x(x, y\gg L_q)$ 流れ場は，階数の低い導関数（上の式では最後の項）によって支配されることが知られている．実際に，完全に超音速 ($M_f>1$) の場合には，簡単な近似法によって，それをみることができる．上の例でいうと，物体の近く ($y\ll L_q$) では，$(M_f^2-1)^{1/2}\partial/\partial x+\partial/\partial y$ を除いて，$\partial/\partial y$ を $-(M_f^2-1)^{1/2}\partial/\partial x$ で置き替えることができる．そこで，

$$(M_f^2-1)^{1/2}\frac{\partial v'}{\partial x}+\frac{\partial v'}{\partial y}=-\alpha v' \tag{4.11}$$

を得る．ただし

$$\alpha=\frac{[(M_q^2-M_f^2)L_q^{-1}+(M_T^2-M_f^2)L_T^{-1}]}{2(M_f^2-1)^{1/2}}>0 \tag{4.12}$$

それゆえ

$$v'=\varepsilon e^{-\alpha y}\cdot H[x-(M_f^2-1)^{-1/2}y] \tag{4.13}$$

を得る．$H(x)$ はヘビサイドの単位階段関数を表す．一方，物体から遠く ($y\gg L_q$) では，$(M_e^2-1)^{1/2}\partial/\partial x+\partial/\partial y$ を除いて，$\partial/\partial y$ を $-(M_e^2-1)^{1/2}\partial/\partial x$ で置き替えることができる．そこで，

$$(M_e^2-1)^{1/2}\frac{\partial v'}{\partial x}+\frac{\partial v'}{\partial y}=D\frac{\partial^2 v'}{\partial x^2} \tag{4.14}$$

を得る．ただし，

$$D=\frac{[L_q(M_e^2-M_q^2)+L_T(M_e^2-M_T^2)]}{2(M_e^2-1)^{1/2}}>0 \tag{4.15}$$

それゆえ

$$v'=\frac{1}{2}\varepsilon\left\{1+\mathrm{erf}\left[\frac{x-(M_e^2-1)^{-1/2}y}{(4Dy)^{1/2}}\right]\right\} \tag{4.16}$$

を得る．erf は誤差関数を表す．上の結果から，くさびの先端からは普通の気体の場合と同じマッハ波が生じるが，くさびから離れるにつれて指数関数的に減衰し，遠くでは，その中心が平衡音速に対応するマッハ線に沿って伸び，その前後に拡散して広がる波の構造をもつことがわかる．実際に，図 4.5 に描かれた数値計算の結果はそのような振舞いを示している．しかし，もっとくわしい解析によれば，物体から遠くでは非線形効果が無視できなくなり，拡散は非線形性による波の突っ立ちとつり合って，弱い衝撃波の構造に落ち着く．

4.3.3 液体中に分散した気泡

次に，液体中に分散した気泡の場合を考えよう．前節で述べたように，波数 k が 0 から無限大まで（波長が無限大から 0 まで）変化するとき，圧力波の角振動数は 0 から ω_B（気泡の体積振動の固有角振動数）まで変化し，伝播の速さは平衡音速（最大音速）から 0 まで変化する．これは，液体中に分散した気泡の場合，純亜音速の流れが存在しないことを意味する．

一様な流れ中におかれた物体によって引き起こされる変動は，一様流の流速が平衡音速以上のとき，上流へ伝播することができず，流れ場は超音速流の特徴を示すと思われる．しかし，一様流の流速が平衡音速以下のとき，ある波数以下（ある角振動数以下）の変動はあらゆる方向に伝わり，亜音速流の性質をもつが，その波数以上（その角振動数以上で ω_B まで）の変動は伝播方向に制限を受け，超音速流の性質をもつ．それゆえ，一様流中におかれた物体によって引き起こされる変動が影響する領域は，流速が平衡音速以下のとき，変動の波数（角振動数）によって異なり，上流へは波数の大きい（角振動数の大きい）変動は伝わらない．このような流れ場の特徴は解析的にくわしく調べられている．実際に，3.7.2 項で与えた保存式で，蒸発・凝縮，重力，粘性および熱伝導を無視し，定常・2 次元流れを仮定し，速度滑りのない一様流からの摂動に対する方程式を導くと，

$$\delta^2\frac{\partial^2}{\partial x^2}\left(\frac{\partial^2 v'}{\partial x^2}+\frac{\partial^2 v'}{\partial y^2}\right)+(1-M^2)\frac{\partial^2 v'}{\partial x^2}+\frac{\partial^2 v'}{\partial x^2}=0 \tag{4.17}$$

を得る．ここで，$M^2=\alpha(1-\alpha)\rho_2 q^2/[1-2\alpha(1-\alpha)]p$，$\delta=q/\omega_B$，$M$ は平衡音速に関するマッハ数，ω_B は気泡の体積振動の固有角振動数を表す．

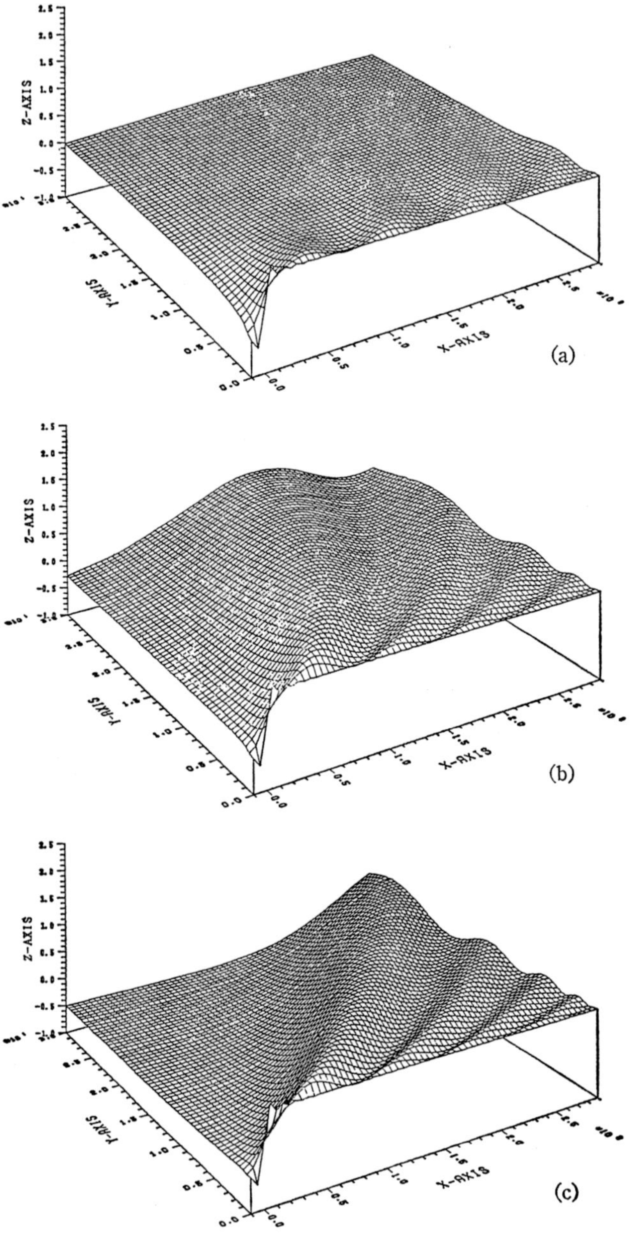

図 4.6　半無限くさびを過ぎる流れ（液体中に分散した気泡）
（y 方向の速度成分 v' の分布）
(a) $M^2<1$, (b) $M^2=1$, (c) $M^2>1$

薄い2次元物体を過ぎる流れの場は，上の方程式をxについてフーリエ変換し，その結果得られるyに関して2階の常微分方程式を物体上（$y=0$）および無限遠方（$y\to\infty$）における条件を満たすように解き，逆変換すると見出される．この場合はxおよびyに関して偶数階の導関数だけが含まれているので，解は容易に得られる．たとえば，正のx軸に沿っておかれた薄い対称半無限くさびを過ぎる流れに対する解は$M^2<1$の場合

$$v'=\frac{\varepsilon}{\pi}\int_0^{(1-M^2)^{1/2}}\exp\left[-\eta\lambda\left(\frac{1-M^2-\lambda^2}{1-\lambda^2}\right)^{1/2}\right]\sin(\xi\lambda)\frac{d\lambda}{\lambda}$$
$$+\frac{\varepsilon}{\pi}\int_{(1-M^2)^{1/2}}^{1}\sin\left[\left(\xi-\left(\frac{\lambda^2-1+M^2}{1-\lambda^2}\right)^{1/2}\eta\right)\lambda\right]\frac{d\lambda}{\lambda}$$
$$+\frac{\varepsilon}{\pi}\int_1^{\infty}\exp\left[-\eta\lambda\left(\frac{\lambda^2-1+M^2}{\lambda^2-1}\right)^{1/2}\right]\sin(\xi\lambda)\frac{d\lambda}{\lambda} \tag{4.18}$$

のように得られる．ここで$\xi=x/\delta$, $\eta=y/\delta$を表す．$M^2>1$の場合は，上の式で積分限界を示す$(1-M^2)^{1/2}$を0で置き替えればよい．したがって，第1項の積分は消える．上の解のいくつかの数値例を図4.6に示す．それらは$M^2=0.5$, 1および2の場合に，ηのいくつかの値に対して，ξに関するv'/ε（中心軸からη離れた流線の勾配をくさびの半頂角で割った値）の変化を表している．$M^2<1$の場合，上の式からも予想できるように，物体から少し離れた所に波状流れ場が現れるが，遠くでは消える．

$M^2>1$の場合で，$\eta\gg1$（くさびから遠く）の流れ場は，上の解で右辺の第2項の積分の$\lambda=0$付近からの寄与が支配的であることを考慮して，

$$v'=\frac{\varepsilon}{\pi}\int_0^{\infty}\sin\left[(\xi-(M^2-1)^{1/2}\eta)\lambda+\frac{M^2\eta}{2(M^2-1)^{1/2}}\lambda^3\right]\frac{d\lambda}{\lambda} \tag{4.19}$$

のように近似できる．そしてこれは

$$v'=\frac{1}{2}\varepsilon\left[1-\int_z^{\infty}Ai(\zeta)\,d\zeta\right] \tag{4.20}$$

と書ける．ただし，$z=(2/3\cdot(M^2-1)/M^2)^{1/3}[\xi-(M^2-1)^{1/2}\eta]/[(M^2-1)^{1/2}\eta]^{1/3}$，$Ai$はエヤリ（Airy）の関数で，$z\to\infty$で

$$Ai(z)\sim\frac{1}{2(\pi^2z)^{1/4}}\exp\left(-\frac{2}{3}z^{3/2}\right)$$
$$Ai(-z)\sim\frac{1}{(\pi^2z)^{1/2}}\cos\left(\frac{2}{3}z^{3/2}-\frac{\pi}{4}\right)$$

のように漸近表示できる．くさびから遠くでの流れ場は，$x=(M^2-1)^{1/2}y$の近くで指数関数的に変化し，その後振動しながら短い波長の変化に移っていく．く

さびから離れるにつれて，波の間隔は広がり，振幅は減少する．実際に，図 4.6 に描かれた上の解の数値計算例はそのような振舞いを示している．しかしもっとくわしい解析によれば，物体から遠くでは非線形効果が無視できなくなり，波状場の広がりや減衰は止まる．流れ場は定在したソリトンを表す．

4.4　流れ場に関するいくつかの基本定理

混相流のあるモデルに対応して，混相流を支配する基礎方程式（質量，運動量，エネルギーの保存式および関連した構成式）が閉じた形で与えられるとき，普通の流体力学にならって，それらを組み合わせて，ある条件の下で流れの一般的性質を示す簡単な形の関係式—基本定理—が存在するかどうかが問われてよい．しかし，混相流がより詳細に記述されるほど，混相流を支配する基礎方程式は複雑な形をとるので，それから簡単な形の関係式が見出される可能性は少なくなる．とくに，混相流に本質的とみられる相間の相対運動および温度差は内部摩擦および内部熱伝導の存在を意味し，非粘性・非熱伝導性流体にみられるような基本定理が一般的に成り立つ可能性はない．

4.4.1　ベルヌーイの定理とラグランジュの渦定理——均質モデル

相間の速度差および温度差が無視できるような理想的な混相流体（均質モデル）では，混相流体は密度，内部エネルギーといった熱力学的変数が特別な表式をもつ単相流体のように振る舞うから，ベルヌーイ（Bernoulli）の定理（流線に沿ったエネルギー保存を表す代数的関係式）およびラグランジュ（Lagrange）の渦定理（渦が発生・消滅しないことを保証する式）の成り立つことが，流体力学または気体力学におけるそれらと同じ方法で証明できる．まず，それらを簡単に述べておこう．

気体中に分散した固体粒子または液滴の場合，粘性および熱伝導性を無視するとき，運動方程式およびエネルギー式（(3.52), (3.53) 参照）から，

$$\frac{Dq_i}{Dt}+\frac{1}{(1+\nu)\sigma_1}\frac{\partial p_1}{\partial x_i}=g_i \tag{4.21}$$

$$\frac{Dh}{Dt}-\frac{1}{(1+\nu)\sigma_1}\frac{Dp_1}{Dt}=0 \tag{4.22}$$

ここで，$D/Dt=\partial/\partial t+q_j\partial/\partial x_j$ は流れに乗った時間微分，$h=(c_p+\nu c)T/(1+\nu)$

は混相流体のエンタルピー，c_p は気体の定圧比熱，c は固体または液体の比熱，$\nu=\sigma_2/\sigma_1$ は粒子の負荷率を表す．運動方程式と q_i の内積をとれば，

$$\frac{D}{Dt}\left(\frac{1}{2}q^2\right)+\frac{1}{(1+\nu)\sigma_1}\frac{Dp_1}{Dt}=\frac{1}{(1+\nu)\sigma_1}\frac{\partial p_1}{\partial t}+q_i g_i$$

これとエネルギー式とを加え合わせると，

$$\frac{D}{Dt}\left(\frac{1}{2}q^2+h-g_i x_i\right)=\frac{1}{(1+\nu)\sigma_1}\frac{\partial p_1}{\partial t}$$

の関係を得る．定常流では右辺の項が落ち，流れに沿って，

$$\frac{1}{2}q^2+h-g_i x_i=\text{const.} \tag{4.23}$$

の代数的関係式が成り立つ．これが気体中に分散した粒子の均質モデルに対するベルヌーイの定理である．

また，エネルギー式は次のように変形できる：

$$\frac{D}{Dt}(p_1\sigma_1{}^{-\gamma})=0$$

ただし，$\gamma=(c_p+\nu c)/(c_v+\nu c)$，$c_v$ は定積比熱である．それゆえ，流れに沿って，理想気体の場合と同じ形の断熱関係式が成り立つ：

$$p_1\sigma_1{}^{-\gamma}=\text{const.} \tag{4.24}$$

一方，運動方程式はベクトルの公式に従って

$$\frac{\partial q_i}{\partial t}+\frac{\partial}{\partial x_i}\left(\frac{q^2}{2}\right)-\varepsilon_{ijk}q_j\varepsilon_{klm}\frac{\partial q_m}{\partial x_l}=-\frac{1}{(1+\nu)\sigma_1}\frac{\partial p_1}{\partial x_i}+g_i$$

のように変形できる．また，上の断熱関係式により σ_1 は p_1 だけの関数として表されるから，

$$-\frac{1}{(1+\nu)\sigma_1}\frac{\partial p_1}{\partial x_i}=-\frac{\partial}{\partial x_i}\int\frac{dp_1}{(1+\nu)\sigma_1}$$

のように書ける．そこで，運動方程式の回転をとり，$\varepsilon_{ijk}\partial/\partial x_j(\partial\phi/\partial x_k)=0$（$\phi$ はあるスカラー量）を考慮し，$\omega_i=\varepsilon_{ijk}\partial q_k/\partial x_j$ で定義される渦度 ω_i を用いると

$$\frac{\partial\omega_i}{\partial t}-\varepsilon_{ijk}\frac{\partial}{\partial x_j}(\varepsilon_{klm}q_l\omega_m)=0 \tag{4.25}$$

の関係が得られる．これは，さらにベクトル公式 $\varepsilon_{ijk}\partial/\partial x_j(\varepsilon_{klm}q_l\omega_m)=q_i\partial\omega_j/\partial x_j-\omega_i\partial q_j/\partial x_j+\omega_j\partial q_i/\partial x_j-q_j\partial\omega_i/\partial x_j$（ただし $\partial\omega_j/\partial x_j=0$）および連続の式を変形して得られる関係 $\partial q_j/\partial x_j=\sigma_1 D/Dt(1/\sigma_1)$ を用いて次のように書き直すことができる：

$$\frac{D}{Dt}\left(\frac{\omega_i}{\sigma_1}\right)=\frac{\omega_j}{\sigma_1}\frac{\partial q_i}{\partial x_j} \tag{4.26}$$

この式から，ある時刻（$t=0$）に流れの全域で渦なし（$\omega_i=0$）であれば，その後も渦のないことがわかる．いわゆる，ラグランジュの渦定理が成り立つ．

液体中に分散した気泡の場合は，混相流体の運動方程式

$$\frac{Dq_i}{Dt}=-\frac{1}{\rho_2(1-\alpha)}\frac{\partial p}{\partial x_i}+g_i \tag{4.27}$$

および 2 相間に速度差がなく，状態変化が等温的である条件

$$\frac{p\alpha}{1-\alpha}=\frac{p_0\alpha_0}{1-\alpha_0}\equiv b \tag{4.28}$$

から

$$\frac{D}{Dt}\left(\frac{1}{2}q^2+\frac{p+b\cdot\ln p}{\rho_2}-g_ix_i\right)=\frac{\partial}{\partial t}\ \frac{p+b\cdot\ln p}{\rho_2}$$

の関係が得られる．定常流では右辺の項が落ち，流れに沿って

$$\frac{1}{2}q^2+\frac{p+b\cdot\ln p}{\rho_2}-g_ix_i=\text{const.} \tag{4.29}$$

の代数的関係式が成り立つ．これが均質気液 2 相流に対するベルヌーイの定理である．$\ln p$ の項が存在することに注意したい．これは，圧力が減少するにつれて，液体の流速が対数的に限りなく増加することを示している．これに関連したさらにくわしいことは 5.3.6 項「加速ノズル内の気泡流」で述べられる．

また，運動方程式を変形して得られる関係

$$\frac{\partial q_i}{\partial t}+\frac{\partial}{\partial x_i}\left(\frac{1}{2}q^2\right)-\varepsilon_{ijk}q_j\varepsilon_{klm}\frac{\partial q_m}{\partial x_l}=-\frac{1}{\rho_2}\frac{\partial}{\partial x_i}(p+b\cdot\ln p)+g_i$$

の回転をとれば，

$$\frac{\partial\omega_i}{\partial t}-\varepsilon_{ijk}\frac{\partial}{\partial x_j}(\varepsilon_{klm}q_l\omega_m)=0 \tag{4.30}$$

を得る．そこで，先の気体中に分散した固体粒子の場合と同じ要領で，

$$\frac{D}{Dt}\ \frac{\omega_i}{1-\alpha}=\frac{\omega_j}{1-\alpha}\frac{\partial q_i}{\partial x_j} \tag{4.31}$$

を得る．したがって，この場合にもラグランジュの渦定理が成り立つ．

4.4.2　流線に沿ったエネルギー式，渦度の式

a.　希薄粒子モデルの場合

均質流に対してベルヌーイの定理およびラグランジュの渦定理を導いた上の手法を，希薄粒子モデルに用いるとき，どのような結果が得られるだろうか．混合体モデルの基礎方程式（3.46）～(3.51）から，定常流の場合，

$$\sigma q_j \frac{\partial}{\partial x_j}\left(\frac{1}{2}q^2+h-g_i x_i\right)=-\frac{\partial}{\partial x_j}\left(q_i \sum_k \sigma_k w_{ki} w_{kj}\right)$$
$$-\frac{\partial}{\partial x_j}\left(\sum_k \sigma_k\left(h_k+\frac{1}{2}w_k{}^2\right)w_{kj}\right) \quad (4.32)$$

を得る．$q_j\partial/\partial x_j$ は流れに乗った時間微分（定常流の場合）を表している．これは，右辺が消えない限り，すなわち速度差 $w_{ki}(=q_{ki}-q_i)$ または粒子の負荷率 $\nu=\sigma_2/\sigma_1$ が無視できない限り，流線に沿ってエネルギー保存式が代数方程式の形に表せないことを示している．

一方，渦度の式に関する計算は，混合体モデルを用いると

$$\sigma\left(\frac{\partial}{\partial t}+q_j\frac{\partial}{\partial x_j}\right)\frac{\omega_i}{\sigma}=\omega_j\frac{\partial q_i}{\partial x_j}-\varepsilon_{ilm}\frac{\partial}{\partial x_l}\left(\frac{1}{\sigma}\frac{\partial p}{\partial x_m}\right)$$
$$-\varepsilon_{ilm}\frac{\partial}{\partial x_l}\left(\frac{1}{\sigma}\frac{\partial}{\partial x_n}\left(\sum_k \sigma_k w_{km} w_{kn}\right)\right) \quad (4.33)$$

の関係を導く．σ が p だけの関数として与えられない限り，そして速度差または粒子の負荷率が無視できない限り，渦定理は成り立たない．

2 流体モデルを用いると，t_q=const. と仮定して，粒子相および流体相に対して，それぞれ，

$$\sigma_2\left(\frac{\partial}{\partial t}+q_{2j}\frac{\partial}{\partial x_j}\right)\frac{\omega_{2i}}{\sigma_2}=\omega_{2j}\frac{\partial q_{2i}}{\partial x_j}+\frac{1}{t_q}(\omega_{1i}-\omega_{2i}) \quad (4.34)$$

$$\sigma_1\left(\frac{\partial}{\partial t}+q_{1j}\frac{\partial}{\partial x_j}\right)\frac{\omega_{1i}}{\sigma_1}=\omega_{1j}\frac{\partial q_{1i}}{\partial x_j}+\frac{\nu}{t_q}(\omega_{2i}-\omega_{1i})$$
$$+\frac{1}{t_q}\varepsilon_{ijk}\frac{\partial \nu}{\partial x_j}(q_{2k}-q_{1k})$$
$$-\varepsilon_{ijk}\frac{\partial}{\partial x_j}\left(\frac{1}{\sigma_1}\frac{\partial p_1}{\partial x_k}\right)-\varepsilon_{ijk}\frac{\partial \nu}{\partial x_j}g_k \quad (4.35)$$

の関係が得られる．これらの関係は，もし $\nu=\sigma_2/\sigma_1\ll 1$（粒子の負荷率が非常に小さい）ならば，両相に対して，渦定理が近似的に成り立つことを示している．

これに関連して，二，三の流れの性質について注意しておきたい．

まず，気体の圧縮性および重力の効果が無視できて（σ_1=const., $g_i=0$），緩和時間が十分大きいならば（$t_q\gg x/q_1$），粒子の負荷率が大きいときにも（$\nu\gg 1$），

$$\omega_{2i}=0, \qquad \frac{\partial \omega_{1i}}{\partial t}+q_{1j}\frac{\partial \omega_{1i}}{\partial x_j}-\omega_{1j}\frac{\partial q_{1i}}{\partial x_j}=-\frac{\nu}{t_q}\omega_{1i} \quad (4.36)$$

の関係が成り立つ．これは，最初の時刻に流れのいたる所で渦なしであれば，その後も渦のないことを示すだけでなく，たとえ最初の時刻に気体中に渦が存在しても，流れに沿って指数関数的に減衰することを示している[11]．なぜなら，上式

で $\omega_{1i}=A\omega_{0i}$（ω_{0i} は $\nu/t_q\to 0$ における渦度）とおけば，$(\partial/\partial t+q_{1j}\partial/\partial x_j)A=-\nu/t_q\cdot A$ の関係が得られる．

物体を過ぎる流れで生じる気流と粒子流の分離およびそれに伴う渦の発生については，5.1 節にくわしく述べられている．

また，気体が非圧縮性の場合（$\sigma_1=\text{const.}$）のポテンシャル流れ（$\omega_{1i}=\omega_{2i}=0$）では，

$$\left(\frac{\partial}{\partial t}+q_{2j}\frac{\partial}{\partial x_j}\right)\ln(\sigma_2)=-\frac{\partial q_{2i}}{\partial x_i}>0 \tag{4.37}$$

の成り立つことが示されている[12]．この関係は，ポテンシャル流れ（渦なし流れ）では，粒子密度が流線に沿って一方的に増大することを表している．

最初の等式は質量保存式から導かれる．また，最後の不等式は次のようにして示される．粒子の運動方程式の発散をとれば，

$$\left(\frac{\partial}{\partial t}+q_{2j}\frac{\partial}{\partial x_j}\right)\frac{\partial q_{2i}}{\partial x_i}+\frac{1}{t_q}\frac{\partial q_{2i}}{\partial x_i}=-\frac{\partial q_{2i}}{\partial x_j}\frac{\partial q_{2j}}{\partial x_i}$$

の関係が得られる．右辺の項は $e_{2ij}:e_{2ij}-1/4(\omega_{2i}\cdot\omega_{2i})$ の形に書ける．ただし e_{2ij} は粒子の速度勾配テンソル $\partial q_{2i}/\partial x_j$ の対称部分を表す．ポテンシャル流れ（渦なし流れ）では右辺の項が負になり，したがって，流れに乗って $\partial q_{2i}/\partial x_i<0$ となる．

b. 希薄気泡モデルの場合

希薄気泡モデルの基礎方程式 (3.74)～(3.76) から，前節と同じ要領で，定常流れに対して

$$\rho_2(1-\alpha)q_{2j}\frac{\partial}{\partial x_j}\left(\frac{1}{2}q_2{}^2\right)+q_{2j}\frac{\partial p}{\partial x_j}=q_{2i}\frac{\partial\tau_{ij}}{\partial x_j}+\rho_2(1-\alpha)g_iq_{2i} \tag{4.38}$$

が得られる．ρ_2 は液体の密度，q_{2i} は液体の流速，p は混相流体の圧力，τ_{ij} は (3.76) で与えられている．したがって，相間の速度差またはボイド率が無視できない限り，流線に沿ったエネルギー式は代数形式に書くことはできない．

また，渦度の式は，前節と同じ要領で

$$\left(\frac{\partial}{\partial t}+q_{2j}\frac{\partial}{\partial x_j}\right)\left(\frac{\omega_{2i}}{1-\alpha}\right)=\frac{\omega_{2j}}{1-\alpha}\frac{\partial q_{2i}}{\partial x_j}-\frac{1}{\rho_2(1-\alpha)}\varepsilon_{ijk}\frac{\partial}{\partial x_j}\left(\frac{1}{1-\alpha}\right)\frac{\partial p}{\partial x_k}$$
$$+\frac{1}{\rho_2(1-\alpha)}\varepsilon_{ijk}\frac{\partial}{\partial x_j}\left(\frac{1}{1-\alpha}\right)\frac{\partial\tau_{kl}}{\partial x_l} \tag{4.39}$$

のように書ける．したがって，ボイド率 α が圧力 p だけの関数でない限り，そして相間の速度差またはボイド率が無視できない限り，渦定理は一般に成立しない．ボイド率が十分小さい（$\alpha\ll 1$）場合には，密度の大きい液体に対して渦定理

が近似的に成り立つが，たとえ液相が渦なし流であっても，気泡の運動方程式(3.80)が示すように，その加速反作用（仮想慣性力）のため，気泡は一般に渦定理には従わない．

4.5 混相流体の熱力学的性質

混相流体に対する状態方程式，内部エネルギー，エンタルピー，ヘルムホルツの自由エネルギー，熱力学ポテンシャルといった熱力学的関数，また，ギブズ(Gibbs)の関係，ギブズ-デュエム（Duhem）の関係といった主要な熱力学的関係が，多重構造をもつ混相流の各スケールで，どのように表現されるか，また，非可逆過程または非平衡過程の測度となるエントロピーの変化が，混相流のどのような過程と結びついて，どのように表現されるかは，混相流を理解するうえで重要である．

とくに，相変化を伴う混相流に対して，それらがどのように表されるかは，相変化の速度に対する表式とともに，非常に関心がもたれるところである．しかし，相変化を伴う混相流では，分子のスケールから平均化のスケールまでの構造の各段階における現象・過程は複雑であり，相互に強く関係していると考えられる．したがって，簡単な議論では片づかない内容をもっていると思われる．

4.5.1 熱力学的変化と流れ場の特性時間

気体の場合を考えれば理解しやすいように，温度や圧力といった熱力学的変数は，平衡状態においてのみ一意的に決まる．すなわち，気体運動論によれば，内部構造のない分子の温度 T および圧力 p は，それぞれ，

$$\frac{3}{2}kT=\frac{\int\frac{1}{2}mC^2fdc_l}{\int fdc_l} \quad \text{および} \quad p=\frac{1}{3}\int mC^2fdc_l \tag{4.40}$$

で定義される（k：ボルツマン定数，m：分子の質量，C：分子のランダム運動の速度）．そして，それらの値は分子の速度分布関数 f の形によって異なる．気体が平衡状態にあれば，f はボルツマン分布 $f=n(m/2\pi kT)^{3/2}\exp(-mC^2/2kT)$（$n$：粒子密度）となり，それらの値は一意的に決まる．このことは（熱力学的変数が平衡状態においてのみ一意的に決まることは），液体や固体についてもいえることである．そこには，熱力学的特性を平衡に導く分子間相互作用に対する特性時

間が存在する．

相変化（蒸発・凝縮または融解・凝固）および成分変化（化学反応，解離，電離など）を伴う場合は，熱力学で知られているように，平衡状態でのみ各相および各成分の比率が（熱力学ポテンシャルが極小値をとる条件から）一意的に決まり，温度と圧力の関数として与えられる．そこには，相変化や成分変化に対する特性時間が存在する．相変化や成分変化の物理的過程を考えればわかるように，相変化や成分変化に対する特性時間は，熱力学的変数の変化に対する特性時間に比べて十分大きい．

混相流体の流れでは，この章の初めに述べたように，その多重構造により，いろいろな特性時間が存在する．大きな方から順に，混相流体の流れ場の特性時間，混相流体の輸送の特性時間，局所・瞬時的な流れ場の特性時間がある．これらの流れ場の特性時間と上に述べた熱力学的変化および相変化・成分変化の特性時間との相対的な大きさによって，いろいろな熱力学的非平衡または/および化学的非平衡の状態にある混相流体の流れ場が存在しうる．

混相流体の状態が，局所・瞬時的な値の平均化によって決定できるためには，まず，熱力学的変化および化学変化の特性時間が，局所・瞬時的な流れ場の特性時間に比べて十分小さくなければならないが，さらに，混相流体の状態が一意的に決定できるためには，平均化の空間・時間にわたって熱力学的変数の変化が十分小さくなければならない．このような事情を考えると，混相流れにおいて状態が一意的に決定できるためには，かなり大きな制限がある．

4.5.2　混相流体の熱力学的変数

基礎方程式のところで述べたように2流体モデルでは，熱力学的変数（たとえば温度 θ）の相平均 $\overline{\theta_k}$ は，

$$\alpha_k\overline{\theta_k}=\langle X_k\theta\rangle$$
$$=\frac{1}{TL^3}\int_{t-T}^{t}\int_{x_1-L/2}^{x_1+L/2}\int_{x_2-L/2}^{x_2+L/2}\int_{x_3-L/2}^{x_3+L/2}X_k(\tau,\xi_i)\theta(\tau,\xi_i)d\xi_1 d\xi_2 d\xi_3 d\tau \quad (4.41)$$

で定義された．また，混合体モデルでは，熱力学的変数（たとえば温度 θ）の全体としての値は

$$\theta=\sum_k \alpha_k\overline{\theta_k} \quad (4.42)$$

で定義された．それゆえ，θ または $\overline{\theta_k}$ が一意的に決定できるためには，局所・瞬時的な流れ場の各点で熱力学的平衡状態（またはそれに十分近い状態）になけ

ればならない．

圧力についても同じことがいえる（平均化した圧力の値が決定できるためには，局所・瞬時的な流れ場の各点で熱力学的平衡状態になければならない）．これに関連して注意すべきことは，固体を剛体と仮定すれば，固体に対して圧力が定義できないことである．この場合には，粒子の表面における法線応力の平均値で近似される．

内部エネルギーおよびその他の熱力学的関数についても同じことがいえる．混合体モデルでは，混合体全体のエネルギー保存則を単相流体の場合と同じ形に表すためには，3.5節「混合体モデル」のところで与えたように，拡散速度に関する項を内部エネルギーに含めなければならない．

たとえ局所・瞬時的な流れ場の各点で熱力学的変数が一意的に決定できたとしても，平均化する空間・時間にわたって大きく変化すれば，平均化された熱力学的変数は，平均化する空間・時間内でのそれらの値の分布状況によって異なり，一意的には決まらない．したがって，平均化した熱力学的変数の間に成り立つ関係も，一意的に与えることができない．単相流体における熱力学的関係に準じて，混相流体における熱力学的関係を得るためには，平均化する空間・時間にわたって熱力学的変数の一様性を仮定することが要求される．一般に2相間に速度差があれば，すべての力学的および熱力学的変数は粒子のまわりの場所によって変わり，平均値のまわりに変動を与える．平均化する空間・時間にわたり一様性が成り立つためには，変動もまた十分小さくなければならない．そのためには，粒子は小さく，希薄でなければならない．

4.5.3 熱力学的関係とエントロピーの式

局所・瞬時的な流れ場における単相物質に対するギブズ-デュエムの関係は

$$\frac{1}{\rho_k}dp_k=d\mu_k+s_k dT_k \tag{4.43}$$

で与えられる．ρ_k は密度，p_k は圧力，s_k は比エントロピー（単位質量当りのエントロピー），T_k は温度，μ_k は化学ポテンシャル（単位質量当りの熱力学ポテンシャル），添字 k は k 相に関する量であることを示す．μ_k と比内部エネルギー e_k との間には，次の熱力学的関係が成り立つ：

$$\mu_k=e_k-T_k s_k+\frac{p_k}{\rho_k} \tag{4.44}$$

いま，平均化する空間・時間にわたって熱力学的示強変数（各相・各成分の質量比率に関係しない変数）の一様性を仮定する[13]．そこで，(4.43) および (4.44) を単位体積にわたって平均すれば，それぞれ，

$$\alpha_k dp_k = \alpha_k \rho_k d\mu_k + \alpha_k \rho_k s_k dT_k \tag{4.45}$$

$$\alpha_k \rho_k \mu_k = \alpha_k \rho_k e_k - \alpha_k \rho_k T_k s_k + \alpha_k p_k \tag{4.46}$$

となる．(4.46) を微分し，それから (4.45) を引き算すると

$$d(\alpha_k \rho_k e_k) = T_k d(\alpha_k \rho_k s_k) - p_k d\alpha_k + \mu_k d(\alpha_k \rho_k) \tag{4.47}$$

の関係が得られる．(4.47) は，単相物質に対するギブズの式

$$de_k = T_k ds_k - p_k d\frac{1}{\rho_k} \tag{4.48}$$

を混相流体の単位体積にわたって平均した式に対応している．

3.4 節の 2 流体モデルのところで与えた質量，運動量，エネルギーの保存式 (3.37)～(3.39) から，熱力学的量に関するエネルギー保存式を求めると，

$$\alpha_k \rho_k \left(\frac{\partial}{\partial t} + q_{kj}\frac{\partial}{\partial x_j}\right) e_k = \alpha_k T_{kij}\frac{\partial q_{ki}}{\partial x_j} - \frac{\partial}{\partial x_i}\alpha_k Q_{ki} + E_k - q_{ki}M_{ki} + \left(\frac{1}{2}q_k^2 - e_k\right)\Gamma_k \tag{4.49}$$

(4.47) と (4.49) の間で e_k を消去すれば，

$$\alpha_k \rho_k T_k \left(\frac{\partial}{\partial t} + q_{kj}\frac{\partial}{\partial x_j}\right) s_k = -p_k\left(\frac{\partial}{\partial t} + q_{kj}\frac{\partial}{\partial x_j}\right)\alpha_k + \alpha_k T'_{kij}\frac{\partial q_{ki}}{\partial x_j} - \frac{\partial}{\partial x_i}\alpha_k Q_{ki} + (E_k - q_{ki}M_{ki}) + \left(\frac{1}{2}q_k^2 - h_k\right)\Gamma_k \tag{4.50}$$

の関係が得られる．ここで，$T'_{kij} = T_{kij} + p_k \delta_{ij}$（粘性応力）および $h_k = e_k + p_k/\rho_k$（比エンタルピー）が用いられた．(4.50) の左辺はエントロピーの流れに乗った時間的変化に対応しており，右辺はエントロピーを変化させる原因を示している．それは，右辺の五つの項が示しているとおり，流れに沿った体積比率の変化に伴う仕事，粘性摩擦，熱伝導，界面エネルギーの変化および相変化に関連している．流れに沿って各相のエントロピーが変化しないためには，これらの各項が消えなければならない．

4.6　混相流における乱れ

4.6.1　混相流におけるランダム変動

分離した粒子相が連続した流体相内にランダムに配置され，両相が相対的に運

動するとき，そのような流れ場は常にランダムな運動を伴う．つまり，混相流では，流体力学的に不安定でなくても，ランダムな変動が発生する．このようなランダムな変動の特性，すなわち，変動の大きさやパワースペクトル密度などは，ランダムに分散した粒子の大きさ，粒子間の距離および粒子相と流体相の間の相対速度に関係する．たとえば，水中を上昇する気泡流では，気泡の直径および数密度が大きいほど，大きな水の変動を与えるであろう．また，相対速度が大きいほど，高い振動数の変動が現れるであろう．

粒子のランダムな変動については，すでに3.2節「粒子追跡法」のところでくわしく述べられている．粒子のランダムな変動を引き起こす原因は，大部分，上に述べた粒子配置の変化および周囲流体との相対運動により，流体が粒子に及ぼすランダムな力にある．しかし，そのほかにも，粒子が非常に小さい場合にはブラウン運動によって，また，粒子が重くかつ粒子密度が大きい場合には，粒子どうしの直接衝突によっても引き起こされる．

もちろん，混相流には，流体力学的な不安定から生じる乱れも起こりうる．流体力学的な不安定は混相流の多重構造のいろいろなレベルで起こるであろう．局所・瞬時的な流れ場の不安定性から生じる乱れ，たとえば，流体に対して大きな相対速度をもつ粒子から剝離した渦後流は，周囲の粒子にランダムな変動をもたらすであろう．また，4.7節で述べられるボイド波不安定のように，平均化した流れ場で生じる乱れも，ランダムな変動を助長するであろう．そして，これらの流体力学的な不安定から流れに生じた乱れは，粒子と相互作用し，また，先に述べた混相流に特有なランダム変動と干渉し合って，あるときは乱れを抑制し，また，あるときは乱れを助長するであろう．これらの事実は，断片的に数多く観測されているが，その全容および統一された理解はまだ得られていない．

4.6.2 混相流における乱流

混相流における乱流が単相流におけるそれと違うのは，主として，流れの分散相（固体粒子，気泡，液滴など）と周囲連続相（気体，液体）との間に存在する相対運動（時間平均量としてのマクロの相対運動と乱れの渦のスケールにおける相対運動），および空間的に不連続な界面が存在し，その空間分布が時間的に変化することに起因する成分を有する点にある．

たとえば，いま容器内の静止した液体中を上昇する気泡列を考えてみよう．もちろん，気泡は浮力の効果によって静止した液体に対して正の相対速度をもつ．

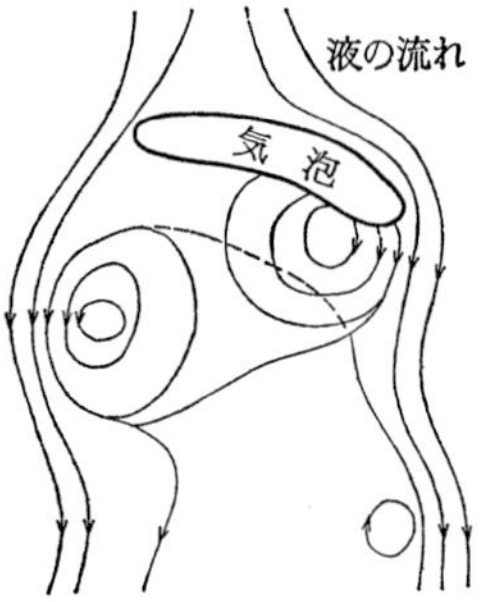

図 4.7　水中を上昇する空気泡の背後にできる渦[14)]

ストークス法則に従う小さな球形気泡の場合を除くと，上昇する気泡の後には後流と呼ばれる渦が形成される（図 4.7）．この渦は一般的な意味での乱流とは異なるものであるが，後続して上昇する気泡は，先行気泡によって形成されたこの時間的，空間的に不規則な流れ場の影響を受けて，規則的ならせん運動やジグザグ運動に不規則運動が重畳した挙動を示す．その結果，先行する気泡の後流に比べて空間的，時間的によりいっそうの不規則性を有する乱れの渦を形成することになる．気泡が空間的に密に存在すると，おのおのの気泡によって形成された渦どうしの干渉や渦と気泡との干渉の結果，乱れはより広い空間領域にわたって広がり，増幅される．それとともに乱れのスケールはしだいに細分化し，そのエネルギーは粘性によって散逸される．分子に比べてはるかに形状の大きい気泡が統計的に拡散粒子と同等の振舞いを呈するのも，実は，上に述べた気泡運動と周囲流体との干渉によって気泡特有の規則的運動にランダム性が加わった結果である．

流動系混相流における乱れは，上に述べたような気泡または固体粒子や液滴（以下，粒子と総称する）と周囲流体との間のマクロな相対運動に起因するものと，連続相の乱れの渦と粒子固有のもっとスケールの小さなランダム運動との相対運動に起因するものとがある．また，管内流のように壁面が存在する場合には，壁面から組織的に発生する規模の大きなエジェクションと粒子との相互作用によって乱れの発生が影響を受ける．さらに，流体力学的不安定性から派生する時間・空間スケールの大きな乱れや，それによる混相流特有の時間・空間スケールの小さなランダム変動との干渉を通して発生する乱れも存在する．本項では，粒子–流体間の相対運動に基づく乱れ，および粒子–壁面の相互作用について述べる．

a.　粒子–流体間の相対運動による乱れ

混相流における連続相の乱れの強さを局所的にみた場合，それが単相流の場合に比べて大きくなるか，あるいは小さくなるかは（turbulence modulation または turbulence modification と呼ぶ），すでに述べたように，主として流れ場の局所構造によって決まるが，混相流を構成する不連続相である粒子の大きさや形状にも大きく依存することが知られている．

たとえば，固体粒子や液滴微粒子を含む流れでは，一般に粒子径が小さい場合には粒子の存在によって乱れが減少し，粒子径が大きい場合には乱れは大きくなる傾向がある[15]．しかし，粒子径が小さな場合でも，粒子の大きさがある乱れのスケール（たとえば，コロモゴロフ・スケール）よりも小さな場合と大きな場合とでは粒子の存在によって乱れが受ける影響は異なると考えられている．こうした粒子の大きさによる違いは粒子のもつ慣性によるといわれている．粒子はそれを取り囲む渦または流体塊の運動にある程度追従するが，粒子の慣性が大きくなると，粒子はそれを囲む渦または流体塊から飛び出し，別の渦や流体塊と出会い，この過程を繰り返す．すなわち，瞬間的な粒子速度と流体速度との間に差が生じる．粒子のこの瞬間的な加速・減速過程で，粒子，流体とも相互に抗力を受け，結局，流体のもつ乱れのエネルギーは粘性によって散逸される（小さな粒子ほど体積に対する表面積の比が大きく，単位体積当りのエネルギー散逸は大きくなる）．すなわち，連続相の乱れは減少する（energy damping）．これは，小さな粒子の存在によって連続相の乱れのエネルギースペクトルが影響を受け，その高波数成分が減少することによってもうかがい知ることができる[16]．また粒子径がコロモゴロフ・スケールと同程度か，やや大きい場合には，エネルギースペクトルは相対的に高波数成分が増加するとの報告がある[17]．

一方，粒子の大きさがある程度大きくなると，慣性が大きくなるため，流体塊の運動に対する追従性が悪くなる．そのため，大きな粒子の運動は乱れの渦の影響を受けず，逆に，流れに対してあたかもグリッドのように振る舞う結果，一般には流体の乱れが促進されると考えられている．

このような粒子による連続相流れの乱れの変化は，上に述べたように，粒子の大きさと乱れのスケールとの相対的な大小関係に依存して，抑制，促進のいずれかとなる．図 4.8 はこのような観点から，粒子の存在による連続相の乱れの変化（ただし，流路の中心における乱れ）を，粒子径/乱れスケール比として

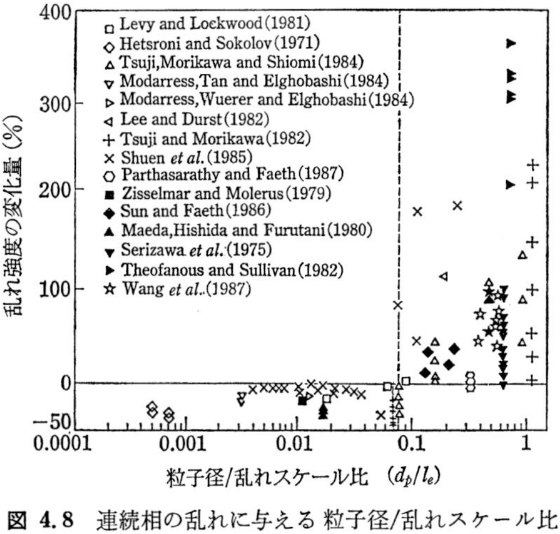

図 4.8　連続相の乱れに与える粒子径/乱れスケール比の影響[18]

整理したものである[18]．このモデルには気液系での測定結果も一部含まれており（ただし，l_eは乱れの積分スケール），系統的な傾向が示されている．しかし，上に述べたことから明らかなように，乱れの渦による粒子の加速・減速に関する空間的または時間的スケールも連続相の乱れに大いに関係するであろうと想像される．粒子による乱れのモデル化は，2流体モデルや粒子追跡モデルなどを用いてなされているが，乱れの抑制，促進のいずれをも系統的に説明できる機構論的なモデルは現在のところ見当らない[19]．

気泡を含む混相流れの乱れについても，固体粒子を含む流れで観察されたと同様な連続相（液相）の乱れの抑制や促進が起こる．その機構には両者間に共通する面もある．たとえば，乱れの渦または流体塊の運動に対する粒子挙動の追従性に関する機構は気液系でも成り立つはずである．また，マクロな相間の相対運動による乱れの生成機構も共通するであろう．しかし，気泡が固体粒子と大きく異なる点は，気泡では，気液界面が時間的，空間的にたえず変形を繰り返し，場合によっては気泡どうしの合体や分裂を伴うことである．したがって，気泡を含む流れでは固体粒子を含む流れとは異なった乱れの生成・抑制機構の存在も考えられる．

たとえば，気泡と同じ程度の大きさを有する流体の渦が気泡に衝突する場合を考えてみよう．この衝突によって，気液界面（気泡表面）は，その流体の渦の大きさや渦のもつ運動量や衝突の角度に応じた変形をする．この界面の変形は一般には気液界面積の増加を伴う．すなわち，乱れの運動エネルギーの一部が気液界面構造維持のためのエネルギー（表面張力エネルギー）に転換される．そして，気液界面に衝突した渦は，界面との相互作用を通していくつかの小さな渦に細分化されたり，粘性によってその運動エネルギーの一部を失う．このように，時間的，空間的に変形しうる気液界面の存在は，連続相の乱れを減少させる作用を有することになる（5.2節参照）．

一方，気泡の大きさに比べてスケールの非常に小さい渦が，気泡との衝突によって，さらにいっそう小さな渦に細分化される確率は大きな渦に比べ小さい．単相流の乱れのエネルギースペクトルに比べ，気泡流（5.2節参照）の乱れのエネルギースペクトルが低波数成分で減少し，高波数成分で増加する[20~23]のはこの理由によるとみられる．固体粒子や液滴微粒子系混相流れでは，粒子の存在は，連続相流れのエネルギースペクトルの高波数領域に影響を及ぼし，高波数成分を減少または増加させると報告されている[16,17]．この実験的傾向は気液系での測定結果とは必ずしも一致しない．これは，主な乱れ抑制・促進機構が両者で異なる可能性を示唆するものであるが，現在のところ詳細は明らかでない．

b.　粒子-壁相互作用

乱流境界層中で低速流体塊が壁面から流れのコア部に急激に飛び出すエジェクション（ejection）は，運動量（とくにレイノルズ応力）輸送，エネルギー輸送，乱れエネルギーの生成などの点で重要である．その発生の機構については種々の推測がなされている．たとえば，図 4.9 に示されるように，壁面付近に形成さ

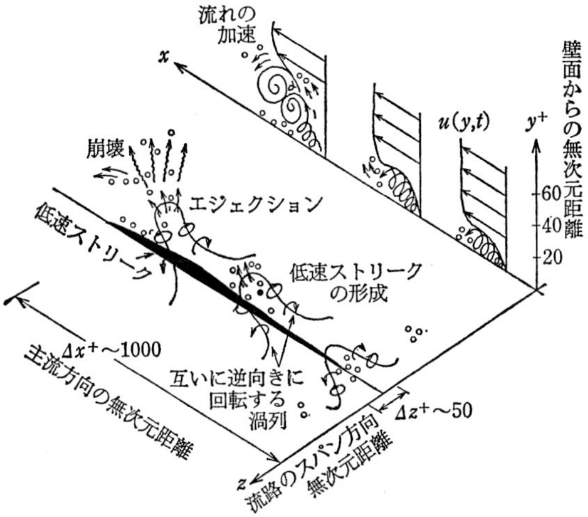

図 4.9　壁面近傍におけるエジェクションと粒子輸送[24)]

れ，互いに逆向きに回転している一対の渦列から低速流体塊のランダムなバースティング（bursting）によって引き起こされ，その後に高速流体塊が壁面領域に流入するとみる説[24)]や，壁面付近に存在していた縦渦が壁面に向かう高速流体と干渉し，その結果，縦渦の一部が壁面から離れたものであり，高速流体の壁面近傍への流入はコア領域に存在する大きなスケールの渦運動と関係していると考える説[25)]などあり，その全容や統一的理解は得られていない．しかしながら，この壁面からのエジェクションや境界層流れのストリーク構造が流れの中に存在する粒子によって影響されることが報告されている．

たとえば，鮎川[25)]によれば，エジェクションには粘性層から出るものと，渦状のものが飛び出すものとの二つのタイプがあり，粒子は後者に影響すると推測している．すなわち，渦状のエジェクションが壁面から流路中央方向に飛び出す場合の到達距離が固体粒子によって制限され，短くなることを観察している．

一方，最近の流れの可視化による研究では[24)]，粒子は壁面近傍の低速のストリ

ーク構造の部分に選択的に蓄積し，低速流体によって巻き上げられた後，エジェクションによって流れのコア方向に輸送されるという．したがって，粒子混入によってエジェクションの発生頻度や速度が変化することになる．大きな粒子（～1100 μm）の場合にはエジェクションの頻度が増加し，したがって，乱れの強さやレイノルズ応力が増加する．小さな粒子（120 μm）では，反対にエジェクションの頻度が減少し，乱れやレイノルズ応力も減少する結果を得ている．このような傾向は粒子の混合比（loading）を増すといっそう顕著になると報告されている．

4.7　混相流に特有な不安定化および安定化の機構

4.7.1　多重構造と不安定性

混相流における不安定化の機構は，混相流の多重構造におけるいろいろなスケールの流れ場で存在しうる．

たとえば，液体中に分散した気泡の合体は，相互に接触するほど接近した気泡間にできる液膜の不安定化の機構による[26]．また，気流中における液体の微粒化または噴霧化が界面で表面張力によるコントロールが効かなくなったジェット流の不安定な振動の結末であることは古くから知られている[27]．気流と大きな相対速度をもつ，気流中に存在する固体粒子の後に発生する剝離渦に関連した乱れは，粒子レベルでの不安定化機構とみなすことができる．また，プラズマ流における内部不安定（プラズマを構成する荷電粒子の速度分布に関連した不安定）に類似して，連続した流体場中での粒子の運動に関連した不安定化の機構も示唆されている[28]．

混相流のいろいろなスケールの流れ場で，どのような種類の不安定化の機構が存在し，あるスケールの流れ場での不安定が他のスケールの流れ場にどのような形でその影響を及ぼすかは非常に興味ある問題であるが，まだ十分に研究されていない．

たとえば，以下に述べる流動層の不安定[29]として知られているものは，粒子集団に働く浮力と慣性力の不均衡によって生じる，多数の粒子を含む混相流体のスケールでの混相流に特有な不安定化の機構であるが，同時にその不安定によって励起された粒子のランダムな運動が，逆にその不安定を抑制する安定化の機構となる．流動層の不安定は，ボイド波（または濃度波）の不安定性に関係しており，混相流に特有な不安定化および安定化の機構の代表的な例であるとともに，それらを理解するうえで非常に有用であると思われる．

4.7.2 流動層不安定

4.2節で述べたように，ボイド波は混相流体の流速に近い速度で伝播する．したがって，流速が圧力波（音波）の伝播速度に比べて十分小さいような流れでは，気体を非圧縮性流体とみなすことができる．この仮定により，エネルギー式を議論からはずすことができる．しかし，流速が小さいと，運動方程式で慣性力が小さくなり，重力が重要な役を演じる．ボイド波不安定を議論するためには，まず，合理的な基礎方程式を閉じた形で与えなければならない．ここでは，3.9節で粒子に運動論を用いて与えた粒子間の相互作用の効果を考慮した基礎方程式を用いる[30]．

基礎方程式は本質的に2流体モデルに対応する式である．粒子相および流体相に対する質量保存式と運動量保存式は，ボイド率αを用いて，

$$\frac{\partial}{\partial t}(1-\alpha)+\frac{\partial}{\partial x_i}(1-\alpha)v_i=0 \tag{4.51}$$

$$\rho_2(1-\alpha)\left(\frac{\partial v_i}{\partial t}+v_j\frac{\partial v_i}{\partial x_j}\right)=-\frac{\partial p_p}{\partial x_i}+\frac{p_p}{\nu}\frac{\partial}{\partial x_j}\left(\frac{\partial v_i}{\partial x_j}+\frac{\partial v_j}{\partial x_i}-\frac{2}{3}\frac{\partial v_k}{\partial x_k}\delta_{ij}\right)$$
$$+\rho_2(1-\alpha)g_i+\rho_2(1-\alpha)R(u_i-v_i) \tag{4.52}$$

$$\frac{\partial \alpha}{\partial t}+\frac{\partial}{\partial x_i}\alpha u_i=0 \tag{4.53}$$

$$-\frac{\partial}{\partial x_i}\alpha p-\rho_2(1-\alpha)R(u_i-v_i)=0 \tag{4.54}$$

のように表される．ここで，p_pおよびT_pは

$$p_p=kT_pn=\frac{1}{3}\int mC^2f(t, x_i, c_i, \theta)\,dc_l d\theta \tag{4.55}$$

で定義される粒子速度のランダムな変動に関連した粒子の疑似圧力および疑似温度である（f：粒子の速度分布関数，m：粒子の質量，$C^2=(c_i-v_i)(c_i-v_i)$，c_i：粒子の速度，v_i：粒子の平均速度，θ：粒子の温度，n：粒子の数密度，k：ボルツマン定数）．νは粒子間の相互作用の強さを表す（BGKモデルの衝突頻度に対応する）パラメータ，Rは粒子の抵抗係数である．

いま，重力加速度g_iが$[-g, 0, 0]$となるように座標系を選ぶ（垂直上方にx軸をとる）．このとき，上の基礎方程式は

$$\alpha=\text{const.},\qquad v_i=0,\qquad u_i=[g/R, 0, 0],$$

$$p=p_0-\frac{(1-\alpha)\rho_2 gx}{\alpha}, \qquad p_p=kT_p\frac{1-\alpha}{v_p} \tag{4.56}$$

の解をもつ．p_0 は基準レベル（たとえば流動層の底）における圧力，v_p は1個の粒子の体積を表す．この解は流体（気体または液体）が上方へ大きさ g/R の速度で流れ，その中に粒子が浮遊・定在し，圧力が上方へ向かって高さに比例して減少する状態を表している．これはいわゆる流動層の平均的な流れの構造を表している．

いま，流動層の平均的な流れの構造を表す上の解の安定性を調べてみよう．摂動を次のようにとる：

$$\alpha=\alpha'(\tau,\xi), \quad v_i=[Uv'(\tau,\xi),0,0], \quad u_i=[U\{1+u'(\tau,\xi)\},0,0] \tag{4.57}$$

ここで $\tau=tg/U$, $\xi=xg/U^2$, $U=g/R$ とおかれている．これらの表式を基礎方程式に代入し，最低次の項だけを残すと

$$\left.\begin{aligned}
&-\frac{\partial\alpha'}{\partial\tau}+(1-\alpha)\frac{\partial\alpha'}{\partial\xi}=0\\
&(1-\alpha)\frac{\partial v'}{\partial\tau}=\frac{1}{M^2}\frac{\partial\alpha'}{\partial\xi}+\frac{1}{R_e{}^2}\frac{\partial^2 v'}{\partial\xi^2}+(1-\alpha)(u'-v')\\
&\frac{\partial\alpha'}{\partial\tau}+\frac{\partial\alpha'}{\partial\xi}+\alpha\frac{\partial u'}{\partial\xi}=0
\end{aligned}\right\} \tag{4.58}$$

を得る．ここで，α に加えて二つの無次元パラメータ

$$M^2=\left(\frac{m}{kT_p}\right)U^2\sim\frac{3U^2}{\overline{C^2}} \tag{4.59}$$

$$R_e=\frac{3}{4}\frac{M^2\nu U}{(1-\alpha)g} \tag{4.60}$$

が用いられている．$\overline{C^2}=1/n\cdot\int C^2 f dc_i d\theta$ は粒子の平均速度からのランダムな変動に対応する“平均自乗変動速度”を示す．これらのパラメータはそれぞれ疑似マッハ数および疑似レイノルズ数と呼ばれてよい．

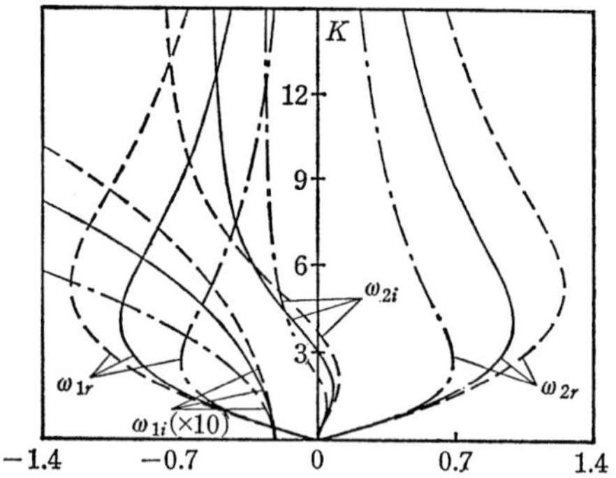

図 4.10　ボイド波に対する分散関係式（気体中に分散した固体粒子）
（無次元角振動数 対 無次元波数）
$\alpha=0.45$, $M^2=10$, $R_e=5$ (---), 10 (——), 15 (—·—)

いま，平面単色波の変動 $\alpha'/\alpha=v'/v=u'/u=\exp[i(\kappa\xi-\omega\tau)]$ を仮定すると，波数 κ および角振動数 ω は分散関係式

$$\omega^2+i\omega\left[\frac{1}{\alpha}+\frac{\kappa^2}{(1-\alpha)R_e}\right]-\frac{\kappa^2}{M^2}-\frac{i\kappa(1-\alpha)}{\alpha}=0 \tag{4.61}$$

を満足せねばならない．図4.10は分散関係式の解のグラフを示す．ある実数の波数κに対して角振動数の二つの値（複素数）ω_1およびω_2が存在し，それぞれ上流および下流へ伝播する波を表す．ωの実数部が正のとき，波は時間とともに成長する．そして，上流（下方）へ伝わる波は常に減衰するが，下流（上方）へ伝わる波は低い振動数の範囲で成長する．ただし，固体粒子の平均自乗変動速度と流速の自乗との間には，

$$\overline{C^2}<3(1-\alpha)^2U^2 \tag{4.62}$$

の関係が成り立っていなければならない．不安定なボイド波は固体粒子のランダムな変動を助長するにちがいない．それは波の成長速度（角振動数の虚数部）が消えるまで（上の不等式が成り立たなくなるまで）続くであろう．それゆえ，固体粒子のランダムな変動はボイド波を安定化させる働きのあることがわかる．さらに，R_e/M^2が粒子間の相互作用の強さ（衝突または相互接近の頻度）に比例するから，粒子間の相互作用もまた波長の短い変動を安定化させる働きがある．このような流動層の不安定は，もっとくわしい基礎方程式によって示されている[30,31]．実際に，気泡の発生・成長を伴う流動層の強い攪拌運動を説明するには，非線形性や3次元性の効果を含む取扱いが必要になる．

4.7.3 流動様式の遷移[32,33]

1.2.1項の図1.3に示されたように，上昇管内の気泡流は，下部の混合器から混入される気体の量，したがってボイド率が増加するとき，上昇管の途中で気泡の集団化が起こり，互いに接近した気泡は合体して大きくなり，やがてスラグ流へと流動様式が変化する．この現象もまた，ボイド波不安定によって起こるといわれている．これは3.7.2項で与えた希薄気泡流モデルによっても説明することができる．前項と同様に，ボイド波が圧力波に比べて低い伝播速度と振動数をもち，流速もそれほど速くないから，気体が非圧縮性流体であると仮定する．さらに話を簡単にするため，1次元・非定常流れを仮定する（上昇管に沿って上向きにx座標をとる）．このとき，流れを支配する方程式は3.7.2項で与えた液体中に分散した気泡の希薄粒子モデルから，

$$\frac{\partial}{\partial t}(1-\alpha)+\frac{\partial}{\partial x}(1-\alpha)q_2=0 \tag{4.63}$$

$$\frac{\partial \alpha}{\partial t}+\frac{\partial}{\partial x}\alpha q_1=0 \tag{4.64}$$

$$\rho_2(1-\alpha)\left(\frac{\partial}{\partial t}+q_2\frac{\partial}{\partial x}\right)q_2=-\frac{\partial p}{\partial x}-\rho_2(1-\alpha)g \tag{4.65}$$

$$\frac{1}{2}\rho_2\left(\frac{\partial}{\partial t}+q_1\frac{\partial}{\partial x}\right)(q_1-q_2)=-\frac{\partial p}{\partial x}-\frac{C_D}{V}(q_1-q_2) \tag{4.66}$$

で与えられる．これらは上から順に，液相の連続の式，気相の連続の式，混相の運動方程式，気泡の運動方程式である．

これらの方程式は，上昇管内の定常な気泡流を表す解をもっている：

$$\alpha=\alpha_0, \qquad q_1=q_{10}, \qquad q_2=q_{20},$$

$$-\frac{\partial p_0}{\partial x}=\frac{C_D}{V}(q_{10}-q_{20})=\rho_2(1-\alpha_0)g \tag{4.67}$$

ここで，ボイド率 α_0，液相流速 q_{20}，気泡速度 q_{10} は一定である．圧力 p_0 は上方へ向かって直線的に減少する．

まず二つの運動方程式の間で $\partial p/\partial x$ を消去し，定常流れからの摂動を考え，$\alpha=\alpha_0+\alpha'$，$q_1=q_{10}+q_1'$，$q_2=q_{20}+q_2'$ とおく．これらを上の方程式に代入して，摂動量 α', q_1', q_2' に関して 2 次以上の項を無視し，さらに，q_1' と q_2' を消去して，ボイド率の摂動 α' を支配する式を求めると

$$\left(\frac{\partial}{\partial t}+c_1\frac{\partial}{\partial x}\right)\left(\frac{\partial}{\partial t}+c_2\frac{\partial}{\partial x}\right)\alpha'+\frac{1}{\tau}\left(\frac{\partial}{\partial t}+c_0\frac{\partial}{\partial x}\right)\alpha'=0 \tag{4.68}$$

の形の波動の式が得られる．これは微分階数の高い波動方程式と微分階数の低い波動方程式の結合した形をしている．c_1 および c_2 は高階波の伝播速度，c_0 は低階波の伝播速度を表す．τ は最初に現れた高階の波が低階の波へ移行し始める特性時間を表している．波が安定であるためには，ウェーブ・ヒエラルキーの条件（低階波の伝播速度が二つの高階波の伝播速度の間にある：上の式でいえば $c_1>c_0>c_2$）が満足されていなければならない．しかし，いまの場合，この条件が満足されていない．その結果，低階の波はしだいに振幅を増し，波幅を狭める．これはまさに気泡の集団化を表している．実際に，上の波動方程式は，特性時間より十分大きな時間に対して，負の拡散係数をもつ移流拡散方程式に帰着される．すなわち，$t\gg\tau$ に対して，$\partial/\partial t$ を $-c_0\partial/\partial x$ で近似すると，

$$\frac{\partial \alpha'}{\partial t}+c_0\frac{\partial \alpha'}{\partial x}=-D\frac{\partial^2\alpha'}{\partial x^2} \tag{4.69}$$

を得る．ここで，負の拡散係数 $-D$ は，小さな α_0 に対して，

$$-D=-\alpha_0(1-3\alpha_0)(q_1-q_2)^3/g \tag{4.70}$$

のように表される．拡散係数が速度滑り（q_1-q_2）の3乗に比例して大きいことに注意しよう．これは，気泡が小さいときは速度滑りも小さく，拡散係数も小さいが，合体によって気泡が大きくなり始めると，速度滑りが増し，拡散係数は急速に大きくなり，スラグ流への遷移も急速に進むことを示唆する．

基礎方程式のところで述べたように，気泡に対する運動方程式については，その適切さをめぐり多くの議論があるが，気泡群に対する仮想慣性力と抵抗力のボイド率依存によって，ボイド波不安定が生じ，これが気泡流からスラグ流への遷移をもたらすという点では意見が一致している[33]．実際には，非線形性や3次元性も考慮した取扱いが必要になる．

注

注 1）単位時間当りの減衰率（角振動数の虚数部 ω_i）は，振動数が小さい極限で消えるが，振動数が大きくなるにつれて増加し，有限の値に近づく．単位距離当りの減衰率についても同様である．

参 考 文 献

1）日本流体力学会編：流体力学ハンドブック（丸善，1987）579.

2）日本流体力学会編：流体力学シリーズ1 流体における波動（朝倉書店，1989）236.

3）G. Rudinger : Relaxation on Gas-Particle Flow, Nonequilibrium Flows, Part I (ed. P.P. Wegener, Marcel Dekker, 1969) 119.

4）森岡茂樹：気体力学（朝倉書店，1982）179.

5）F.E. Marble : *Astronautica Acta*, **14** (1969) 585.

6）L. van Wijngaarden : *J. Fluid Mech.*, **4** (1968) 465.

7）L. Noordzij and L. van Wijngaarden : *J. Fluid Mech.*, **66** (1974) 115.

8）T. Toma and S. Morioka : *J. Phys. Soc. Jpn.*, **55** (1986) 512.

9）R.I. Nigmatulin *et al.* : *J. Fluid Mech.*, **186** (1988) 85.

10）A. Prosperetti : *J. Fluid Mech.*, **222** (1991) 587.

11）Y. Sone : *J. Phys. Soc. Jpn.*, **33** (1972) 242.

12）A. Robinson : *Comm. Pure Appl. Math.*, **9** (1956) 69.

13）D. Lhuillier : *Int. J. Multiphase Flow*, **11** (1985) 427.

14）T. Miyahare *et al.* : *Int. J. Multiphase Flow*, **14** (1988) 749.

15）Y. Tsuji *et al.* : *J. Fluid Mech.*, **139** (1984) 417.

16）G. Hetsroni and M. Sokolov : *Trans. ASME ser. E*, **38** (1971) 315.

17）辻　裕ら：日本機械学会論文集（B），**50** (1984) 1000.

18）R.A. Gore and C.T. Crowe : *Int. J. Multiphase Flow*, **15** (1989) 287.

19）C.T. Crowe : 第2回混相流インターナショナル・レクチュア・コース（日本混相流学会）(1989) 205.

20) M. Lance *et al.*: Proc. ANS/ASME/NRC Int. (Saratoga Springs, 1980) 1363.

21) A. Serizawa *et al.*: Measuring Techniques in Gas-Liquid Flows (eds. J.M. Delhaye and G. Cognet, Springer-Verlag, 1984) 495.

22) P. Gherson and P.S. Lykoudis: *J. Fluid Mech.*, **147** (1984) 81.

23) I. Michiyoshi and A. Serizawa: *Nuclear Engng. Design*, **95** (1986) 253.

24) M. Rashidi *et al.*: *Int. J. Multiphase Flow*, **16** (1990) 953.

25) 鮎川恭三：第3回混相流シンポジウム講演論文集（日本学術会議）(1984) 3.

26) J.D. Chen: *J. Colloid & Interface Sci.*, **107** (1985) 209.

27) L. Reyleigh: The Theory of Sound, Ⅱ (Dover, 1949) 351.

28) M. Mond: *Phys. Fluids*, **29** (1986) 1774.

29) J.T.C. Liu: *Proc. R. Soc. Lond.*, **A 389** (1982) 229.

30) S. Morioka and T. Nakajima: *J. Méca. Théo.*, Appl., 6 (1987) 77.

31) G.K. Batchelor: *J. Fluid Mech.*, **193** (1988) 75.

32) H. Monji, F. Joussellin and S. Morioka: *J. Phys. Soc. Jpn.*, **57** (1988) 1957.

33) L. van Wijngaarden and C. Kapteyn: *J. Fluid Mech.*, **212** (1990) 111.

5. 種々の流れ

5.1 塵　埃　流——衝撃波と物体まわりの流れ

5.1.1 平面衝撃波

気体中に含まれる粒子群の質量濃度が気体濃度と同程度に高くなるとき，2相間の速度および温度に関する緩和過程によって，流れは気体だけの場合とは大きく異なってくる．衝撃波はこの緩和現象を顕著に示す例である．この節では，衝撃波の遷移構造と伝播特性に対して粒子群が及ぼす影響について考察する．

簡単のため，理想気体と均一な球形の固体粒子群からなる2相流を考える．固体の密度が気体の密度に比べて非常に大きいので，粒子群の体積比率は普通 $O(10^{-3})$ と小さく無視することができる．気体の圧力，密度，温度，速度を p, ρ, T, u_i とし，粒子群の濃度，温度，速度を σ, Θ, v_i とすれば，流れを支配する質量，運動量およびエネルギーの式は，それぞれの相に対して，次のように表される[1,2]．

$$\frac{\partial\rho}{\partial t}+\frac{\partial(\rho u_i)}{\partial x_i}=0 \tag{5.1}$$

$$\frac{\partial\sigma}{\partial t}+\frac{\partial(\sigma v_i)}{\partial x_i}=0 \tag{5.2}$$

$$\rho\left(\frac{\partial}{\partial t}+u_j\frac{\partial}{\partial x_j}\right)u_i=-\frac{\partial p}{\partial x_i}-\frac{\sigma D_i}{m} \tag{5.3}$$

$$\left(\frac{\partial}{\partial t}+v_j\frac{\partial}{\partial x_j}\right)v_i=\frac{D_i}{m} \tag{5.4}$$

$$\rho\left(\frac{\partial}{\partial t}+u_i\frac{\partial}{\partial x_i}\right)\left(c_vT+\frac{1}{2}u^2\right)=-\frac{\partial(pu_i)}{\partial x_i}-\frac{\sigma(v_iD_i+Q)}{m} \tag{5.5}$$

$$\left(\frac{\partial}{\partial t}+v_i\frac{\partial}{\partial x_i}\right)\Theta=\frac{Q}{mc} \tag{5.6}$$

ここで，D_i および Q は1個の粒子にまわりの気体から及ぼされる抵抗および単位時間当り伝達される熱量を表す．m は粒子の質量，c_v は気体の定積比熱，c は粒子を構成する固体の比熱である．さらに，理想気体の状態方程式

$$p=\rho RT \tag{5.7}$$

と，抵抗 D_i および熱量伝達速度 Q に対する関係式を加えて，塵埃流を支配する方程式系が得られる．

流れの構造を微視的にみると，粒子間距離は粒子の大きさに比べてはるかに大きいので，個々の粒子のまわりの気体の流れは，無限に広がった気体の一様な流れの中を定常に運動する粒子の場合と同じとみなすことができる．粒子と気体の速度差および/または粒径が小さいときには，いわゆるストークスの抵抗法則が成り立ち，抵抗は速度差に比例する．

$$D_i=3\pi\mu d(u_i-v_i) \tag{5.8}$$

μ は気体の粘性率，d は粒子の直径を表す．同じ条件の下で，粒子と気体間の熱伝達は気体の熱伝導に制限されて起こり，伝達熱量は両者の温度差に比例する．

$$Q=2\pi kd(T-\Theta) \tag{5.9}$$

k は気体の熱伝導率を表す．(5.8) と (5.9) を (5.4) と (5.6) に代入し，各式の両辺を比較すると，次のような時間の尺度が得られる．

$$\tau_v=\frac{m}{3\pi\mu d}, \qquad \tau_t=\frac{mc}{2\pi kd} \tag{5.10}$$

これらは，粒子が周囲の気体の速度または温度の変化になじむのに必要な時間の目安を与え，速度または温度に関する緩和時間と呼ばれる．その値は粒子の大きさと2相の物性によって異なるが，たとえば，大気中の直径 10μm のガラス粒子の場合では，$\tau_v=0.8$ ms，$\tau_t=0.6$ ms である．

まず，静止平衡状態にある2相系の中で，突然駆動されたピストンによってつくり出される衝撃波の挙動について考える．厳密解を見出すのが困難なため，数値解析を行うか，または限定された条件の下で近似解を求める以外に方法はない．いま，ピストンの速さが音速に比べて十分小さいとすると，摂動法を利用することができる[3)]．流れの諸量を，最初の一様状態の値と微小な変動量の和の形におく．

$$p=p_0+p', \qquad \rho=\rho_0+\rho', \qquad T=T_0+T', \qquad u=u'$$
$$\sigma=\sigma_0+\sigma', \qquad \Theta=T_0+\Theta', \qquad v=v'$$

これらを (5.1)～(5.7) に代入し，摂動量の2次以上の項を無視すると，次の線形方程式系が得られる．

$$
\begin{aligned}
&\frac{\partial \rho'}{\partial t}+\rho_0\frac{\partial u'}{\partial x}=0\\
&\frac{\partial \sigma'}{\partial t}+\sigma_0\frac{\partial v'}{\partial x}=0\\
&\rho_0\frac{\partial u'}{\partial t}=-\frac{\partial p'}{\partial x}-\frac{\sigma_0}{\tau_v}(u'-v')\\
&\frac{\partial v'}{\partial t}=\frac{1}{\tau_v}(u'-v')\\
&\rho_0 c_v\frac{\partial T'}{\partial t}=-p_0\frac{\partial u'}{\partial x}-\frac{\sigma_0 c}{\tau_t}(T'-\Theta')\\
&\frac{\partial \Theta'}{\partial t}=\frac{1}{\tau_t}(T'-\Theta')\\
&p'=\rho_0 RT'+\rho' RT_0
\end{aligned}
\tag{5.11}
$$

これらから気体の速度変動に対する式を求めると，結果は次のように表すことができる.

$$
\begin{aligned}
\Big[&\frac{\partial^2}{\partial t^2}\left(\frac{1}{a_f^2}\frac{\partial^2}{\partial t^2}-\frac{\partial^2}{\partial x^2}\right)\\
&+\frac{1}{\tau_v}\frac{\partial}{\partial t}\left(\frac{1}{a_v^2}\frac{\partial^2}{\partial t^2}-\frac{\partial^2}{\partial x^2}\right)\\
&+\frac{1}{\tau_t^*}\frac{\partial}{\partial t}\left(\frac{1}{a_t^2}\frac{\partial^2}{\partial t^2}-\frac{\partial^2}{\partial x^2}\right)\\
&+\frac{1}{\tau_v\tau_t^*}\left(\frac{1}{a_e^2}\frac{\partial^2}{\partial t^2}-\frac{\partial^2}{\partial x^2}\right)\Big]u'=0
\end{aligned}
\tag{5.12}
$$

ここで，$\tau_t^*=\gamma/(\gamma+\nu\beta)\cdot\tau_t$ であり，ν, β, γ は固気 2 相流の振舞いに影響する重要な無次元パラメータである.

$$
\nu=\frac{\sigma_0}{\rho_0},\qquad \beta=\frac{c}{c_v},\qquad \gamma=\frac{c_p}{c_v}
\tag{5.13}
$$

また，

$$
\begin{aligned}
&a_f=\left(\frac{\gamma p_0}{\rho_0}\right)^{1/2}\\
&a_v=\left(\frac{1}{1+\nu}\right)^{1/2}a_f\\
&a_t=\left\{\frac{\gamma+\nu\beta}{\gamma(1+\nu\beta)}\right\}^{1/2}a_f\\
&a_e=\left\{\frac{\gamma+\nu\beta}{\gamma(1+\nu)(1+\nu\beta)}\right\}^{1/2}a_f
\end{aligned}
\tag{5.14}
$$

緩和時間に比べて非常に短い時間スケールの変動が起こるとき，(5.12) の最高階微分である第1項が他の項より大きく，a_fの速さで伝わる音波となることがわかる．この場合には，気体の運動は粒子群によって影響されず，a_fは気体だけの場合の音速（凍結音速）に等しい．反対に，非常に緩やかな変動に対しては，第4項が主となり，粒子と気体が局所的に平衡状態を保ちながら平衡音速a_eで伝わる波を表す．同様に，a_vおよびa_tは，それぞれ速度および温度に関してのみ局所的に平衡になっている音の伝播速度を表す．これらの特性音速の中では，a_fが最も大きく，a_eが最も小さい．

ピストン問題におけるピストン上の境界条件は，ピストンの速さをU_0として，$u'=U_0$（$x=U_0t$）で与えられる．線形近似に対応して，この条件を$x=0$で適用し，ラプラス変換を用いると，(5.11)の解が見出される．とくに，経過時間が緩和時間に比べて短いときまたは長いときの解の漸近形が現象の理解に役立つ．ピストンが動き始めてから短時間後の速度は次式で表される．

$$u'=U_0H\left(t-\frac{x}{a_f}\right)\exp\left\{-\frac{\nu}{2a_f}\left[\frac{1}{\tau_v}+\frac{\beta(\gamma-1)}{\gamma\tau_t}\right]x\right\}$$

$$v'=\frac{1}{\tau_v}\left(t-\frac{x}{a_f}\right)u'$$

Hはヘビサイドの単位関数である．これから，最初気体相に不連続変化が引き起こされ，波面は速度a_fで伝わっていくが，伝わるにつれて減衰することがわかる．粒子は大きな慣性のためにまわりの気体の急激な変化に応じることができず，波面が通過した後，気体の流れによって徐々に加速されていく．温度変化についても，同様な変化のずれが，2相の間に生じる．気体は，粒子群に運動量と熱量を奪われる結果，最初の波の強さを維持できず，波の減衰がもたらされる．波面での不連続変化が消滅するには緩和時間程度の経過を要する．

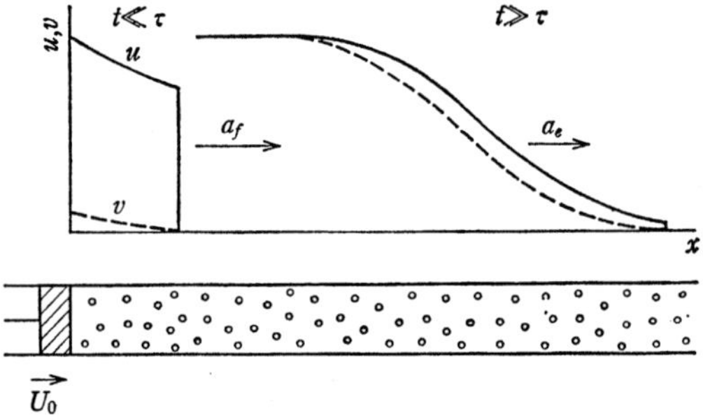

図 5.1　ピストン問題における弱い波動

他方，長い時間後の解は

$$u'=v'=\frac{1}{2}U_0\,\mathrm{erfc}\left[\left(\frac{x}{a_e}-t\right)\Big/2(A\tau_vt)^{1/2}\right]$$
$$A=\frac{1}{2}\nu\left\{\frac{1}{1+\nu}+\frac{\beta(\gamma-1)}{(1+\nu\beta)(\gamma+\nu\beta)}\frac{\tau_t}{\tau_v}\right\} \tag{5.15}$$

と表され，平衡音速 a_e で伝わる波動を示す．図 5.1 に示されるように，音速 a_f で動く先頭波面の不連続は減衰してしまい，流れの変化は緩やかで局所的にほぼ平衡状態にある．しかし，粒子と気体の相互作用はさらに拡散効果をもたらし，(5.15) からわかるように，波の遷移領域の幅は時間の平方根に比例して広がっていく．このあと流れは定常状態へ移行していくが，その様子は特異摂動法によって調べることができる．波の強さを示す小さいパラメータ $\varepsilon=U_0/a_e$ を用いて流れの諸量を

$$p=p_0(1+\varepsilon p_1+\varepsilon^2 p_2+\cdots), \qquad u=\varepsilon a_e(u_1+\varepsilon u_2+\cdots)$$

などのように表す．波動に着目した座標

$$\xi=\frac{\varepsilon}{\tau_v}\left(\frac{x}{a_e}-t\right), \qquad \eta=\frac{\varepsilon^2}{\tau_v}t \tag{5.16}$$

を導入し，基礎式 (5.1)～(5.7) を展開すると，ε の 1 次の項に対する線形方程式系は独立でないことがわかる．2 次の項に対する方程式系も独立でないが，1 次項からなる非同次項を含むので，それらの間に一つの関係ができ，方程式系が閉じる．結局，$t=O(\varepsilon^{-2}\tau_v)$ の流れは，次のバーガース (Burgers) 方程式に支配されることが明らかになる．

$$\begin{gathered}\frac{\partial u_1}{\partial \eta}+Bu_1\frac{\partial u_1}{\partial \xi}=A\frac{\partial^2 u_1}{\partial \xi^2}\\ B=1+\frac{\gamma-1}{2(1+\nu\beta)}\end{gathered} \tag{5.17}$$

(5.15) に接続する解は

$$u_1=\left\{1+\exp\left[\frac{B}{2A}\left(\xi-\frac{1}{2}B\eta\right)\right]\operatorname{erfc}\left(\frac{-\xi}{2\sqrt{A\eta}}\right)\Big/\operatorname{erfc}\left(\frac{\xi-B\eta}{2\sqrt{A\eta}}\right)\right\}^{-1}$$

のように与えられ，$\eta\to\infty$ で定常に伝播する衝撃波を表す次の解へ漸近する．

$$u=U_0\left\{1+\exp\left[\frac{B\varepsilon^2}{2A\tau_v U_0}\left(x-\left(1+\frac{1}{2}B\varepsilon\right)a_e t\right)\right]\right\}^{-1} \tag{5.18}$$

分散衝撃波と呼ばれるこのなめらかな遷移構造をもつ波は，(5.17) が示すように，拡散効果と圧縮波の突っ立ちを起こす非線形効果がつり合って形成される．その遷移領域の幅は，(5.18) からわかるように，特徴的な緩和長さ $\tau_v U_0$ に比例し，衝撃波の強さを表す ε の 2 乗に反比例する．また，伝播速度は波の強さに応じて平衡音速より大きくなる．

ピストン速度が大きいときには，2 相の速度差も大きくなり，ストークスの抵抗法則は成り立たない．抵抗と熱伝達量は，抵抗係数 C_D とヌッセルト数 N_u を用いて，

$$D_i=\frac{1}{8}\pi d^2\rho(u_i-v_i)[(u_j-v_j)(u_j-v_j)]^{1/2}C_D$$
$$Q=\pi dk(T-\Theta)N_u \tag{5.19}$$

のように表される．個々の粒子の運動に相対的な気体の流れは相似性をもち，C_D と N_u は2相の速度差と粒径に基づいた粒子レイノルズ数 R_e と相対マッハ数 M に依存する．それらは

$$R_e=\frac{\rho d[(u_i-v_i)(u_i-v_i)]^{1/2}}{\mu},\qquad M=\left[\frac{(u_i-v_i)(u_i-v_i)\rho}{\gamma p}\right]^{1/2} \tag{5.20}$$

で定義される．M が1に比べて十分小さいとき，気体の圧縮性の影響は無視でき，R_e だけの関数となる．R_e が1より大きいときには，ストークス法則の代わりに適当な実験式の使用を余儀なくされる．たとえば[4)]

$$C_D=0.48+28\,R_e^{-0.85} \tag{5.21}$$

同様に，熱伝達に関しても，対流効果を考慮した次式が用いられる[5)]．

$$N_u=2.0+0.6\,P_r^{1/3}\cdot R_e^{1/2} \tag{5.22}$$

ここで $P_r=\mu c_p/k$ は気体のプラントル数である．2相の緩和現象において重要な因子である気体の粘性率と熱伝導率は，ともに温度によって変化する．温度変化が小さいときには，それらを一定として扱うことができるが，そうでないときには，その影響を考慮する必要がある．たとえば，空気の場合[6)]

$$\mu=1.71\times10^{-5}\left(\frac{T}{273}\right)^{0.77}\mathrm{Nsm^{-2}},$$
$$P_r=0.75 \tag{5.23}$$

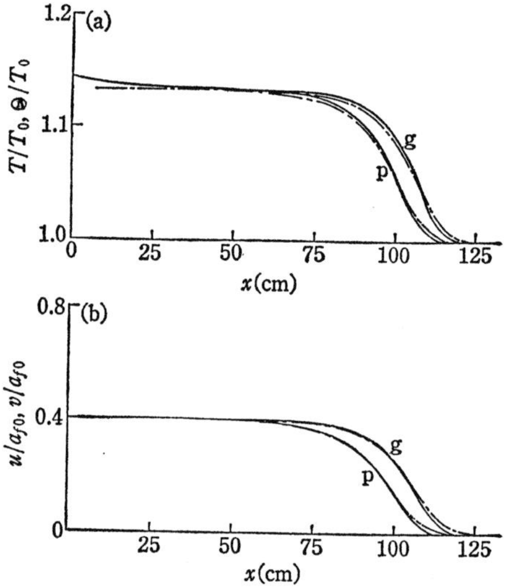

図 5.2　分散衝撃波の形成
(pは粒子，gは気体，鎖線は定常解)

図5.2は，上に述べた抵抗と熱伝達の式を組み入れた基礎方程式を数値解析した結果で，速度と温度の分布を示す．濃度比 $\nu=1$ で，直径 10μm のガラス粒子を空気に混入し，ピストンを速度 $U_0=0.4\,a_f$ で駆動してから 5.46 ms 経過したときの状態を表している[7)]．$O(1)$m の長い非平衡領域をもつ分散衝撃波の形成がみられる．ピストンの近くにあった粒子群はピストンに衝突するが，それらはピストン面に吸着し，流れに影響しないと仮定されている．図で，ピストン

面（$x=0$）近傍の2相の温度は一様でない．この領域の粒子群は，減衰する以前の強い気相衝撃波に通過され，加熱の度合いが大きく，温度は高いまま平衡状態に達する．

ピストンの速さがもっと大きくなってある臨界値を越えると，先頭波面の不連続は小さくなるが，消滅はしない．これは，衝撃波の伝播速度が気体の音速より大きな値に落ち着き，強い非線形効果によって気相の不連続変化が保たれるためである．図5.3は$U_0=2a_f$で1.25 ms経過したときの流れの状態を示す．

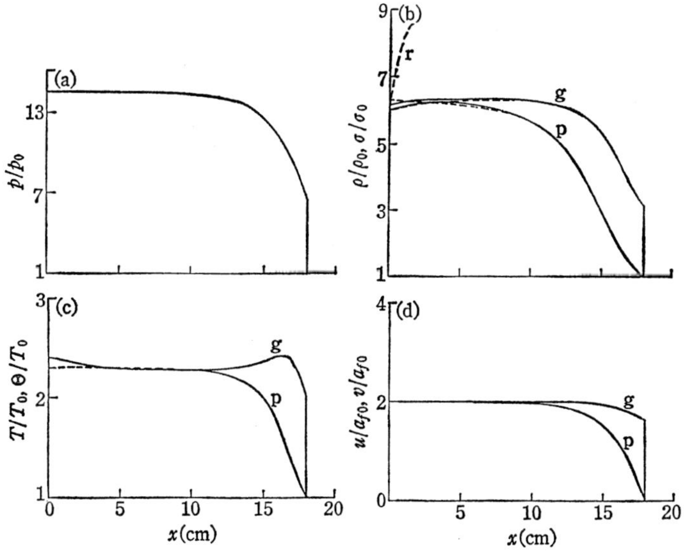

図 5.3 強い衝撃波の構造
（pは粒子，gは気体）

不連続波面に続く非平衡緩和領域を横切って2相が前方とは別の一様な平衡状態へ移行する定常衝撃波の構造が現れている．気体は粒子群に運動量を奪われ，気体だけの場合に比べて速度が小さくなり圧縮される．その結果，圧力は波面後方で上昇し，高圧が誘起される．

先に述べたように，ピストン面に接して温度と濃度が非一様な層が現れる．ただし，流速はピストン速度と同じになるので層内では圧力は一様となる．図中の破線は，ピストン面に衝突した粒子群が完全弾性的に反射したときの結果を示している．それによって気体からの吸熱が進むため，吸着の場合に比べて温度は低くなる．反射した粒子群は減速するので，その濃度は反射前より高くなる．しかし，これらの粒子はピストンの近傍に留まり，はるか前方の流れにはほとんど影響を及ぼさない．実際の流れで，粒子が吸着するか反射するかは，ピストン面の状態や粒子の物性と衝突速度による．

図 5.3 で，気体の温度は衝撃波遷移領域内で最大値をとっている．これは，圧縮の影響で温度上昇が起こった後，粒子群による吸熱効果が遅れて現れたためである．温度のオーバーシュートは十分強い衝撃波の場合にのみ生じる．定常な衝撃波の構造については，波とともに動く座標系からみた定常流に対する常微分方程式を数値的に解くことによって，容易に見出すこともできる．図 5.4 は，粒径 20 μm の場合に，左方向に伝播する定常衝撃波の温度分布を示す[8]．波が弱ければ気体の温度は単調に増加することがわかる．

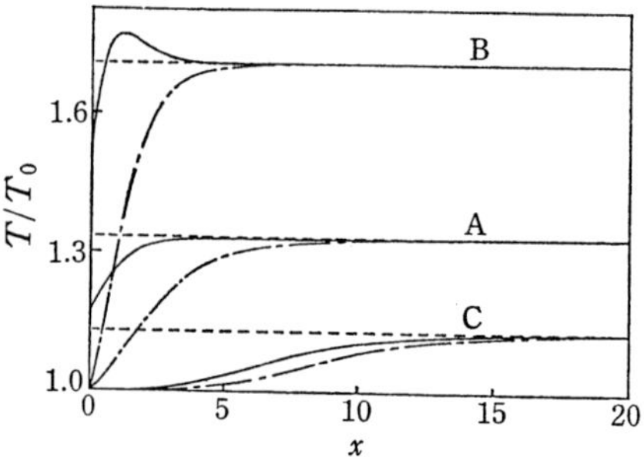

図 5.4　強さの異なる定常衝撃波の温度分布（実線は気体，鎖線は粒子，距離は A, B では 5.44 m，C では 10.9 cm を基準）c

粒径が同じであれば，衝撃波が弱いほど遷移領域の幅は長くなる．図 5.4 にみられるように，分散衝撃波になればきわめて厚い領域となる．もし粒径 d が異なるならば，粒子が大きいほど慣性と熱容量も大きくなり，緩和領域も厚くなる．ストークスの抵抗法則が妥当であるような分散衝撃波では，すでにみたように，その長さは（5.10）で与えられる緩和時間に比例する．粒子の質量は d^3 に比例するので，緩和長さは d^2 に比例することになる．一方，粒子レイノルズ数が非常に大きくなるような強い衝撃波では，（5.19）と（5.22）から，熱伝達量 Q は $d^{3/2}$ に比例して増す．（5.6）の両辺の項の大きさを比べると，緩和長さは $d^{3/2}$ に比例して大きくなることがわかる．

非平衡緩和の構造をくわしくみてきたが，これとは別の考え方で，平衡状態に達した流れの性質を調べることができる．非平衡領域の大きさが無視されるくらいに長い尺度で流れをみると，気体と粒子は至るところで平衡状態にあるとみなせる．基礎方程式（5.1）～(5.6）から，2 相系全体に対する質量，運動量，エネルギーの式を導き，$v_i=u_i$，$\Theta=T$ とおけば，次の形に書き直すことができる．

$$\frac{\partial\tilde{\rho}}{\partial t}+\frac{\partial(\tilde{\rho}u_i)}{\partial x_i}=0$$

$$\tilde{\rho}\left(\frac{\partial}{\partial t}+u_j\frac{\partial}{\partial x_j}\right)u_i=-\frac{\partial p}{\partial x_i} \tag{5.24}$$

$$\tilde{\rho}\left(\frac{\partial}{\partial t}+u_i\frac{\partial}{\partial x_i}\right)\left(\tilde{c}_vT+\frac{1}{2}u^2\right)=-\frac{\partial(pu_i)}{\partial x_i}$$

ここで

$$\tilde{\rho}=\rho+\sigma, \qquad \tilde{c}_v=\frac{\rho c_v+\sigma c}{\rho+\sigma}$$

また，状態方程式（5.7）も次のように書ける．

$$p=\tilde{\rho}\tilde{R}T, \qquad \tilde{R}=\frac{\rho R}{\rho+\sigma} \tag{5.25}$$

両相が等しい速度で動くので，粒子群と気体の濃度比 σ/ρ は一定で，$\tilde{c}_v$ および $\tilde{R}$ も定数となる．流れを定める方程式（5.24），（5.25）は気体だけの場合と同じ形であり，平衡の極限において，2 相系は見かけ上理想気体と同じ振舞いを呈する．それゆえ，気体力学で得られている豊富な知識が利用できる．平衡気体の見かけの定圧比熱は

$$\tilde{c}_p=\tilde{R}+\tilde{c}_v$$

で与えられ，比熱比 γ_e は（5.13）のパラメータを用いれば，

$$\gamma_e=\frac{\gamma+\nu\beta}{1+\nu\beta}<\gamma \tag{5.26}$$

と書くことができる．粒子群の存在は比熱比を純粋の気体の値 γ より減少させる効果をもち，平衡気体の音速 $(\gamma_e p/\tilde{\rho})^{1/2}$ は（5.14）に与えた a_e に一致する．静止平衡状態の 2 相系中を速さ u_s で伝播する衝撃波に上の平衡気体理論を適用すると，波の前後の流れの状態はいわゆるランキン－ユゴニオ（Rankine-Hugoniot）の式によって次のように関係づけられる[9]．

$$\begin{aligned}\frac{\rho_e}{\rho_0}&=\frac{\sigma_e}{\sigma_0}=\frac{p_eT_0}{p_0T_e}=\frac{u_s}{u_e}\\&=\left[\gamma_e-1+(\gamma_e+1)\frac{p_e}{p_0}\right]\Big/\left[\gamma_e+1+(\gamma_e-1)\frac{p_e}{p_0}\right]\end{aligned}$$

添字 e は衝撃波後方に現れる平衡状態を表し，u_e は衝撃波に相対的な流速である．また，衝撃圧力比と伝播速度の関係は

$$\frac{p_e}{p_0}=\frac{2\gamma_e M_{se}{}^2-\gamma_e+1}{\gamma_e+1}, \qquad M_{se}=\frac{u_s}{a_e}$$

のように表される．図 5.5 は，ガラス粒子と空気の異なる濃度比に対して，上の関係を示したものである．M_{sf} は u_s と気相音速 a_f の比であり，同じ圧力比でも，粒子濃度が増加すれば，伝播速度は著しく低下することがわかる．見かけの衝撃波マッハ数 M_{se} の方は，平衡音速が小さくなるため，わずかに増加するだけである．衝撃波の構造については，図中の破線より上にある場合には $M_{sf}>1$ で気相

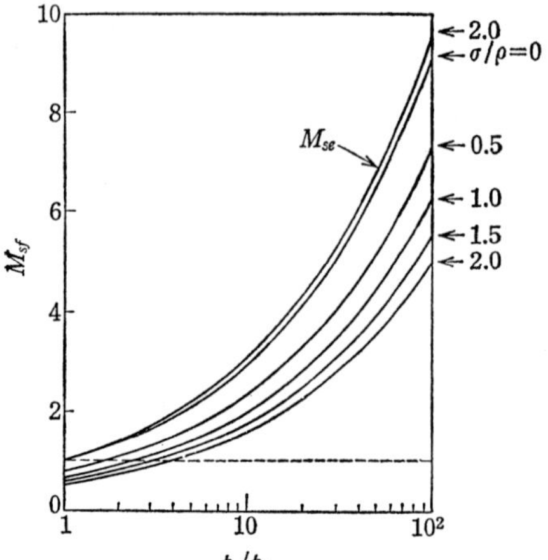

図 5.5　衝撃波マッハ数と圧力比の関係

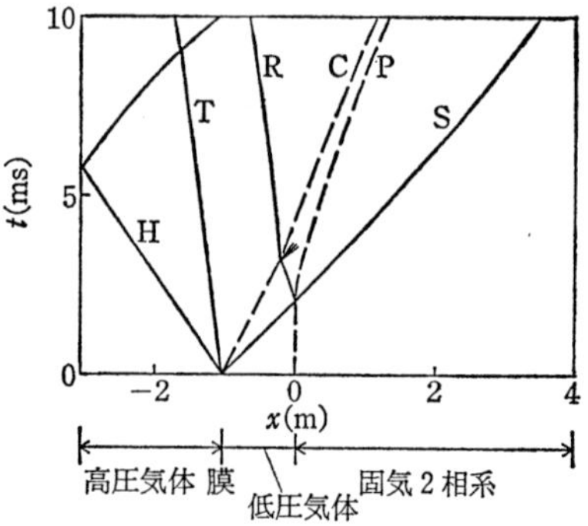

図 5.6　衝撃波管における波動
(HT：膨張波，R：反射衝撃波，C：気相接触面，P：粒子群境界，S：透過衝撃波)

不連続を伴うものであり，下では気相音速より遅い伝播速度で分散衝撃波となる．

固気 2 相系中の衝撃波の挙動は，衝撃波管を用いて実験的に調べられている．高圧と低圧の気体を隔てる膜を破って衝撃波を発生させ，低圧気体に混入した粒子群の中を伝播させる．実験には管断面にわたって粒子が均一に分布するように鉛直管を用い，破膜直後の流れが非一様になるのを避けるため，膜から少し離して固気 2 相領域をつくっている．図 5.6 は x-t 面における破膜後の波動を示す．高圧側に膨張波，低圧側に衝撃波が発生し，後者は一定速度で伝播してきて固気 2 相領域に入射する．入射後は，粒子群による緩和効果を受けて衝撃波面における気体の不連続変化は小さくなり，伝播速度も小さくなる．ピストン問題でみたように，波面から少し後方の 2 相系の圧力が気体だけの場合より高くなる結果，純粋気体の領域に圧縮波が誘起される．この波は非線形効果によって不連続波へと発達し，結局固気 2 相系の境界から衝撃波が反射されたことになる．反射衝撃波は破膜の際に出現した高圧と低圧の気体を隔てる温度と密度が不連続である接触不連続面を通過する．そのとき弱い膨張波を固気 2 相領域に向けて発し，若干弱くなって元の高圧空気内へ伝わる．

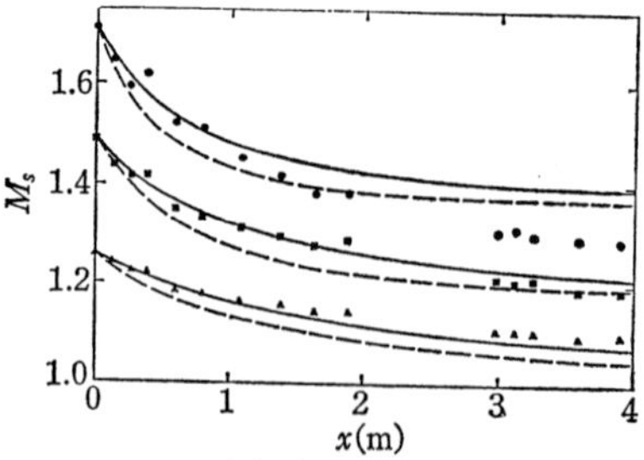

図 5.7　衝撃波マッハ数の変化

固気 2 相系に入射した衝撃波は，進むにつれてそのマッハ数を低下させる．図

5.7は，一つの実験[10]と理論解析[11]の比較を示す．実験で使用された平均27μmのガラス粒子の直径は10μmから65μmにわたっており，解析ではこれを11種類の粒径の群に分けて，その運動が数値的に調べられた．また，(5.21)，(5.22)に代えて，気体の圧縮性の影響も考慮した抵抗係数とヌッセルト数が使われている．全体として理論は実験結果とよく合っている．比較のため示された図中の破線は，平均粒径に等しい粒子だけを含む場合の結果である．異なる大きさの粒子を含む場合には，大きな粒子ほど緩和過程が遅くなり，衝撃波マッハ数の減少もそれに影響されて緩やかとなる．

5.1.2 2次元超音速流

音速（凍結音速）を超えた流れがくさび状の物体に当たるとき，流れに対して傾いた衝撃波が現れる．この定常流れと前述のピストン問題の間には，ピストン類推と呼ばれる形式的な類似性がある[9]．後者における衝撃波の運動をt-x面で表せば，図5.8のように曲がっていき，tが十分大きくなると，一定速度で伝播するので直線に近づく．図の衝撃波とピストン経路が，くさびを過ぎる超音速流における衝撃波面とくさび表面に対応し，図5.9(a)のようなx-y面の流れになる．

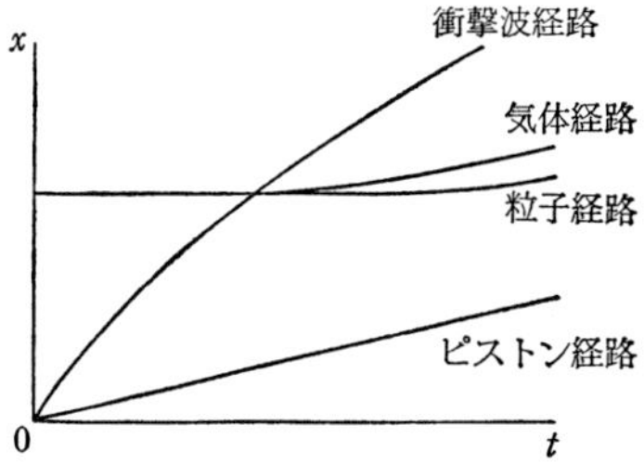

図 5.8 ピストン問題の波動図

くさび先端の近くでは，粒子群と気体の干渉が気体の流れを変えるまでに至らず，衝撃波の傾き角θ_{sf}は純粋気体の場合と同じ値をとる．純粋気体の場合，気体は波面を通過すると即座にくさび表面に平行に流れる．しかし，固気2相流で

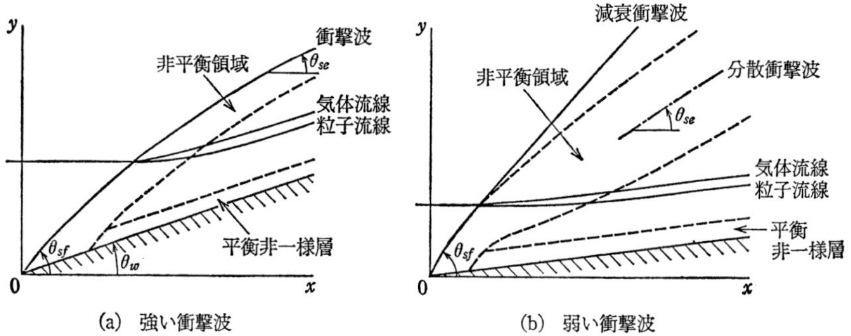

図 5.9 くさびを過ぎる超音速流

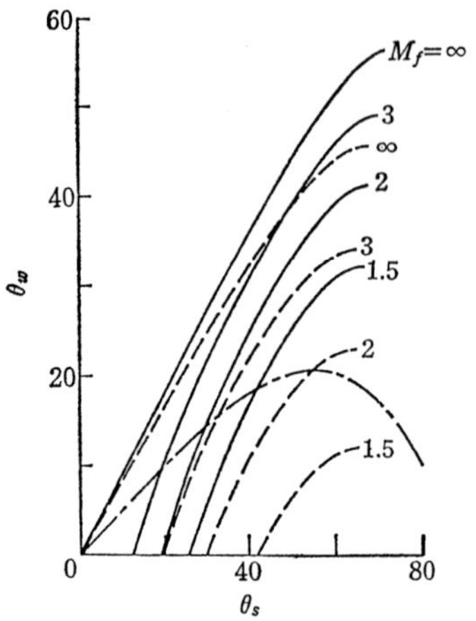

図 5.10　くさび頂角と衝撃波傾き角の関係
(実線は塵埃流，破線は純粋気体，鎖線は分散衝撃波の臨界値)

は，運動方向をすぐには変えない粒子群が気体を引きずり，くさび表面から離れた場所での気体流れのふれ角を，くさび角 θ_w より小さくする．これが衝撃波を弱くする効果を生み，くさびから離れるとともに衝撃波は下流方向に曲がる．遠方で，波面に続く流れの非平衡緩和構造が変わらなくなるにつれて，衝撃波はまっすぐになる．衝撃波の曲がった部分を通過した気体は異なった状態変化を受けるため，下流では2相が平衡となっているが，流線を横切って温度と濃度が一定でない非一様層がくさび表面に沿って形成される．そこでは，ピストン問題と同様に，温度が一様平衡領域より高くなる．

この斜め衝撃波に平衡気体理論を適用すると，その傾き角 θ_{se} とくさび角 θ_w の関係が見出される．図 5.10 は，$\nu=1$，$\beta=1$，$\gamma=1.4$ の場合に，気相音速に基づいた上流マッハ数 M_f の異なる値に対し，その関係を図示したものである[12]．θ_w と M_f が同じでも，粒子が含まれると，波の傾き角 θ_{se} は θ_{sf} より小さくなり，その差は M_f が小さいほど著しい．上流マッハ数を一定にしてくさび角を小さくすると θ_{se} も小さくなる．θ_{se} が，無限小の強さの気体衝撃波の傾き角を表すマッハ角と呼ばれる臨界値 $\sin^{-1}(1/M_f)$ を下回ると，気相の不連続は維持できず，図 5.9(b) に示すように，くさび先端から出た衝撃波は完全に減衰してしまい，下流に分散構造をもつ実質的な斜め衝撃波が現れる．

くさびの場合，気体と運動量交換を十分行いえなかった粒子が，その先端付近に衝突する．粒子の大きな慣性による現象で，これとは対照的な例を次にとりあげよう．物体の境界が流れから離れる向きに曲がっていると，粒子は境界に沿っていくことができ

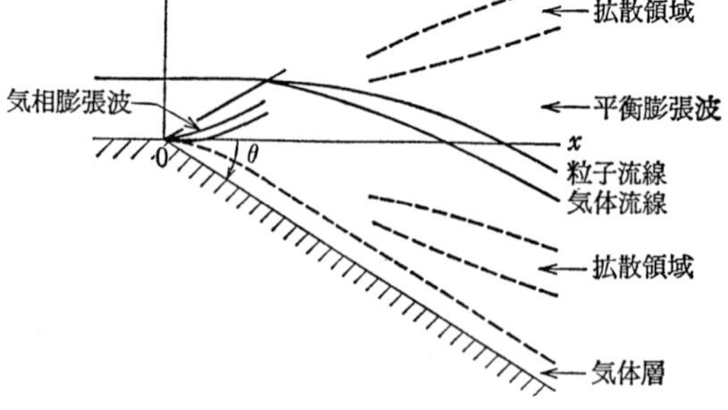

図 5.11　角をまわる膨張流れの構造

ず，粒子群を含まない領域が出現する．図 5.11 の角をまわる場合では，角から下流に生じる．2 相流と気体だけの流れを互いに関連させた解析は一般に難しいので，ここでは曲がり角 θ が小さい超音速流を摂動法を用いて調べる[13]．

気体だけの領域は薄い層で，角から出る膨張波とともに，通常の線形近似では領域の広がりが無視されてしまう．そこで，流れの詳細を知るために，独立変数としてデカルト座標 (x, y) に代わるものを選ぶ．時間微分項を除いた方程式系 (5.1)～(5.6) は，超音速流の場合には双曲形であり，気体の流線，それに対してマッハ角だけ傾いているマッハ線および粒子の流線が特性曲線となる．このうち，1 組のマッハ線と気体流線に沿って一定となるような変数 (ζ, ϕ) をとると便利である．一様な上流の流れの諸量を基準にして無次元化した変数を用いて，これらの特性曲線を表すと

$$\frac{\partial x/\partial\phi}{\partial y/\partial\phi}=\frac{-M_f^2u_xu_y+T^{1/2}[M_f^2(u_x^2+u_y^2)-T]^{1/2}}{T-M_f^2u_y^2}, \qquad \frac{\partial x/\partial\zeta}{\partial y/\partial\zeta}=\frac{u_x}{u_y}$$

ここで，$M_f=U/a_f$ は気相音速に基づく上流のマッハ数である．(ζ, ϕ) を (x, y) に対応づけるのに適した条件を次のようにおく．

$$\zeta=x-(M_f^2-1)^{1/2}+\frac{-M_f^2u_xu_y+T^{1/2}[M_f^2(u_x^2+u_y^2)-T]^{1/2}}{T-M_f^2u_y^2} \ (\phi=0) \qquad (5.27)$$

$$\phi=y \ (\zeta=0) \qquad (5.28)$$

$\zeta=0$ および $\phi=0$ をそれぞれ角から出る先頭のマッハ線および物体境界に対応させている．小さなパラメータとして $\varepsilon=\tan\theta$ をとり，解を $q=q_0+\varepsilon q_1+\varepsilon^2 q_2+\cdots$ の級数形に仮定する．ただし，初項は速度の垂直成分 u_y，v_y については 0，他の流れ変数では 1 である．基礎方程式中の微分演算子を

$$\frac{\partial}{\partial x}=\frac{1}{J}\left(\frac{\partial y}{\partial\zeta}\frac{\partial}{\partial\phi}-\frac{\partial y}{\partial\phi}\frac{\partial}{\partial\zeta}\right)$$

$$\frac{\partial}{\partial y}=\frac{1}{J}\left(-\frac{\partial x}{\partial\zeta}\frac{\partial}{\partial\phi}+\frac{\partial x}{\partial\phi}\frac{\partial}{\partial\zeta}\right)$$

$$J=\frac{\partial x}{\partial\phi}\frac{\partial y}{\partial\zeta}-\frac{\partial x}{\partial\zeta}\frac{\partial y}{\partial\phi}$$

と書き替え，x，y についても ε の級数形に表す．2 相の相互作用に関しては，速度差が小さい場合なのでストークス法則をとり，(5.8)，(5.9) を仮定する．

角から出る膨張波は下流の影響を受けないで定まる．条件 (5.27) を角の点で考えると，膨張波領域内で ζ は ε の程度だけ変わるので，その流れ場を表すのに適した座標 $\tilde{\zeta}=\varepsilon^{-1}\zeta$ をとる．この領域のマッハ線は，角から出るという条件

$$x=0 \ (\phi=0) \qquad (5.29)$$

の下で，特性曲線の式から最低次項 x_0，y_0 を求めると，

$$x_0=(M_f^2-1)^{1/2}\psi, \qquad y_0=\psi \tag{5.30}$$

となる．次に1次項に対する線形方程式を解けば，この領域の粒子群は上流の状態を維持して，その流れの変動は0となる．気体および座標に対して以下の結果を得る．

$$p_1=\gamma\rho_1=\frac{\gamma}{\gamma-1}T_1=-\gamma M_f^2u_{x1}=\frac{\gamma M_f^2}{(M_f^2-1)^{1/2}}u_{y1} \tag{5.31}$$

$$\frac{\partial x_1}{\partial\psi}=-\frac{(\gamma+1)M_f^4}{2(M_f^2-1)}u_{y1}, \qquad y_1=0 \tag{5.32}$$

1次項の同次方程式系は縮退して独立でなくなるため，同じく非独立となる2次項の方程式中の非同次項の間に成り立つべき関係式に頼ることによって，1次項の解が得られる．この関係式は次の式に帰着する．

$$\frac{\partial x_1}{\partial\tilde{\zeta}}\left(\frac{\partial u_{y1}}{\partial\psi}+\kappa u_{y1}\right)=0 \tag{5.33}$$

$$\kappa=\frac{1}{2}(M_f^2-1)^{-1/2}\left(\frac{M_v^2-M_f^2}{\Gamma_v}+\frac{M_t^2-M_f^2}{\Gamma_t^*}\right)$$

M_v，M_t は特性音速 a_v，a_t に基づく上流マッハ数であり，Γ_v，Γ_t^* は緩和距離と任意基準長さ L の比を表す．

$$\Gamma_v=\frac{\tau_v U}{L}, \qquad \Gamma_t^*=\frac{\tau_t^* U}{L}$$

条件 (5.27)，(5.29) を満たす (5.32)，(5.33) の解は

$$u_{y1}=-\frac{2(M_f^2-1)}{(\gamma+1)M_f^4}\tilde{\zeta}e^{-\kappa\psi}, \qquad x_1=\frac{1}{\kappa}\tilde{\zeta}(1-e^{-\kappa\psi}) \tag{5.34}$$

で与えられる．この式および (5.30) から，小さな ψ に対する解は

$$u_{y1}=\frac{[2(M_f^2-1)/(\gamma+1)M_f^4][(M_f^2-1)^{1/2}y-x]}{\varepsilon y} \tag{5.35}$$

と書くことができ，純粋気体の場合の弱い膨張波の解に一致する．しかし，この膨張波は，物体境界から離れるにつれて2相の相互作用が影響を及ぼし，指数関数的に減衰する．それとともに，角から出るマッハ線は上流の方へ曲がり，直線である先頭のマッハ線に平行になる．

この波に続く下流の2相領域の解は，摂動方程式に ζ に関するラプラス変換を適用して求められ，その漸近形から，$y/x=(M_e^2-1)^{-1/2}$ に沿って実質的な膨張波が形成し始めることがわかる．遠方の場を表す座標として

$$\xi=\varepsilon[(M_e^2-1)^{1/2}y-x], \qquad \eta=\varepsilon^2y \tag{5.36}$$

を導入し，ピストン問題で使った特異摂動法を用いると，いまの場合にも (5.17) と同形の方程式が得られる．ただし，係数 A, B と解は次のようになる．

$$A=\frac{\nu M_e^2}{2(M_e^2-1)^{1/2}}\left[\frac{\Gamma_v}{1+\nu}+\frac{\beta(\gamma-1)\Gamma_t^*}{\gamma(1+\nu\beta)}\right]$$

$$B=\frac{(\gamma_e+1)M_e^4}{2(M_e^2-1)}$$

$$u_{y1}=-\left\{1+\exp\left[-\frac{1}{2}\frac{B}{A}\left(\xi+\frac{1}{2}B\eta\right)\right]\right.$$
$$\left.\cdot\mathrm{erfc}\left[-\frac{1}{2}\frac{\xi}{(A\eta)^{1/2}}\right]\Big/\mathrm{erfc}\left[\frac{1}{2}\frac{\xi+B\eta}{(A\eta)^{1/2}}\right]\right\}^{-1} \quad (5.37)$$

この u_{y1} と他の量との関係は，(5.31) の γ と M_f を平衡気体の γ_e と M_e に置き換えたものであり，粒子群と気体の間には，速度および温度に1次量の差はない．η が大きくかつ $\xi=O(\eta)$ のとき，(5.37) は

$$u_{y1}=\frac{\xi}{B\eta}=\frac{[2(M_e^2-1)/(\gamma_e+1)M_e^4][(M_e^2-1)^{1/2}y-x]}{\varepsilon y} \quad (5.38)$$

となって，純粋気体の解 (5.35) に対応する平衡気体としての膨張波が現れることを示す．y に比例して広がる波の中心部を表す (5.38) は，(5.17) の右辺の拡散項を0としたときの解であり，この領域では非線形項が支配的である．角近くの解 (5.35) では，流れ変数の微係数が膨張波の先頭と後尾を通って不連続に変わる．一方，遠方場の解 (5.37) は，見かけの平衡膨張波の先頭と後尾近傍で，それぞれ $\xi=O(\eta^{1/2})$, $\xi+B\eta=O(\eta^{1/2})$ の領域にわたって流れがなめらかに変化することを示す．すなわち，2相の相互作用がもたらす拡散効果は波の両端に現れ，それに影響される領域は $y^{1/2}$ に比例して広がる．

物体境界 $y=-\varepsilon x$ 近くの気体は，それにほぼ平行に流れ，$u_{y1}=-1$ となる．粒子の y 方向の運動方程式と流線の式

$$\frac{\partial v_{y1}}{\partial x}=\frac{1}{\Gamma_v}(u_{y1}-v_{y1}), \qquad \frac{dy}{dx}=\frac{v_y}{v_x}=\varepsilon v_{y1}$$

を解いて，角を通過する粒子の速度および流線を求めると，

$$v_{y1}=u_{y1}+\exp\left(-\frac{x}{\Gamma_v}\right) \quad (5.39)$$

$$y=\varepsilon\left\{-x+\Gamma_v\left[1-\exp\left(-\frac{x}{\Gamma_v}\right)\right]\right\} \quad (5.40)$$

この粒子流線を境界とする $\psi=O(\varepsilon)$ の気体層内の流れを記述するのに適した座標 $\tilde{\psi}=\varepsilon^{-1}\psi$ を導入する．このとき，x, y は

$$x=\zeta, \qquad y=\varepsilon(-\zeta+\psi)$$

と得られ，気体層の境界 (5.40) は次式で表される．

$$\tilde{\psi}=\Gamma_v\left[1-\exp\left(-\frac{\zeta}{\Gamma_v}\right)\right] \tag{5.41}$$

気体の運動量およびエネルギーの式は，層内で次のような摂動方程式を与える．

$$\frac{\partial \tilde{u}_{x1}}{\partial \zeta}=-\frac{1}{\gamma M_f^2}\frac{\partial \tilde{p}_1}{\partial \zeta}, \qquad \frac{\partial \tilde{p}_1}{\partial \tilde{\psi}}=0,$$
$$\frac{1}{(\gamma-1)M_f^2}\frac{\partial \tilde{T}_1}{\partial \zeta}+\frac{\partial \tilde{u}_{x1}}{\partial \zeta}=0 \tag{5.42}$$

第2式から，流線がほぼ平行である気体層を横切って圧力は変化せず，外の2相流領域の圧力が層内に浸透することがわかる．ラプラス変換によって求められた圧力変動を p_1 として，$\tilde{p}_1=\tilde{p}_1(\zeta)=p_1(\zeta, \psi\to 0)$ である．(5.42) の他の式を積分すると，

$$\tilde{u}_{x1}=-\frac{1}{\gamma M_f^2}\tilde{p}_1(\zeta)+f_u(\psi), \qquad \tilde{T}_1=\frac{\gamma-1}{\gamma}\tilde{p}_1(\zeta)+f_t(\psi) \tag{5.43}$$

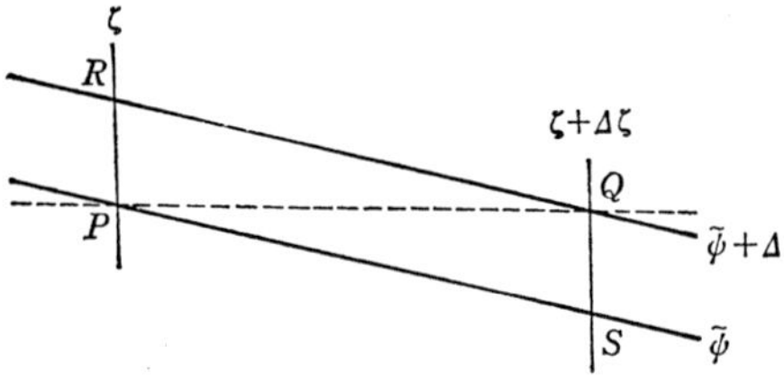

図 5.12　気体層に入る隣接気体流線

これは，ζ すなわち x が同じでも，気体層内ではわずかに離れた流線ごとに速度および温度が異なることを意味する．なぜこのようなことが起きるかを簡単に説明しよう．図5.12で，気体層の境界をなす粒子流線を PQ，y 方向に微小間隔 $\varepsilon\Delta\tilde{\psi}$ だけ離れた気体流線を PS，RQ とする．2相流領域で R と P における u_{x1} の差は小さく，

$$u_{x1}(R)-u_{x1}(P)=O(\varepsilon\Delta\psi)$$

である．R を通過した気体は粒子群と干渉しながら Q に至る．その間の u_{x1} の変化は次の運動方程式に従う．

$$\frac{\partial u_{x1}}{\partial \zeta}=-\frac{1}{\gamma M_f^2}\frac{\partial p_1}{\partial \zeta}-\frac{\nu}{\Gamma_v}(u_{x1}-v_{x1}) \tag{5.44}$$

一方，P で粒子群を離れた気体は (5.42) の第1式に従う．(5.44) と比べると圧力項は等しいので，粒子抵抗による項だけが異なる．それゆえ，Q と S で速度差は

$$\tilde{u}_{x1}(Q)-\tilde{u}_{x1}(S)=-\frac{\nu}{\Gamma_v}(u_{x1}-v_{x1})\Delta\zeta \tag{5.45}$$

このように，気体層に入るまでの粒子群との干渉の度合いが流線ごとに違うた

め，その分だけ層内の気体の速度に差ができ，同様に温度も違ってくる．

(5.43) の f_u, f_t は，気体層境界を通過する際に気体の状態が連続的に変わるという条件を満たすように定められる．物体境界上の気体については，この層に入る直前では (5.31) を満足しているので，$f_u(0)=f_t(0)=0$ である．他方，はるか下流で入ってくる気体については，(5.41) から $\tilde{\psi}\to\Gamma_v$ であり，前述のように平衡気体に対する (5.31) と同形の式が成り立ち，かつ $u_{y1}=-1$ であることから，

$$f_u(\Gamma_v)=\frac{1}{(M_e^2-1)^{1/2}}\left(1-\frac{\gamma_e M_e^2}{\gamma M_f^2}\right)=-\frac{\nu}{(M_e^2-1)^{1/2}}<0$$

$$f_t(\Gamma_v)=\left(1-\frac{\gamma_e}{\gamma}\right)\frac{M_e^2}{(M_e^2-1)^{1/2}}>0$$

となる．物体境界から遠い気体ほど粒子群による運動量吸収と熱量供給が大きかったので，その速度は小さく温度は高い．(5.45) の左辺は $(\partial\tilde{u}_{x1}/\partial\tilde{\psi})\Delta\tilde{\psi}$ と表されるが，これに気体層境界の式 (5.41) および (5.39) を考慮すると，

$$\frac{\partial\tilde{u}_{x1}}{\partial\tilde{\psi}}=\frac{df_u}{d\tilde{\psi}}=\frac{\nu}{\Gamma_v}\frac{u_{x1}-v_{x1}}{u_{y1}-v_{y1}} \qquad (5.46)$$

を得る．流線を横切る方向の微係数は，このように気体層境界上の粒子の運動に相対的な気体の速度の向きに依存して定まる．$\partial u_x/\partial\psi$ は，2相流領域では $\varepsilon\partial u_{x1}/\partial\psi$ と小さいが，気体層に入ると同時に，(5.46) のように $O(1)$ となって，不連続に変化する．$-\partial\tilde{u}_{x1}/\partial\tilde{\psi}$ は，近似的に渦度 $(\partial u_y/\partial x-\partial u_x/\partial y)$ に等しいので，この層内に入った途端に気体の渦度が突然大きくなるともいえる．

角の曲がり角 θ が大きいときには，気体層内の流れが外の2相流にも影響し，また，2相の速度差が大きくてストークス抵抗法則も適用できないので，数値解析によって調べねばならない[14]．図 5.13 は，空気に 10μm のガラス粒子が濃度比 $\nu=1$ で含まれた2相流が，$M_f=2$ で角を過ぎる場合の気体層境界を示す．ただし，角の下流境界に平行および垂直な座標を x, y としている．$\nu\to0$ の場合と比較して気体層は厚くなるが，これは粒子群によって気体の速度場が大きく変化したためである．曲がり角が5° のように小さければ，速度分布があまり影響されない物体境界の近くを通って境界に平行な粒子流線となるので，差はほとんどない．摂動法で求めた (5.40) はより厚い気体層を示しているが，これはストークス法則を使

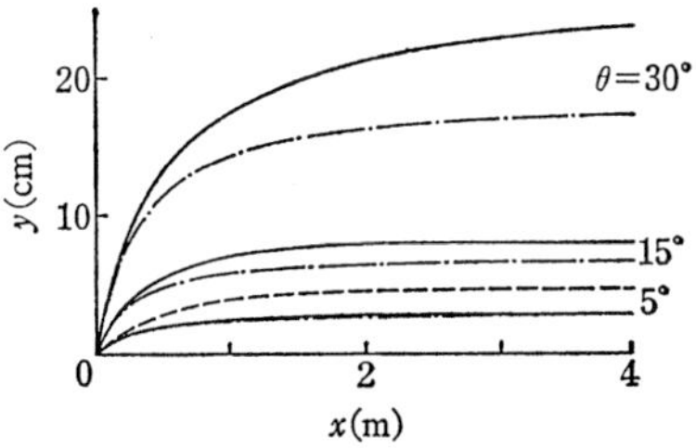

図 5.13 気体層境界の形状
(実線は $\nu=1$，鎖線は $\nu\to0$，破線は摂動法による解)

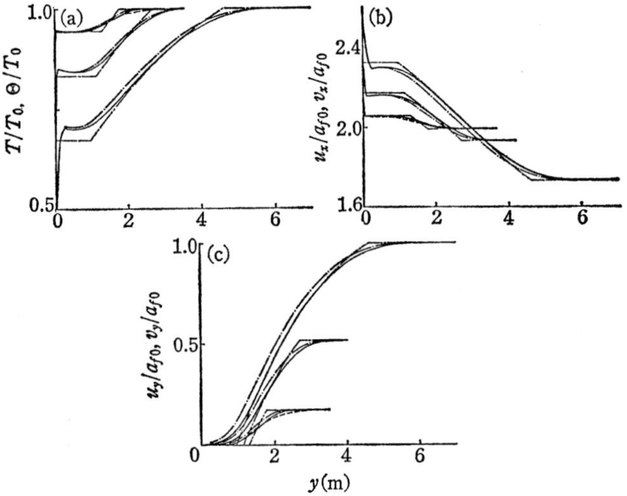

図 5.14　角の下流における温度と速度の分布
(実線は気体，一点鎖線は粒子，二点鎖線は平衡流，破線は摂動法による解)

って抵抗を過小評価したためである．図 5.14 は $x=4$ m と角から十分離れた下流での温度と速度成分の分布を示す．平衡気体としての膨張波が形成されている様子がみられるが，どの角度の場合にも，前に述べた波の境界近傍での拡散効果によって，流れの変化がなめらかにされている．また，物体境界に接した薄い気体層内で，温度と流速は急激な変化をしており，その勾配は層の外側境界で不連続的に変わっている．比較のために示した摂動解析による結果は，曲がり角が 5° の場合の流れをよく表している．

5.1.3　非圧縮性流れ

物体まわりの 2 相流で，流速が音速に比べて十分小さいとき，気体の圧縮性による影響は無視でき，その密度 ρ を一定として取り扱うことができる．定常流の場合，流れは次の質量および運動量の式に支配される．

$$\frac{\partial u_i}{\partial x_i}=0 \tag{5.47}$$

$$\frac{\partial(\sigma v_i)}{\partial x_i}=0 \tag{5.48}$$

$$\rho u_j\frac{\partial u_i}{\partial x_j}=-\frac{\partial p}{\partial x_i}-\frac{\sigma}{\tau_v}(u_i-v_i) \tag{5.49}$$

$$v_j\frac{\partial v_i}{\partial x_j}=\frac{1}{\tau_v}(u_i-v_i) \tag{5.50}$$

ただし，簡単のためにストークス法則に従う粒子抵抗を仮定している．(5.49) または (5.50) の代わりに，抵抗の項を消去して得られる2相系全体の運動量に対する次式が有用である．

$$\rho u_j \frac{\partial u_i}{\partial x_j} + \sigma v_j \frac{\partial v_i}{\partial x_j} = -\frac{\partial p}{\partial x_i} \tag{5.51}$$

この節では，緩和長さのほかに，物体境界に関連した流れ場の代表的長さ L がある場合を考える．流れの代表的流速を U として，$L \gg \tau_v U$ であるとき，運動方程式 (5.49), (5.50) において慣性項が無視され，$v_i = u_i$ で近似される．(5.47) を考慮すると，(5.48) は $u_i \partial\sigma/\partial x_i = 0$ となり，無限上流で粒子濃度が一定であれば，流れ場全体で一様濃度となる．(5.51) は

$$(\rho+\sigma) u_j \frac{\partial u_i}{\partial x_j} = -\frac{\partial p}{\partial x_i} \tag{5.52}$$

となり，単相流体の運動方程式と同じ形に表される．非粘性流体の力学で知られているように，無限上流が一様流 $u_i = Ue_i$ (e_i は一様流方向の単位ベクトル) であれば，渦度は流れのいたるところで0となる．

$$\varepsilon_{ijk} \frac{\partial u_k}{\partial x_j} = 0 \tag{5.53}$$

この平衡流れの極限 $\tau_v U/L \to 0$ において，速度は (5.47) と (5.53) によって定まり，単相流体の場合と変わらない．ただ，圧力は (5.52) から得られるベルヌーイの定理

$$\frac{1}{2}(\rho+\sigma)u^2 + p = \text{const.} \tag{5.54}$$

を満たすので，平衡流のみかけの密度が $(\rho+\sigma)$ と増えた分だけ変わることになる．

平衡極限の解を u_{0i}, p_0, σ_0 とし，これをもとに解を展開して逐次近似する．

$$u_i = u_{0i} + u_{1i}, \qquad p = p_0 + p_1, \qquad v_i = u_{0i} + v_{1i}, \qquad \sigma = \sigma_0 + \sigma_1 \tag{5.55}$$

このとき，(5.48), (5.50) から次式を得る．

$$\sigma_0 \frac{\partial v_{1i}}{\partial x_i} + u_{0i} \frac{\partial \sigma_1}{\partial x_i} = 0, \qquad u_{1i} - v_{1i} = \tau_v u_{0j} \frac{\partial u_{0i}}{\partial x_j}$$

第2式を第1式に代入し，$\partial u_{1i}/\partial x_i = 0$ を考慮すると，

$$u_{0i} \frac{\partial \sigma_1}{\partial x_i} = \frac{1}{2} \tau_v \sigma_0 \frac{\partial^2 u_0{}^2}{\partial x_i{}^2} \tag{5.56}$$

この式から σ_1 が見出されると，他の式からすべての摂動量が求められることになるが，実際には簡単でない．例として球を過ぎる一様流を考えよう[15]．渦なし

流れは，速度ポテンシャル Φ_0 を用いて $u_{0i}=\partial\Phi_0/\partial x_i$ と表されるが，半径 R の球の場合には，球極座標 $(r,\ \theta)$ を用いて

$$\Phi_0=U\left(r+\frac{R^3}{2r^2}\right)\cos\theta$$

となる．このとき，(5.56) は次のように書ける．

$$\left(1-\frac{R^3}{r^3}\right)\cos\theta\frac{\partial\sigma_1}{\partial r}-\frac{1}{r}\left(1+\frac{R^3}{2r^3}\right)\sin\theta\frac{\partial\sigma_1}{\partial\theta}$$
$$=\frac{9\tau_v\sigma_0UR^6}{2r^8}(1+2\cos^2\theta) \tag{5.57}$$

球面 $r=R$ の近傍で σ_1 は

$$\sigma_1=-\frac{9\tau_v\sigma_0U}{2R}\left\{\log\left(\frac{r}{R}-1\right)+\frac{8}{3}\cos^2\frac{\theta}{2}+4\log\left(\sin\frac{\theta}{2}\right)+\text{const.}\right\}$$

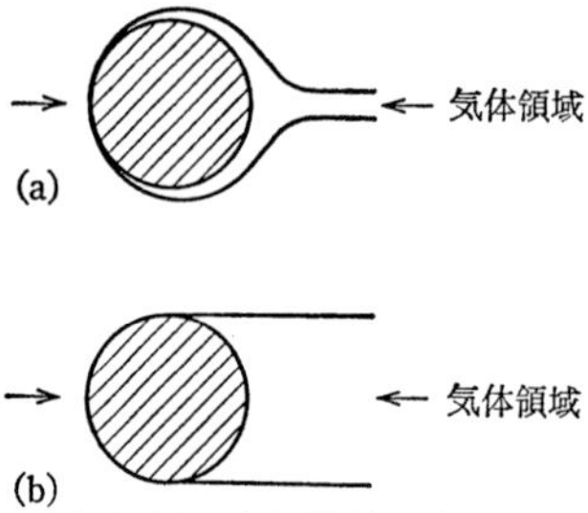

図 5.15　球を過ぎる流れ
(a) $L\gg\tau_vU$, (b) $L\ll\tau_vU$

と求められ，対数的特異性を示す．(5.57) の数値解から，粒子濃度が気体流線に沿って単調に増加することがわかり，図 5.15(a) のように，粒子が球前面のよどみ点から物体境界を離れて τ_vU 程度の厚さをもつ薄い気体層が形成されると予測される．しかし，この領域の流れの解析は困難で，正確な様子はまだ知られていない．

粒子が球面に衝突するかどうかについては，よどみ点に向かってくる粒子の運動を調べることによって若干の知識が得られる．対称軸 $\theta=\pi$ 上の粒子の位置を $r=R+\tilde{r}$，速度を $d\tilde{r}/dt$ で表し，$\tilde{r}\ll R$ での気体速度を $u_r=\partial\Phi_0/\partial r$ から求めると，粒子の運動方程式は

$$\frac{d^2\tilde{r}}{dt^2}=\frac{1}{\tau_v}\left(-\frac{3U\tilde{r}}{R}-\frac{d\tilde{r}}{dt}\right) \tag{5.58}$$

のように書くことができる．(5.58) の基本解 $\tilde{r}=\exp(\lambda t)$ の λ が実数であれば，$\tilde{r}=0$ となるまでに無限大の時間を要し，衝突は起きない．したがって，球面への粒子衝突が可能となるのは

$$\tau_vU>\frac{1}{12}R$$

のときである．

$L\ll\tau_vU$ のときには，2 相の間の運動量交換が小さく，気体は純粋気体の場合と同じ渦なしポテンシャル流れとなり，粒子群は上流の一様速度で運動すると近似される．粒子群は物体の前面に衝突し，図 5.15(b) のように，物体の後方に

粒子を含まない領域ができる．(5.55) で粒子速度を $v_i=Ue_i+v_{1i}$ のように表すと，気体の運動方程式 (5.49) から1次項に対して

$$\rho\left[\frac{\partial(u_{0j}u_{1j})}{\partial x_i}-\varepsilon_{ijk}u_{0j}\varepsilon_{klm}\frac{\partial u_{1m}}{\partial x_l}\right]+\frac{\partial p_1}{\partial x_i}=-\frac{\sigma_0}{\tau_v}(u_{0i}-Ue_i) \quad (5.59)$$

を得る．両辺の回転 (rot) をとると，

$$\left(\varepsilon_{jkl}\frac{\partial u_{1l}}{\partial x_k}\right)\frac{\partial u_{0i}}{\partial x_j}-\left(u_{0l}\frac{\partial}{\partial x_l}\right)\left(\varepsilon_{ijk}\frac{\partial u_{1k}}{\partial x_j}\right)=0 \quad (5.60)$$

となり，無限上流で $u_{1i}\to0$ だから，$\varepsilon_{ijk}\partial u_{1k}/\partial x_j=0$ となって，2相流領域では渦度はない．(5.59) を積分すると，

$$\rho u_{0i}u_{1i}+p_1+\frac{\sigma_0}{\tau_v}(\Phi_0-Ux)=0 \quad (5.61)$$

を得る．x は一様流の方向にとられた座標である．この1次の項まで含めてベルヌーイの定理は見かけの圧力 $p*$ を用いた形に書くことができる．

$$\frac{1}{2}\rho u^2+p*=\text{const.} \qquad p*=p+\frac{\sigma}{\tau_v}(\Phi-Ux) \quad (5.62)$$

物体後方の気体だけの領域内での運動方程式は

$$\rho\left[\frac{\partial(u_{0j}u_{1j})}{\partial x_i}-\varepsilon_{ijk}u_{0j}\varepsilon_{klm}\frac{\partial u_{1m}}{\partial x_l}\right]+\frac{\partial p_1}{\partial x_i}=0 \quad (5.63)$$

であるが，(5.60) はそのまま成り立つ．しかし，前項でみたように2相流領域からこの領域に入ると同時に渦度が生じる．いま，球の場合のように軸対称な流れについて考えよう．円柱座標系を (x, y, ϕ) とすると，渦度は ϕ 方向の成分のみであり，その大きさ ω_1 は

$$\omega_1=\frac{\partial u_{1y}}{\partial x}-\frac{\partial u_{1x}}{\partial y}$$

である．このとき (5.60) は

$$\left(u_{0x}\frac{\partial}{\partial x}+u_{0y}\frac{\partial}{\partial y}\right)\frac{\omega_1}{y}=0 \quad (5.64)$$

と表され，ω_1/y は気体流線に沿って一定である．連続の式 (5.47) を満たすいわゆるストークスの流れ関数を Ψ と表せば，

$$u_x=\frac{1}{y}\frac{\partial\Psi}{\partial y}, \qquad u_y=-\frac{1}{y}\frac{\partial\Psi}{\partial x}$$

(5.63) と u_{0i} のスカラー積および (5.64) から，

$$\rho u_{0i}u_{1i}+p_1=h(\Psi_0) \quad (5.65)$$

$$\frac{\omega_1}{y}=g(\Psi_0) \quad (5.66)$$

が得られる．(5.65) はベルヌーイ定数が流線ごとに異なることを意味し，関数

g と h の関係は，(5.63) から次のように与えられる．

$$g(\Psi_0)=-\frac{1}{\rho}\frac{dh}{d\Psi_0} \tag{5.67}$$

関数 h は，2相系と気体の領域を分離している境界 $y=y_c$（定数）を通過する気体の速度および圧力が不連続的な変化をしないという条件で定まる．すなわち，(5.61) と (5.65) を比較して，

$$h[\Psi_0(x, y_c)]=-\frac{\sigma_0}{\tau_v}[\Phi_0(x, y_c)-Ux]$$

を得る．この式と (5.66)，(5.67) から渦度を求めると

$$\begin{aligned}\omega_1&=-\frac{y_c}{\rho}\frac{dh}{d\Psi_0}\\&=\frac{\sigma_0}{\rho\tau_v}\left(\frac{\partial\Phi_0}{\partial x}-U\right)\left(\frac{1}{y_c}\frac{\partial\Psi_0}{\partial x}\right)^{-1}\\&=-\frac{\sigma_0}{\rho\tau_v}\frac{u_{0x}-U}{u_{0y}}\end{aligned}$$

いまの場合，粒子の速度成分は $v_{0x}=U$，$v_{0y}=0$ なので，前項の (5.46) と同様に，気体領域に入るときの渦度は，分離境界上での粒子に対する気体の相対速度の向きと結びついている．また，その大きさは粒子群と気体の濃度比に比例し，緩和時間に反比例する．渦度を流れ関数を用いて表すと

$$\frac{\partial^2\Psi_1}{\partial x^2}+\frac{\partial\Psi_1}{\partial y^2}-\frac{1}{y}\frac{\partial\Psi_1}{\partial y}=0 \qquad \text{（2相流領域）}$$

$$=-y^2 g \quad \text{（気体領域）} \tag{5.68}$$

となり，その解は，分離境界上で Ψ_1 と $\partial\Psi_1/\partial y$ が連続という条件と，物体境界に沿って Ψ_1 が一定であり，無限上流で一様状態になるという条件を満たさなければならない．濃度比が非常に大きくて，$\sigma L/\rho\tau_v U=O(1)$ である場合には，上の結果が最初の近似段階から現れるため，関数 $g(\Psi)$ の形も解と同時に求める必要がある[16]．

5.2　管　内　流——気液2相流

5.2.1　流 動 様 式

気液2相流は，4.6 節で述べたように，気液界面が時間・空間的に複雑な変形を繰り返すとともに，気相が圧縮性を有するため，固体粒子を含む流れに比べ，より多くの流動様式や流動形態が存在する．これらは通常以下に述べるような

いくつかの基本的な流動様式に分類される．

a. 垂直流

いま，物理的性質（温度，圧力，流体物性など）が一定である垂直管内2成分系気液2相流を考えてみよう．簡単のため，流路の内径は流れの方向に一様で，非加熱系とする．液流量を一定に保ち，気相流量を増加していくと，それに伴って流れの様子は違ってくる．この場合，気相には浮力が働くため，上向き流れと下向き流れでは多少流れの様子が異なる．

（1） 気泡流

気相流量が小さいときには，連続相である液相中を小気泡が分散して流れる．この場合，気泡密度（またはボイド率）が小さければ，気泡どうしの直接的，間接的な干渉は存在しない．気泡密度がある限界を越えると，気泡どうしが相互に干渉するようになる．この限界はボイド率にしておおよそ1％程度である．さらに気相流量を増すと，気泡どうしの合体が起こり，いわゆるキャップ気泡といわれる笠状の気泡が現れる．この流れをとくにチャーン乱流気泡流（churn turbulent bubbly flow）と呼んで，前の二つの流れと区別することがある．これら三つの流れを総称して気泡流（bubbly flow）と呼ぶ．

（2） スラグ流

気相流量をさらに増すと，砲弾型（bullet）をしたスラグ（slug）気泡（Taylor 気泡とも呼ばれる）が流路断面を満たすように，小気泡を含む液体部分（液体スラグ）と交互に上昇するようになる．この流れをスラグ流（slug flow）と呼ぶ．流路径が気泡の大きさに比べて同じ程度かそれ以下の場合には，先に述べた気泡流とスラグ流との中間的な流れが実現することがある．また，流路断面全体を占めるキャップ気泡やスラグ気泡が流体力学的に安定に存在しえないような大口径管では，当然この流動様式は存在しない．気泡流からスラグ流への遷移は，多くの場合，気泡どうしの衝突や合体の起こる確率を考慮した気泡充満（maximum allowable packing）モデルや，ボイド波の不安定性[17]，気相と分離して流動する液膜流表面波の不安定性[18]，などから説明されている．

（3） チャーン流

安定な Taylor 気泡が存在しえず，気体スラグが不規則に変形した大きな気相部分と小気泡を多数含む液相部分が複雑に入り乱れて，大きな脈動を伴いながら流動する場合がある．これをチャーン流（churn flow）またはフロス流（froth flow）と呼ぶ．また，スラグ流とチャーン流を総称して間欠流（intermittent flow）と呼ぶことがある．このチャーン流は，一般に流路の入口部付近で起こりやすいことから，流れが安定なTaylor気泡を含む状態に移行する途中の発達過程であると考えられている[19]．また，気体スラグが上昇する際に，気体スラグと管壁の間に存在する液膜は，気体スラグに対して相対的に逆流する．そのため，このスラグ周囲の液膜流と気体スラグに含まれる上向き流れの気相とは対向流を形成する．スラグ流からチャーン流への移行は，この対向2相流が存在する限界，すなわち，フラッディング（flooding）条件として求める方法も提案されている．

（4）　環状噴霧流・噴霧流

さらに気相流量が大きくなると，液は管壁に沿って流れる液膜流と流路のコア部分を流れる気相に随伴された液滴を形成するようになる．このような流れを環状噴霧流（annular-dispersed flow）という．とくに，液膜流中に気泡を含み，気相コア部に多数の液滴または液塊を含む流れをウィスピーアニュラー流（wispy annular flow）という．また，液膜流が消失し，すべての液が液滴となって気相とともに流路全体を流れる状態が，噴霧流（mist flow）である．環状噴霧流の安定性は，通常，水平流路における液膜流表面の波動に対するケルビン－ヘルムホルツ（Kelvin-Helmholz）不安定性またはその拡張として説明される場合が多い．しかし，垂直流路においては液膜や液滴に働く重力は，流れの方向と逆向きであり，その意味では，ケルビン－ヘルムホルツ不安定性だけでは必ずしも的を得た説明にはならない．垂直流路の環状噴霧流では，液膜や液滴はコアを流れる高速の気流による界面せん断力や揚力によって支えられている．したがって，たとえば，環状噴霧流の状態で，液流量を一定に保ち，気相流量を順次減らしていくと，ある流量以下になると気流中の液滴に働く下向きの重力が上向きの揚力より大きくなり，液滴は気流中を落下して，下部に蓄積し，液橋（liquid bridge）を形成する．このため，環状噴霧流からスラグ流またはチャーン流へ，流れの遷移が起こる．このような考え方に従った解析もある[19]．

以上が基本的な流動様式であるが，各流動様式間の遷移は必ずしも明確に起こるわけではなく，上に述べたものの中間的なものも存在する．図5.16は垂直上向き流れに対する典型的な流動様式の模式図である．

相変化を伴う蒸発管系では，壁面温度が液の飽和温度を越えると，壁面上に気泡が発生する（核沸騰）．この壁面上の核沸騰気泡は管長に沿ってしだいにその密度を増す．気泡を取り巻く流体力学的・熱的環境がある限界を越えると，これらの気泡は壁面から離脱し[21]，流れは図5.16に示したのと同様な気泡流となる．

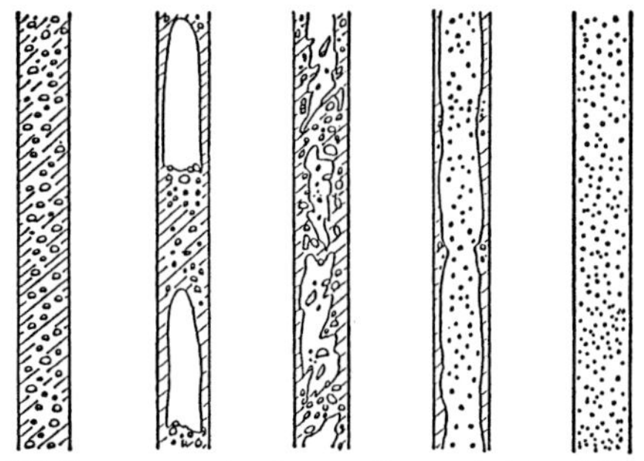

図 5.16　垂直円管内上向き流れの流動様式
(気液二相流技術ハンドブック（コロナ社，1989）2より)

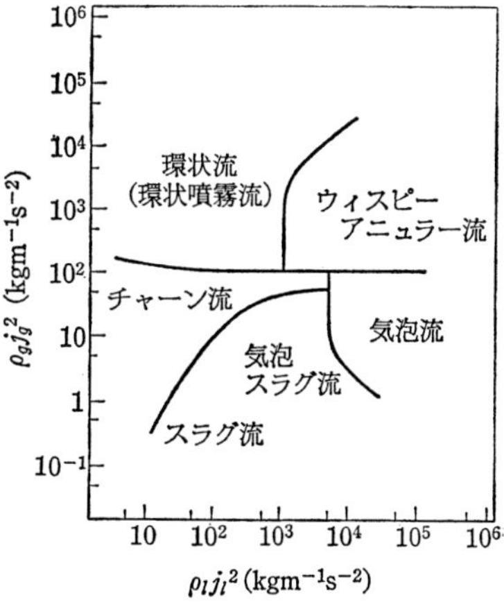

図 5.17　垂直円管内上向き流れに対するヒューイット－ロバーツ線図[22)]

流れに含まれる蒸気量は管長に沿って増加するため，流れが下流に進むにつれてスラグ流，環状噴霧流へと発達していく．環状噴霧流域では，壁面からの加熱によって液膜表面から蒸発が起こり，しだいに液膜厚さが減少する．やがてある位置で壁面上の液膜はすべて蒸発しきってしまう．この点をドライアウト点（dry-out point）という．ドライアウト点より下流では，小さな液滴が高速蒸気流に随伴されて流動する噴霧流となる．

流量が比較的大きく，クオリティが小さい場合には，上に述べたような環状噴霧流は実現せず，沸騰危機は液膜のドライアウトでなく，DNB(departure from nucleate boiling) によってもたらされる．この場合，DNB 点下流域では，プール沸騰でみられる膜沸騰（film boiling）と同様に，壁面上に蒸気膜（vapor blanket）が存在し，流路中央部を液が柱状になって流動する逆環状流 (inverted annular flow）となる．この逆環状流は相変化を伴う低温流体 2 相流で流体温度と管壁温度との差が大きい場合にもしばしば観察される．またこの流動様式は原子炉熱水力解析や安全性評価のうえからも注目されている．

気液 2 相流の流動様式の判別条件は，通常線図または式の形で与えられ，従来より多くの線図や式が提案されている．一例として図 5.17 にヒューイット－ロバーツ（Hewitt-Roberts）線図[22)]を示す．

b.　水平流

水平流路で観察される代表的な流動様式を図 5.18 に示す．垂直流路の場合と異なり，水平流路では重力の作用により，一般に液体は流路底部を流れやすい．

気相流量を多くするに従って，流れの様子は図の (a)→(f) と変化するが，液流量が小さな場合，気泡流，プラグ流 (pulug flow)，スラグ流は存在しない．

液流量が比較的小さい場合の気泡流では，浮力効果が大きく，気泡は流路の上部を流れるが，液流量が大きくなると，壁面効果が浮力効果を上回るため，流路内の相分布は垂直上昇流の場合と変わらない．

層状流 (stratified flow) では，気液界面はほぼ水平であるが，波状流 (wavy flow) になると，気液界面に働く比較的大きなせん断力によって，気液界面が波状を呈する．プラグ流では流路上部に長い大きな気泡 (elongated bubble) が存在するのに対し，スラグ流では扁平に変形した気体スラグが存在する．

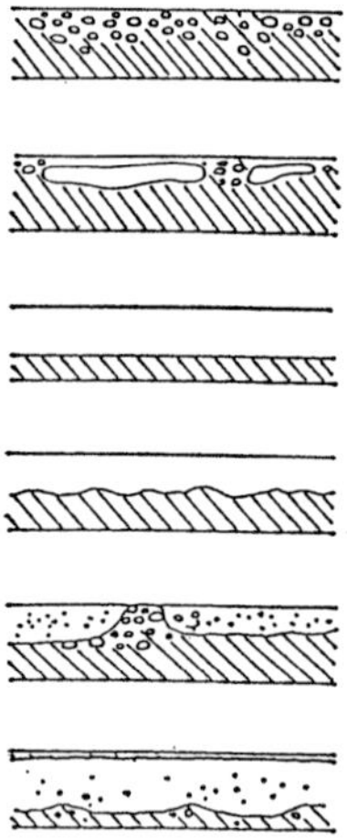

図 5.18　水平管内の流動様式
(気液二相流技術ハンドブック (コロナ社，1987) 3 より)

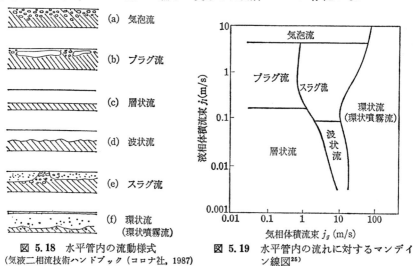

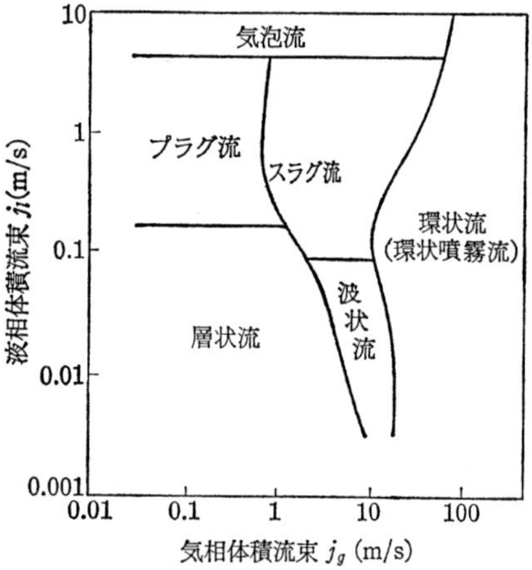

図 5.19　水平管内の流れに対するマンディン線図[25]

環状噴霧流は，垂直管の場合と類似しているが，液膜厚さは流路壁に沿って一様ではなく，底部の方が厚い．流路の上部にも液膜が安定に存在しうるのは，液滴の付着と重力によるドレイン効果，表面波の形成と拡大，管壁に沿う界面せん断力，表面張力などの影響によるといわれている[23]．一般に，流路底部付近の液膜表面の波高は上部の液膜に比べてはるかに大きく，気相流れに対して大きな流動抵抗となる．そのため，流路の上部と底部との間に圧力差が生じ，流路の中央部を横切って下降し流路壁に沿って上昇する，気体の 2 次流れが発生する．この 2 次流れによるせん断力によって，液体は上方に引張られる[24]．管径が大きい場合には表面張力の効果は小さい．水平流路に対する流動様式図の一例を図 5.19 に示す[25]．

5.2.2 気泡流の構造

気泡流の流れの構造は多くの因子によって左右されるが，基本的にはその局所流れ場は乱流場，相分布，界面構造のいわば連鎖的構造（triangular linkage）によって記述される[26]．そして，この構造はいずれも流れ場を形成している気泡の形状や大きさの分布に著しく依存していることが大きな特徴である．気泡流のモデル化が難しいのはこの理由に帰するところが大きい．

まず，流れの構造を理解するために，乱流場，相分布，界面構造の相互依存性について考えてみよう．簡単のため，気泡の大きさは乱れのマクロスケールに比べて十分小さいものとし，2 流体モデルを適用する．2 流体モデルによる瞬時・局所的な運動量保存則および時間平均の物理量に対する運動量保存則を用いると，気液の密度比が 1 より十分小さい場合，2 相流の乱れエネルギー保存式として次の関係が得られる[27,28]．

$$
\begin{aligned}
&\underbrace{\frac{\partial}{\partial t}\left(\rho_l\alpha_l\frac{1}{2}\overline{q_l'^2}\right)}_{\text{I}}+\underbrace{\frac{\partial}{\partial x_i}\left(\rho_l\alpha_l\frac{1}{2}\overline{q_l'^2}\,\overline{q_{li}}\right)}_{\text{II}}+\underbrace{\rho_l\alpha_l\overline{q_{li}'q_{lj}'}\frac{\partial\overline{q_{li}}}{\partial x_j}}_{\text{III}}\\
&\quad+\underbrace{\alpha_l\overline{\tau_{lij}\frac{\partial q_{li}'}{\partial x_j}}+\alpha_l\overline{\tau_{lij}}\frac{\partial\overline{q_{li}'}}{\partial x_j}}_{\text{IV}}\\
&=\underbrace{-\alpha_l\overline{p_l}\frac{\partial\overline{q_{li}}}{\partial x_i}-\frac{\partial}{\partial x_i}\left(\alpha_l\overline{p_l'q_{li}'}+\alpha_l\overline{\tau_{lij}'q_{lj}'}\right.}_{\text{V}}\left.+\rho_l\alpha_l\frac{1}{2}\overline{q_l'^2q_{li}'}\right)\\
&\quad+[\underbrace{\overline{\overline{F_{si}{}^*q_i{}^*}}}_{\text{VI}}\underbrace{-\overline{q_{gi}}(\overline{\overline{-p_g{}^*n_{gi}{}^*+\tau_{gij}{}^*n_{gj}{}^*}})+\overline{q_{li}}(\overline{\overline{-p_l{}^*n_{li}{}^*+\tau_{lij}{}^*n_{lj}{}^*}})]}_{\text{VII}}\langle a^*\rangle \qquad (5.69)
\end{aligned}
$$

ここで $\alpha_k=\langle X_k\rangle=1-\alpha$（$\alpha$：局所ボイド率），$\overline{A}_k=\langle A_kX_k\rangle/\alpha_k$ $(k=l, g)$，$\overline{\overline{B_k{}^*}}=\langle B_k{}^*a^*\rangle/\langle a^*\rangle$，$X_k$ は k 相の特性関数（相関数，3.3 節参照），$\langle\ \rangle$ は時間平均；q_{ki}, p_k, τ_{ijk}, F_{si} は速度，圧力，せん断応力，表面張力，$'$ は揺動成分，$*$ は気液界面における量を表す．I～VII の各項はそれぞれ時間依存項，対流項，生成項，散逸項，拡散項，界面構造維持のための界面エネルギー項（すなわち，表面張力項），および相間の相対運動による付加的な生成項である．とくに，VI 項と VII 項は気液混相流に特有のものである．固体粒子を含む流れでは VI 項を 0 とすればよい．なお，VI，VII 項に含まれる物理量 $\langle a^*\rangle$ は気液界面積濃度（interfacial area concentration）または界面積密度（interfacial area density）と呼ばれ，単位体積の混相流中に存在する気液界面の面積の総和を表し，長さの逆数の次元をもつ．

界面において気相の単位面積当りに働く抗力を F_{Di} とすると，気液界面に働く

抗力のつり合いから，液相に働く抗力は $-F_{Di}$ となる．したがって，(5.69) の右辺の最後の項は

$$[-\overline{q_{gi}}(\overline{\overline{-p_g{}^*n_{gi}{}^*+\tau_{gij}{}^*n_{gj}{}^*}})+\overline{q_{li}}(\overline{\overline{-p_l{}^*n_{li}{}^*+\tau_{lij}{}^*n_{lj}{}^*}})]\langle a^*\rangle$$
$$=-(\overline{q_{gi}}-\overline{q_{li}})F_{Di}\langle a^*\rangle \tag{5.70}$$

と書ける．ここに，$(\overline{q_{gi}}-\overline{q_{li}})$ は相間の相対速度である．

(5.69) と (5.70) からわかるように，連続相の乱れのエネルギーはボイド率 α と局所界面積濃度 $\langle a^*\rangle$ と無関係に一義的には決まらない．また，局所界面積濃度と気泡のザウテル平均値 (sauter mean diameter) d_B は，次の関係にある．

$$\langle a^*\rangle=\frac{6\alpha}{d_B} \tag{5.71}$$

さらに，後述するように，相分布自身が気泡の形状や大きさなどに著しく依存するため，結局 (5.69) で表される乱れ，相分布，界面構造の間に成り立つ相互依存の構造は，流れ場に存在する気泡の形状や大きさに大きく左右されることになる．

気液 2 相流では，相変化を伴う場合はもちろんのこと，相変化を伴わない非加熱系においても，流れの様子は単相流れに比していっそう著しく下流へ向かって変化する．たとえば，気泡発生器を出た直後の気泡は多かれ少なかれ力学的非平衡にあるため，流れ方向に圧力損失がなくても，下流域で力学的平衡が達成されるまでの間に気泡が著しく大きくなる場合がある．この力学的非平衡の緩和時間は理論的には数百マイクロ秒といわれているが，実際には気泡の発生の仕方によっては数ミリ秒程度にもなることがある．また，一般に流体の圧力は下流に向かうに従って減少するため，気泡は膨張や気泡どうしの合体・分裂によってその大きさや形状を変える．気液 2 相流では，このように，流れ方向の圧力損失に伴って流れの様子が変化するため，厳密には完全発達域 (fully developed region) は存在しえない．しかし，通常の概念で，流路内の流れが対称性を有し，種々の物理量の流路内分布が流れ方向にあまり変化しない場合には，「整定流れ (established flow)」または「発達した流れ (developed flow)」と呼び，準定常流れとして取り扱うことができる．気液 2 相流における非整定区間の長さは，気泡発生方法や流路形状，初期流動様式によって大きく左右されるが，円管内気泡流では，一般には流路直径の数十倍程度である．

気液 2 相流現象は，他の場合と同様に，目的に応じて 1 次元的な物理量を取り扱う場合（たとえば，圧力損失や流路断面平均のボイド率など）と，多次元物理量を取り扱う場合がある．前者については研究の歴史も比較的長く，ある程度の

知見の蓄積と理解が得られている．本節では，物理現象機構の理解や工学的実用性から最も重要とされる多次元効果を中心に，気泡流（主に整定流）のいくつかの特性について述べる．

a. 相分布

相分布 (phase distribution) または相分離 (phase separation) は，気液 2 相流の最も基本的な現象であり，その理解は学術的にも工学的実用性のうえからも最も重要視されている．したがって，相分布のモデル化は，気液 2 相流現象の物理的理解に根幹を根ざしたものでなければならず，それだけに，気液 2 相流研究者にとっての長年の大きな課題の一つであるといえる．しかしその全容はいまなお明らかにされているとはいいがたい．この問題にチャレンジすることが気液 2 相流を理解するうえで有用と考えられるため，現在の知見の一端を本節で紹介する．

（1） 流路形状依存

図 5.20 は，過去に多くの研究者によって報告された上向き円管流路内の空気－水系気泡流での測定結果を整理，とりまとめたマップである[26]．一般に，上向き流れの場合，液相の流路断面平均流速 j_l (volumetric flux) が小さいときには，相分布は流路中央部に凸な分布を示す．j_l が 1 m/s 程度になると，壁面近傍に大きなボイド率のピークを有する鞍型の分布を示す．また，この領域では，r/R＝0.6～0.8 あたりに，中立浮遊粒子におけるセグレーシルバーバーグ (Segre–Silberberg) 効果[30]として知られているものと一見類似した，相分布の緩やかなピークが観察される場合もある．さらに j_l が大きくなると，ボイド率のピークは壁面よりやや中央部に観察されるようになる．一方，下向きの流れでは，壁面近傍での相分布のピークは顕著にはみられない．

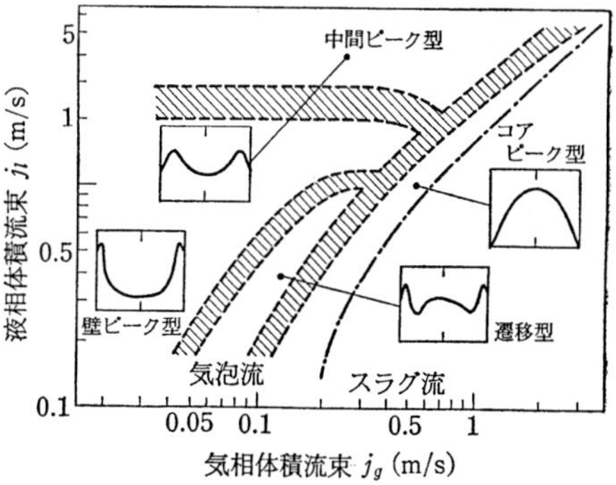

図 5.20 垂直円管内上向き空気－水気泡流の相分布[26]

図 5.21 は，三角流路内の垂直空気－水気泡流で得られた 1/2 流路内の相分布，液流速，乱れ強度の分布である[31]．この場合，流路間隙の狭いコーナー部分で局所ボイド率が大きくなっている．このような特徴は矩形流路でも観測される．原子炉炉心や熱交換器のような管群流路内での相分布は実用上きわめて重要であるが，測定上の問題からその報告例は多くない．

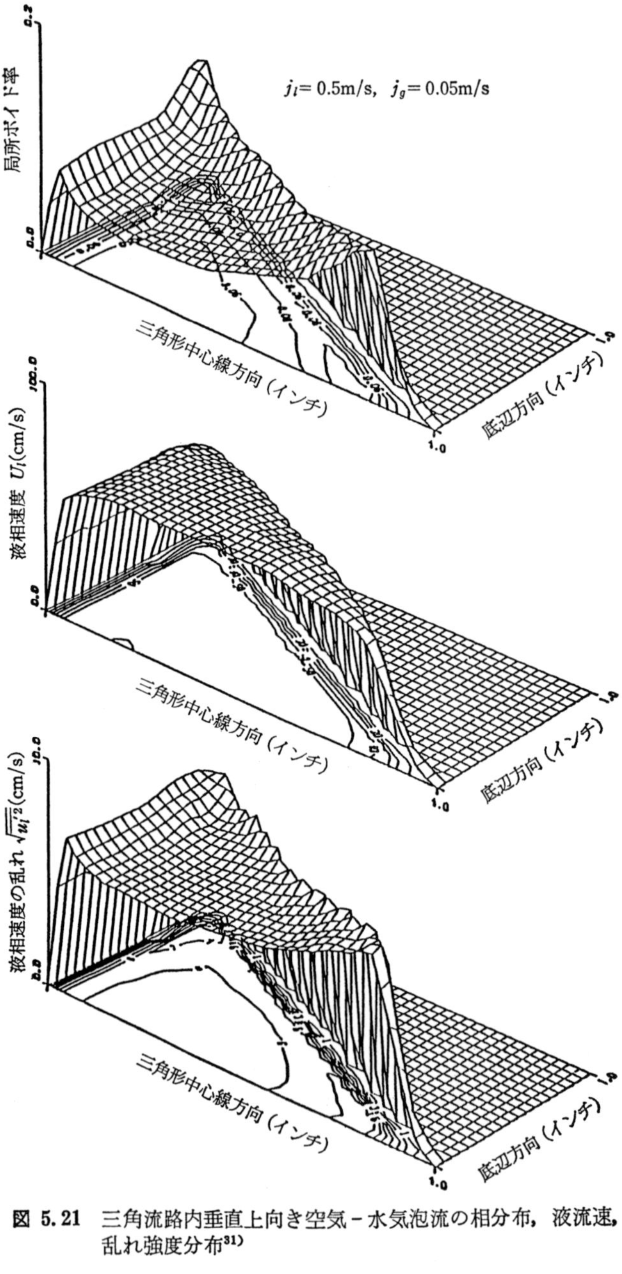

図 5.21　三角流路内垂直上向き空気－水気泡流の相分布，液流速，乱れ強度分布[31]

（2） 流体物性依存

気泡流の相分布はとくに連続相の流体物性によっても変わる．たとえば，水銀のように壁面を濡らしにくい液体では，気泡は壁面に沿って流れやすい[32,33]．同じ液体金属でも，ナック（NaK，ナトリウムとカリウムの合金）のように物体を濡らしやすい液体では，図5.20に示したような壁面近傍の相分布のピーキングはみられない[34]．一方，粘性の非常に大きな液体の2相流では，流動様式そのものが通常流体の場合（たとえば図5.16）とは著しく異なることが観察されている[35]．この場合の気泡流では，細管内の通常液体－ガス2相流でしばしば観察されるように，個々の気泡があたかも単一のスラグのように流路断面の大部分を占有して連続的に列をなして流れる．この場合の相分布は当然流路中央で凸な分布形を呈する．また，化学工学や食品工業などで用いられる非ニュートン流体－ガス2相流では，壁面近傍に弾性境界層（elastic boundary layer）が形成され，気泡はその弾性境界層に弾き返され，壁面に近づくことができないと考えられている[36]．そのため，気泡流の相分布はナック系気泡流で観察されたものに類似したベル型分布を示す．

（3） 相分布のメカニズム

上に述べたような相分布の違いはどのようなメカニズムから生じるのであろうか．これに対する正確な答えを見出すのは現在の知見からは大変困難であるが，部分的には，せん断流中での気泡の半径方向移動が気泡の大きさ・形状，速度勾配に依存すること[37~39]，および乱れ分布の不均一性に起因する圧力勾配[40]などに求められよう．

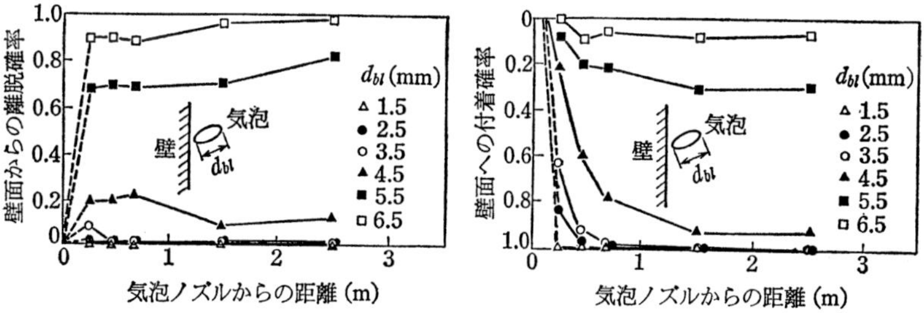

図 5.22 垂直管内上向き流れにおける気泡の挙動[37]

たとえば，図5.22は水中で流路壁近傍に導入された気泡の横方向移動に関する挙動の確率を観察したものである[37]．それによれば，上向き液流速j_lが0.3～1.5 m/sでは，球形気泡や球相当直径が5 mm以上の非球形気泡はすべて流路の中央に移動する傾向がある．通常の方法で発生する気泡の大きさが一般に1〜5 mm程度であることを考えると，この液流速範囲では壁面近傍に相分布のピークが現れやすいことになる．一方，j_lが0.3 m/sより小さいか，または1.5 m/sより大きい場合には，気泡径によらず気泡はすべて流路中央に集まる傾向を示す．こうした気泡の挙動は，回転する剛体球に関する古典的なマグナス力や，気泡周囲の液の循環に基づく揚力によっては，必ずしも説明できない．図4.7(4.6.2項)に示したような気泡背後に形成される渦 (vortex shedding) の挙動と関係した揚力が気泡に働く結果と考える方がより自然であるが，その詳細は明らかでない[26]．以下に相分布予測に関する二つの代表的なモデル化を紹介するが，いずれも，気泡の横方向移動のメカニズムの一部に，気泡周囲の液の循環による揚力を仮定している．

【気泡拡散モデル】

このモデルは気泡を一種の拡散粒子として取り扱うものである．いま半径方向の気泡束 (bubble flux) を考える．気泡に働く力は壁面効果 (wall effect) としての揚力 (lateral lift force) およびボイド勾配による拡散力 (diffusion force) のみであるとする．定常状態にある発達した流れでは，半径方向の正味の気泡束 j_{gr} は0であるから，そのバランス式は

$$j_{gr}=j_w+j_D=0 \tag{5.72}$$

となる．右辺の第1項および第2項はそれぞれ揚力項およびボイド勾配による気泡の拡散項である．

気泡に働く揚力は気泡周囲に形成される液の循環によるものであると考えると[41〜43]，揚力（ベクトル）は次式で与えられる．

$$F_{Li}=C_L\rho_l\alpha\varepsilon_{ijk}(\varepsilon_{jmn}\partial q_{ln}/\partial x_m)(q_{gk}-q_{lk}) \tag{5.73}$$

ここにC_Lは揚力係数 (lift coefficient) と呼ばれ，液の正味の循環流量に依存する定数である．非粘性流体中の単一気泡に対しては0.5程度の値であるとされている．この式は層流場で粒子に働く揚力が液相の渦度と粒子 - 液相間の相対速度の積で与えられるとするサフマン (Saffman)[44]の理論と同じものである．この式からわかるように，液相の流れ方向について，気泡が液相に対して正の相対速度をもつ場合（たとえば上向き流れ）には，気泡は壁面方向に向かう揚力を受けることになる．一方，負の相対速度をもつ場合（下向き流れ）には，気泡は流路中央に向かう揚力を受けることになる．

ジュン (Zun)[38]は (5.73) で，気泡に働く力と相対速度との間に比例関係が近

似的に成り立つとし，また，気液間の相対速度として無限媒質中での気泡の終端速度（terminal velocity）q_∞ を仮定して，軸対称流れに対して次の関係を与えている．

$$j_w = -C\rho_l \alpha q_\infty{}^2 (\partial U_l/\partial r)/g\Delta\rho \tag{5.74}$$

ここで $C=0.8\exp(-2\alpha)$，U_l は液相の主流方向の時間平均速度，g は重力加速度，$\Delta\rho=\rho_l-\rho_g$ は気液の密度差である．

一方，拡散項 j_D は気泡の半径方向輸送の拡散係数（diffusion coefficient）または輸送係数を ε_b とすれば

$$j_D = -\varepsilon_b \partial\alpha/\partial r \tag{5.75}$$

と表される．

芹沢ら[45,46]はヘリウム気泡をトレーサとして上向き垂直円管内の空気-水気泡流中での気泡の拡散係数を測定し，主流方向の液相速度の乱れ u_l' との関係を求め，無次元数のペクレ数 P_e で整理し，次の結果を得ている．

$$P_e = u_l' d_b/\varepsilon_b = 2 \tag{5.76}$$

この関係は次のように解釈される[47]．いま，気泡は気泡と同じ程度の大きさの流体の渦と相互作用（衝突）をするたびに，その運動の方向を変えることによって気泡の拡散が起こると考える．この相互作用における気泡の運動の平均自由行程 l_b および気泡のゆらぎ速度 q_b' がそれぞれ気泡径 d_b と液相の乱れ速度 q_l' と次の関係にあるとする：

$$l_b = k_1 d_b, \qquad q_b' = k_2 q_l' = k_2 k_3 u_l' \tag{5.77}$$

（k_1，k_2，k_3 は比例定数）．したがって，気泡-流体渦の相互作用による気泡の運動方向の変化が等方的であれば，この相互作用に基づく気泡の乱流拡散係数 ε_b は

$$\varepsilon_b = \frac{1}{3} q_b' l_b = \frac{1}{3} k_1 k_2 k_3 d_b u_l' \tag{5.78}$$

となる．すなわち，$P_e = 3/k_1k_2k_3$（一定）となり，(5.76) の関係が得られる．気泡拡散係数はこのように液相の乱れと深く関係する．

与えられた気泡径に対して液相の乱れ分布 u_l' が既知であれば，(5.72)，(5.74)，(5.76) を用いて相分布 α が計算できる．しかし，k-ε モデルを2相流に適用して液相の乱れ u_l' を計算する手法もあるが[40]，一般的に u_l' は未知であると考えるべきであろう．その場合には (5.76) は使えない．

すでに述べたように，気泡の乱流拡散に寄与できる流体の渦の大きさには限界があると推測される．いま，その限界となる最小の渦の大きさを l_{min} で表す．Zun[48] によれば，この l_{min} が無限媒質中での単一気泡運動におけるジグザグ運動

や螺旋運動などの規則的な気泡固有運動の周期$f_{b\infty}$(気泡径の関数)と液相の乱れに関するプラントルの混合距離によって表され，結局，乱れの渦と気泡との相互作用による気泡の乱流拡散を考慮した気泡の拡散係数ε_bは，液相の運動量輸送の乱流拡散係数ε_mを用いて，次式で与えられる.

$$\varepsilon_b=K\tau_w+\varepsilon_{b\infty}-\varepsilon_m[1+(\zeta/\pi f_{b\infty})(\partial U_l/\partial r)+(\zeta/2\pi f_{b\infty})^2(\partial U_l/\partial r)^2] \quad (5.79)$$

ここに，K, τ_w, $\varepsilon_{b\infty}$はそれぞれ実験定数，壁面せん断力，無限媒質中での気泡の拡散係数で，ε_b, $\varepsilon_{b\infty}$を (cm²/s) で，τ_wを (Pa) で表したとき，$K\sim 7.5\times 10^{-5}$, $\varepsilon_{b\infty}=5\times 10^{-5}$である．また，$\zeta=q_b'/q_l'$も実験定数である．$\varepsilon_{b\infty}$は実験結果に基づいて気泡径の関数として別途図表で与えられている．運動量輸送の乱流拡散係数ε_mと液の速度勾配は佐藤らの方法[49]（後述 (5.104)）を用いて計算される.

このようにして，(5.74)，(5.75)，(5.79) から与えられる直径d_bの気泡による相分布への寄与が計算される．したがって，気泡径分布のスペクトルが与えられれば，おのおのの大きさの気泡による寄与を計算し，それらをすべて加え合わせれば，流路内の相分布が計算される．この方法は単一気泡の挙動と液の乱れによる気泡輸送を組み合わせたもので，気泡径の影響を考慮した方法である．モデルと測定結果との比較は良好である．さらに，気泡合体を考慮した拡張モデルが提案されている[50].

【2流体モデルによる機構論的モデル】[40]

2流体モデルによる半径方向運動量保存方程式を気相と液相に対して書くと，次のようになる.

$$-\frac{\alpha\partial p}{\partial r}+\frac{1}{r}\frac{\partial}{\partial r}(\alpha r\tau_{rrg})-\frac{1}{r}\alpha\tau_{\theta\theta g}+F_L+(p_g{}^*-p_g)\frac{\partial\alpha}{\partial r}+\tau_{rrg}{}^*\frac{\partial\alpha}{\partial r}=0 \quad (5.80)$$

$$-(1-\alpha)\frac{\partial p}{\partial r}+\frac{1}{r}\frac{\partial}{\partial r}[(1-\alpha)r\tau_{rrl}]-\frac{1}{r}(1-\alpha)\tau_{\theta\theta l}-F_L-(p_l{}^*-p_l)\frac{\partial\alpha}{\partial r}-\tau_{rrl}{}^*\frac{\partial\alpha}{\partial r}=0 \quad (5.81)$$

ここで,

$$\tau_{rrl}=-\rho_l\overline{u_l'^2}, \qquad \tau_{\theta\theta l}=-\rho_l\overline{w_l'^2} \quad (5.82)$$

気液界面に働く揚力 (lift force) のベクトルF_Lは (5.73) で与えられるから，これを軸対称流に対して書き直すと，次のようになる.

$$F_L=-C_L\rho_l\alpha(U_g-U_l)\frac{\partial U_l}{\partial r} \quad (5.83)$$

気相での粘性効果や乱流せん断力τ_{rrg}, $\tau_{\theta\theta g}$, および気液界面でのせん断力$\tau_{rr}{}^*{}_k$ ($k=l, g$) などを無視し，さらに，両相の圧力が界面におけるおのおのの圧力に等しい，すなわち，$p_k=p_k{}^*$ $(k=l, g)$ を仮定する．$\rho_g/\rho_l \ll 1$ とすれば，(5.80)，(5.81) より $\partial p/\partial r$ を消去して，次式を得る．

$$\frac{\partial}{\partial r}(1-\alpha)+F(r)(1-\alpha)=G(r) \tag{5.84}$$

この式を積分すると，ボイド率分布は次式で与えられる．

$$\alpha(r)=1-\left[(1-\alpha)+\int_0^r G(r'')\left\{\exp\int_0^{r''} F(r')dr'\right\}dr''\right]\exp\left\{-\int_0^r F(r')dr'\right\} \tag{5.85}$$

ただし，

$$F(r)=\frac{1}{\overline{u_l'^2}}\frac{\partial\overline{u_l'^2}}{\partial r}+\frac{1}{r}\frac{1-\overline{w_l'^2}}{\overline{u_l'^2}} \tag{5.86}$$

$$G(r)=C_L(U_g-U_l)\frac{\partial U_l}{\partial r}\bigg/\overline{u_l'^2} \tag{5.87}$$

u_l'，w_l' は液相の主流方向および円周方向の乱れ速度を表す．

また，前述のせん断力や圧力に関する仮定を考慮して，(5.80) と (5.81) を加え合わせ，F_L を消去すれば，

$$-\frac{\partial p}{\partial r}+\frac{1}{r}\frac{\partial}{\partial r}[r(1-\alpha)\tau_{rrl}]-\frac{1}{r}(1-\alpha)\tau_{\theta\theta l}=0 \tag{5.88}$$

を得る．この式に (5.82) の関係を代入し，整理すれば

$$\frac{\partial p}{\partial r}-\frac{\partial}{\partial r}[(1-\alpha)\rho_l\overline{u_l'^2}]-\frac{1}{r}(1-\alpha)\rho_l(\overline{u_l'^2}-\overline{w_l'^2})=0 \tag{5.89}$$

となる．この式を積分すると，流路内の圧力分布 $p(r)$ が次式のように求まる．

$$p(r)=p(R)-(1-\alpha)\rho_l\overline{u_l'^2}-\int_0^r\frac{1}{r'}(1-\alpha)\rho_l(\overline{u_l'^2}-\overline{w_l'^2})dr' \tag{5.90}$$

(5.90) からわかるように，乱れ ($\overline{u_l'^2}$，$\overline{w_l'^2}$) の大きな場所ほど局所圧力が低いことになる．すなわち，(5.85)，(5.90) より流路内の相分布は不均一な乱れ場に基づく圧力勾配に起因する力と揚力とのバランスによって決まることになる．とくに，壁面近傍の相分布のピークはそこでの大きな圧力勾配の結果であり，また，$r/R=0.6\sim0.8$ でみられる緩やかなピークは揚力によって生じたものと解釈できる．上向き流では気泡は主流方向に対して正の相対速度を有するため，気泡は壁面に向かう揚力を受ける．一方，下向き流れでは，気泡は主流方向に対して負の相対速度を有するため，管中央に向かう揚力を受けることになる．これが流れ方向によって相分布形が異なる理由である．

なお，この解析方法を適用する場合，揚力項にかかる係数 C_L(5.83) および乱れの分布を知る必要がある．実際には垂直円管内空気 - 水上昇流で行った測定結

果に基づいて係数 C_L を速度勾配，局所ボイド率，気泡径，管径，気液間の相対度速などの関数として与えている．また，乱れについて単相流に対する k-ε モデルを2相流に拡張して求めている[40].

b. 液流速分布と渦拡散係数

気泡流における液流速分布は一般に液単相流における速度分布（たとえば1/7乗則）などに比べ平坦な分布となる[40,45,46,49,51]．これは気泡の存在によって半径方向の運動量輸送が促進され，混合距離が大きくなった結果である．ここでは液流速分布の予測方法と渦拡散係数について考えてみよう．

（1） 基礎式

気泡流における運動量輸送の渦拡散係数を ε_m とすれば，流路内の局所せん断力 τ は次のように表される．

$$\tau=\rho_l(1-\alpha)(\nu_l+\varepsilon_m)\left(\frac{\partial U_l}{\partial y}\right) \tag{5.91}$$

ここに，ν_l および $y(=R-r)$ は液の動粘性係数および壁面からの距離である．また，壁面せん断力を τ_w とすれば，円管流路内の運動量のつり合いは

$$\frac{\tau}{\tau_w}=r^*\left(1-B\int_0^1\alpha r^* dr^*\right)+\frac{B}{r^*}\int_0^{r^*}\alpha r^* dr^* \tag{5.92}$$

$$r^*=\frac{r}{R}, \qquad B=\frac{\rho_l g R}{\tau_w}$$

である．一方，流路全体を流れる液の流量 Q_l は

$$Q_l=\pi R^2 j_l=2\pi R^2\int_0^1 r^*(1-\alpha)\,dr^* \tag{5.93}$$

で与えられる．

このように，既知の流路内相分布 $\alpha(r)$ や液流量 Q_l に対して，渦拡散係数が与えられれば，τ_w の値を種々変化させて，(5.91)～(5.93) から計算される Q_l が与えられた Q_l に一致するまで繰り返し計算することによって，液相の運動量輸送（とくにレイノルズ応力）や流速分布を求めることができる．相分布が既知でない場合には，すでに述べた相分布予測モデルと組み合わせて考えればよい．場合によっては気泡流に対して提案された k-ε モデル[40]によって計算することも可能であるが，この方法は必ずしも確立されたものではない．

（2） 渦拡散係数

運動量輸送に関する渦拡散係数を，便宜上次式のように表し，液単相流に固有な成分 ε_{ms} と気液間の相対運動または気泡の乱流拡散によって誘起される成分 ε_{mb} とに分けて考える．

$$\varepsilon_m=\varepsilon_{ms}+\varepsilon_{mb} \tag{5.94}$$

まず，ε_{mb}について考えてみよう．5.2.2項a.(3)で述べたように，気泡は流体の渦と衝突することによって，その運動方向を変え，乱流拡散すると仮定する．この気泡拡散によって液相も流路半径方向に輸送される．すなわち，主流方向と壁面とに直交する方向をy方向とし，y方向に垂直な検査面を考える．図5.23に示すように，気泡が拡散によってこの検査面を$\pm y$方向に通過すれば，気泡と同体積の液が反対方向に流れ込むことになる．すなわち，気液交換が起こる[52]．気泡の拡散が等方的であれば，この検査面を$\pm y$方向に通過する気泡束$j_{b\pm}$は

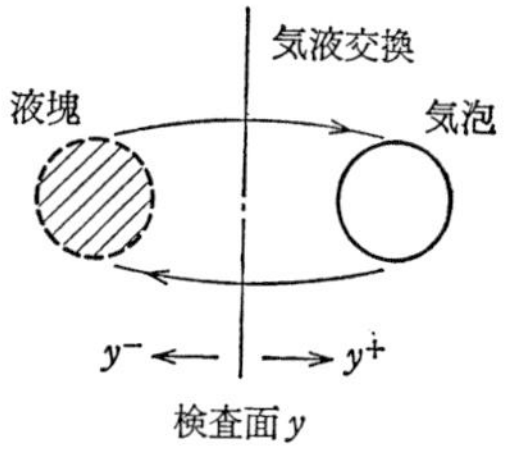

図 5.23 気液交換モデル[47]

$$j_{b\pm}=\pm\left(\frac{1}{6}\right)n_b v_l' \tag{5.95}$$

n_b，v_l'はそれぞれ気泡密度，液相のy方向の乱れ速度である．

気泡直径をd_bとすれば，この気泡の移動によって生じる液流束$j_{l\pm}$は

$$j_{l\pm}=\left(\frac{1}{6}\right)n_b\left(\frac{\pi}{6}\right)d_b^3 v_l' \tag{5.96}$$

である．この気液交換で輸送される液体の距離は，気泡と渦との衝突に関する気泡運動の平均自由行程l_bで近似できると考えられるから，この検査面を$\pm y$方向に通過する運動量束の差，すなわち，乱流応力$\tau_b{}^T$は次のように書ける．

$$\tau_b{}^T=\rho_l\cdot 2l_b\cdot\left(\frac{1}{6}\right)n_b\left(\frac{\pi}{6}\right)d_b^3 v_l'\left(\frac{\partial U_l}{\partial y}\right) \tag{5.97}$$

一方，ボイド率は

$$\alpha=\left(\frac{1}{6}\right)n_b\left(\frac{\pi}{6}\right)d_b^3 \tag{5.98}$$

で与えられるから，気液交換による乱流応力は，結局，次式となる．

$$\tau_b{}^T=\rho_l\left(\frac{l_b}{3}\right)\alpha v_l'\left(\frac{\partial U_l}{\partial y}\right) \tag{5.99}$$

また，気泡により誘起される渦拡散係数ε_{mb}は

$$\tau_b{}^T=\rho_l\varepsilon_{mb}\left(\frac{\partial U_l}{\partial y}\right) \tag{5.100}$$

で定義されるから，(5.77)，(5.78)，(5.99)，(5.100) より

$$\varepsilon_{mb}=\alpha\varepsilon_b=k\alpha d_b u_l' \qquad \left(k=\frac{k_1k_2k_3}{3}\right) \tag{5.101}$$

単相流における混合距離をl_s，気泡流における混合距離をl_tとすると，(5.94)，(5.101) から

$$l_t = l_s + k\alpha d_b \tag{5.102}$$

となり，気泡流の混合距離は単相流の混合距離より大きくなる．

佐藤ら[49]はε_{mb}が気泡の相対運動に起因するとして，(5.101) と類似した次式を提案している．

$$\varepsilon_{mb} = 0.6\,\alpha d_b (U_g - U_l) \sim 0.6\,\alpha d_b q_\infty \tag{5.103}$$

一方，液相固有の渦拡散係数ε_{ms}として，単相流に対するライハルト(Reichardt)の式 (5.105) を用いている．また，壁面近傍での渦拡散係数の減衰を表す damping factor $D(y^+)$ を考慮して，最終的には次式を与えている[49]．

$$\varepsilon_m = D(y^+)(\nu_l + \varepsilon_{ms} + \varepsilon_{mb}) \tag{5.104}$$

$$D(y^+) = \left[1 - \exp\left(-\frac{y^+}{16}\right)\right]^2$$

$$\varepsilon_{ms} = 0.4\nu_l y^+ \left[1 - \frac{11}{6}\left(\frac{y^+}{R^+}\right) + \frac{4}{3}\left(\frac{y^+}{R^+}\right)^2 - \frac{1}{3}\left(\frac{y^+}{R^+}\right)^3\right] \tag{5.105}$$

ε_{mb}：(5.103)

ここで，$R^+ = R(\tau_w/\rho_l)^{1/2}/\nu_l$は無次元半径，$y^+ = y(\tau_w/\rho_l)^{1/2}/\nu_l$は壁からの無次元距離を表す．

c.　液相の乱れ

(5.73) で抗力F_{Di}は必ず相間の相対度速 ($q_{gi} - q_{li}$) を減じる方向に作用するから，(5.70) の左辺は正となる．すなわち，気液間のマクロな相対運動は常に乱れの付加的な生成を伴う．一方では，小さなスケールの相対運動を含めて，気液間の相対運動や界面の振動は粘性によるエネルギー散逸を増加させる．したがって，乱れの大きさに及ぼす気泡の影響は両者の相対的な大きさに依存する．管内流ではさらに壁面近傍における乱れの生成と散逸，対流，拡散などがあり，実際には大変複雑な様相を呈する．

図 5.24 は，垂直円管内空気 - 水気泡流における主流方向と半径方向の液相の乱れを測定した例である．この図には，同じ液流量の液単相流における乱れの測定結果も示されている．この図に示されるように，気泡を含む混相流の乱れについても，固体粒子を含む流れで観察された (4.6.2 項参照) と同様な連続相 (液相) の乱れの抑制 (damping) が起こる場合がある．従来から報告されている多くの研究者による乱れの測定結果をまとめて，局所的乱れが単相流に比べ抑制さ

れる領域と促進される領域を表したのが図5.25である．これらの測定結果は多孔壁などを用いた通常の気泡作成方法を用いて得られたものであるが，特別な方法を用いて，気液流量条件に対して，気泡の大きさを任意に制御して測定すると，たとえば，図5.25で乱れの抑制領域にある条件でも，気泡径が大きくなると，乱れが促進されることがある[53]．しかし，気泡径の大きさが異なると，一般には流路内の相分布が変化するため，乱れの抑制に及ぼす気泡径の影響を正しく評価するためには，流路内における乱れの生成や散逸などの大きさを知る必要がある．

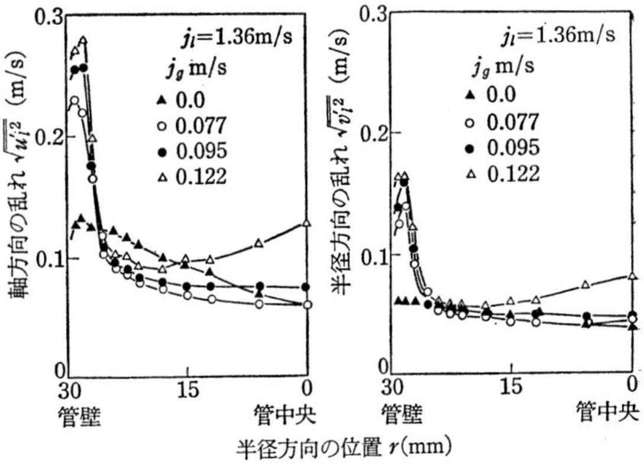

図 5.24 垂直円管内空気－水気泡流における乱れの促進・抑制[26]

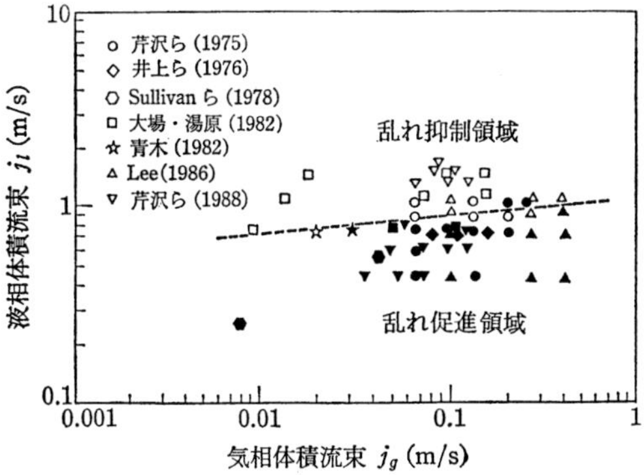

図 5.25 垂直円管内空気－水気泡流における乱れの促進・抑制[26]

（1） 乱れエネルギーの生成と散逸

図5.26は，(5.69) に5.2.2項b.(2) で述べた気液交換モデルによる運動量輸送の渦拡散係数を適用し，いくつかの簡略化の仮定の下に，定常状態における乱れの生成項，散逸項，拡散項の大きさを計算したものである[54]．この図は液流量が比較的小さく，相分布が壁面近傍に大きなピークを有しない場合に相当するが，この図からわかるように，壁面に近い領域では速度勾配やマクロな気液相対運動に起因する乱れの生成や，散逸，拡散とも大きな値を示している．流れのコア領域では，速度勾配に基づく乱れの生成や拡散項は単相流に比べて小さく，そこでの乱れ特性は主に気泡による乱流生成と乱流散逸のバランスによって決定されていることが推測される．一方，気泡が壁近傍に集中するような流れでは，コ

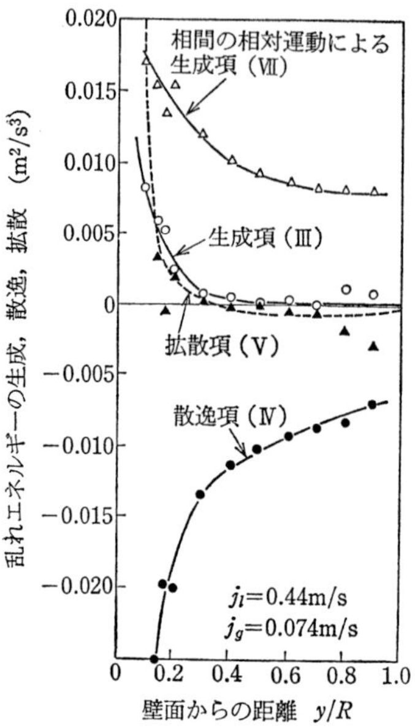

図 5.26　乱れエネルギーの生成・散逸・分散[38)]

ア部での気泡密度は小さく，したがって，気液間の相対運動に起因する付加的な乱れの生成はない．この場合には，主に壁近傍の乱れの生成と散逸がコア部の乱れの大きさを決定することになる．壁近傍における散逸が非常に大きければ，結果としてコア部の乱れは単相流に比べて小さくなることもありうる．

上に述べたことから明らかなように，乱れの散逸は気泡流の構造を大きく支配するものであるが，乱れのエネルギー散逸機構を詳細に知ることは大変困難である．たとえば，非圧縮性流れを仮定して求めた乱れのエネルギー保存則によれば[27,28)]，気液界面における速度や運動量の変動に関係したメカニズム，速度変動のなす仕事，および界面近傍での速度勾配や圧力勾配に起因するメカニズムなどの存在が推測されている．しかし，これらのメカニズムの詳細は，その定量的取扱いとともに，今後の研究に残されている．

（2）　乱れエネルギーの可換性

4.6.2項で述べたように，気泡を含む流れでは，固体粒子を含む流れとは異なり，気液界面が時間的，空間的にきわめて複雑な変形を繰り返しているため，上に述べた乱れの促進・抑制機構とは別のメカニズムも存在すると考えられている[28)]．

いま，相変化を伴わない流れ，すなわち，単位界面積当りの界面エネルギー u^* が一定の流れを考える．界面の発生率を Γ^* とすると，界面のなす仕事および界面エネルギー保存則はそれぞれ (5.106)，(5.107) で表される．

$$\overline{\overline{F_s^* q_i}}{}^*\langle a^*\rangle=-u^*\overline{\overline{\Gamma}}{}^*\langle a^*\rangle \tag{5.106}$$

$$\frac{\partial}{\partial t}(u^*\langle a^*\rangle)+\frac{\partial}{\partial x_i}(u^*\langle a^*\rangle\overline{\overline{q_i}}{}^*)=u^*\overline{\overline{\Gamma}}{}^*\langle a^*\rangle=-\overline{\overline{F_{si}^* q_i}}{}^*\langle a^*\rangle \tag{5.107}$$

ただし，(5.106) では気液界面積の増減によって誘発される液相の2次的な乱れのエネルギーの生成や散逸を無視した．簡単のため，界面の速度 q_i^* と気相の速度 $\overline{q_{gi}}$ が等しいとすれば，乱れのエネルギー保存則を表す式 (5.69) は，次のようになる．

$$
\frac{\partial}{\partial t}\left(\rho_l\alpha_l\frac{1}{2}\overline{q_l'^2}+u^*\langle a^*\rangle\right)+\frac{\partial}{\partial x_i}\left[\left(\rho_l\alpha_l\frac{1}{2}\overline{q_l'^2}+u^*\langle a^*\rangle\right)\overline{q_{li}}\right]
$$

$$
+\rho_l\alpha_l\overline{q_{li}'q_{lj}'}\frac{\partial\overline{q_{li}}}{\partial x_j}+\overline{\alpha_l\tau_{lij}\frac{\partial q_{li}'}{\partial x_j}}+\alpha_l\overline{\tau_{lij}}\frac{\partial\overline{q_{li}'}}{\partial x_j}
$$

$$
=-\alpha_l\overline{p_l}\frac{\partial\overline{q_{li}}}{\partial x_i}-\frac{\partial}{\partial x_i}(\alpha_l\overline{p_l'q_{li}'}+\alpha_l\overline{\tau_{lij}'q_{lj}'})
$$

$$
-(\overline{q_{gi}}-\overline{q_{li}})F_{Di}\langle a^*\rangle+\frac{\partial}{\partial x_i}[u^*\langle a^*\rangle\overline{(\overline{q_{gi}}-q_{li})}] \qquad (5.108)
$$

相間の相対速度$(\overline{q_{gi}}-\overline{q_{li}})$の勾配は一般に小さいから（管内流では壁のごく近傍でのみ大きな勾配をもつ），上式の最後の項は省略できる．したがって，(5.108)から，乱れの運動エネルギーと界面構造維持のためのエネルギー（表面張力エネルギー）の和，すなわち，$(\rho_l\alpha_l\cdot 1/2\cdot\overline{q_l'^2}+u^*\langle a^*\rangle)$が一つの保存量となる．これは，「気液混相流では乱れの運動エネルギーと界面エネルギーが互いに可換性をもつ」ことを意味する．すなわち，界面積が増すと，その分だけ乱れが小さくなる．換言すると，乱れエネルギーの抑制が起こる．これは気液混相流に特有の現象である．実際にこのような現象が存在する可能性はナクリャコフ(Nakoryakov)らの実験[55]やヘリンジ (Herringe) らの解析[56]からも十分推測される．

上の議論は，気泡の大きさが乱れのマクロスケールに比べて十分小さいと仮定して，導出したものである．しかしながら，実際にはこの仮定は必ずしも十分に満たされるとはいいがたい．そのため，4.6.2 項で述べた粒子 - 流体間のミクロな，または時間スケールの小さな相対運動に起因するエネルギー散逸項や生成項が陽に (5.69) に反映されていない点に注意する必要がある．

(3)　エネルギースペクトル

気泡流の乱れのエネルギースペクトルは，多くの場合，図 5.27 に示すように単相流に比べそのスペクトルが波数 k $(=2\pi f/U_l$, U_l は局所液相流速）の大きい方にシフトする．また，エネルギースペクトルの傾きも $-8/3$ ないしは -2 程度の値を示す．このことは，気泡の存在によって，乱れの渦が細分化されるとと

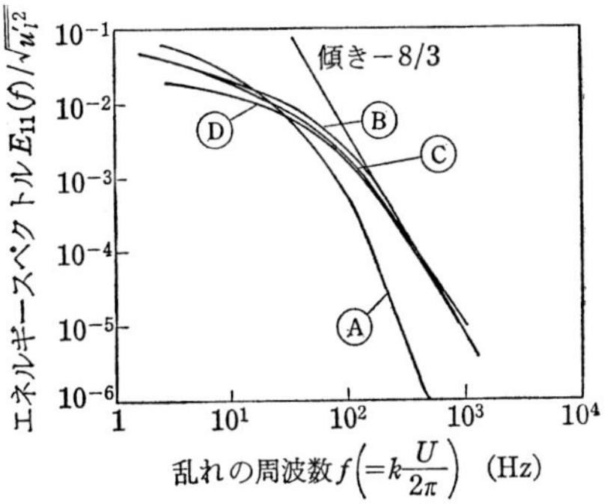

図 5.27　気泡流の乱れエネルギースペクトル[39]

Ⓐ$\alpha=0\%$，　Ⓑ$\alpha=0.54\%$，　Ⓒ$\alpha=1.26\%$，
Ⓓ$\alpha=1.65\%$．

もに，乱れエネルギーの散逸が促進されていることを示すものである．

単相流の場合，平均流に比べて十分小さなスケールの乱れについて，局所等方性を仮定すると，平衡状態における乱れエネルギーのスペクトル分布が $-5/3$ 乗則に従うことはよく知られている．気泡流における乱れの渦の細分化過程は渦と気泡の相対的大きさに依存すると考えられている．たとえば，気泡に比べて非常に小さなスケールの渦は，気泡との相互作用によって，より小さな渦に細分化される確率は小さいであろう．それに対して，大きな渦はより大きな確率で細分化が行われるであろうことは容易に想像できる．すなわち，渦の細分化の確率を $P(k, d_b)$ と表したとき，それに対する最も単純な仮定は

$$P(k, d_b) \propto k^{-1}/d_b \tag{5.109}$$

である．ここで，k^{-1} は乱れの渦に関する波数の逆数で，渦の大きさを表し，d_b は気泡の大きさである．したがって，単相乱流におけるコルモゴロフ(Kolmogoroff)の局所相似性の第2仮説に (5.109) による確率の補正を施すと，気泡流における乱れのエネルギースペクトル $E(k)$ は次のように書くことができる[39]．

$$E(k) \propto P(k, d_b)\varepsilon^{2/3}k^{-5/3} \propto \varepsilon^{2/3}k^{-8/3} \tag{5.110}$$

この考え方はあまり厳密なものとはいえないが，結果の傾向をうまく表している．

5.3 ノズル流れ

5.3.1 ノズル流れの一般的特徴

ノズルは，図5.28に示したように，断面積の変化する筒である．その構造があまりにも単純なために実感を伴わないが，ノズルは流体のエンタルピーを運動エネルギーに変換する装置としてきわめて重要である．この項では，ノズル内の流れ（混相流に限らない）に関して一般に知っていなければならない基本的事項について述べる．

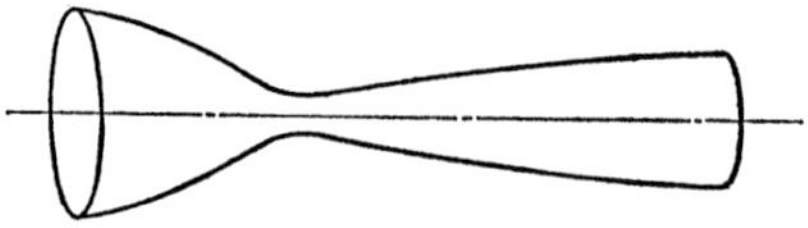

図 5.28　ノズル

ノズル流れを（理論的に）説明するということは，他の流れの場合と同様に，質量，運動量，エネルギーの保存式を，作動流体の状態式および（必要ならば）他の構成式とともに，与えられた（ノズルの入口・出口・側壁上における）境界条件および初期条件の下で解き，その解に基づいて，観測される流れの特性を説明し，また，どのような条件で何が起こるかを予報することである．普

通，その基本的な特性を知るために，まず，取り扱う作動流体について，定常・準1次元の流れを仮定して，その解が調べられる[57]．

状態式が最も簡単な完全気体の場合から話を始めよう．この場合，定常・準1次元流れを支配する式は

$$\rho qA = \text{const.} \tag{5.111}$$

$$\rho q \frac{dq}{dx} + \frac{dp}{dx} = 0 \tag{5.112}$$

$$\rho q \frac{dh}{dx} - q \frac{dp}{dx} = 0 \tag{5.113}$$

$$h = \frac{\gamma}{\gamma - 1} \frac{p}{\rho} \tag{5.114}$$

で与えられる．ここで，q は流速，ρ は気体の密度，p は圧力，h はエンタルピー，γ は比熱比を表す．A はノズルの断面積で，軸に沿った距離 x の与えられた関数である．(5.111)～(5.114) はそれぞれ質量保存式，運動量保存式，エネルギー保存式，状態式である．

(5.111)～(5.114) から h, p, ρ を消去すると，q に関する次の微分方程式が得られる：

$$\left(1 - \frac{q^2}{c^2}\right) \frac{1}{q} \frac{dq}{dx} = -\frac{1}{A} \frac{dA}{dx} \tag{5.115}$$

$$c^2 = c_0{}^2 - \frac{\gamma - 1}{2} q^2$$

c は局所音速で，q^2 の減少関数である．c_0 はよどみ点音速を表す．(5.115) の解は気体力学ではよく知られているが，その解曲線をみるまでもなく，(5.115) から，亜音速の流れ ($q < c$) では断面積の減少 ($dA/dx < 0$) は流速を増加させ ($dq/dx > 1$)，逆に断面積の増加 ($dA/dx > 0$) は流速を減少させる ($dq/dx < 0$) が，超音速の流れ ($q > c$) では，これらの対応は逆になることがわかる．

微分方程式の観点から

$$1 - \frac{q^2}{c^2} = \frac{dA}{dx} = 0 \tag{5.116}$$

は微分方程式 (5.115) の特異点であり，この場合，それは鞍点となっている．一方，質量保存式 (5.111) から，

$$\frac{1}{\rho q} \frac{d}{dx} \rho q = -\frac{1}{A} \frac{dA}{dx} \tag{5.117}$$

の関係が得られる．これらは，流量密度 ρq（流れに直角な単位断面積を単位時

間に通過する質量流量）が，亜音速流および超音速流のいずれでも，断面積の減少によって増加し，断面積の増加によって減少すること，そして $q=c$ で最大値をとることを示している．このため，（完全気体の場合）ノズルのスロートで流速が音速になると最大流量密度に達し，流れの閉塞が起こる．

管内の流れを外部から加熱または冷却したり，化学変化や相変化により内部から熱の放出または吸収があるとき，また，重力や電磁力のような体積力が流れの方向に作用するときにも，エネルギー保存式や運動量保存式にそれらに対応する項が現れ，それらは順次 q に関する微分方程式（5.115）の右辺に現れ，断面積の変化と類似した効果を与える．一般に，加熱および流れに逆向きの力は，断面積の減少と同じ効果をもたらす．

貯気槽に接続されたノズルにおける流れの閉塞は，ノズルのスロートで流れが音速に達するとき，下流の情報の上流への伝達が遮られるために起こると考えることもできる．流れが緩和性や分散性をもつとき，情報の伝達速度が波数によって異なるため，閉塞に近い流れでは情報の一部が遮断されるといった事態が生じる．その特徴は流れの閉塞への近づき方に現れ，スロート下流の流れが亜音速から超音速へ移行する過程にみられる．

閉塞に近い流れは，気体力学における遷音速流の問題であり，流れの非線形性と散逸，緩和または分散の効果が重要な役を演じる．実際に，これらの効果を無視して，ノズルのスロート下流における亜音速流から超音速流への連続的な移行を説明することはできない．ノズル流の問題は，その非線形性が重要であり，したがって解析が難しいのである．しかし，遷音速流では，流量密度の限界に関連して，ノズル断面積のわずかな変化が流れに大きな変化をもたらすという特徴がある．そこで，このような遷音速流の特徴を利用した特異摂動法を用いて，流れ場の特徴をうまく説明することができる．これについては，5.3.3 項でくわしく述べられる．

ノズルの全長にわたって断面積が大きく変化するノズル内の連続して加速される流れでは，流体とくに気体は，入口でほぼ静止した状態から，出口で非常に速い流れまで変化し，流れの特性時間はノズルに沿って大きく変わる．つまり，このようなノズル流れでは，物体を過ぎる一様流の場合のように流れの特性時間が唯一に決められないのである．このため，流体が何かの緩和過程を含むとき，それぞれの緩和過程は固有の特性時間をもっているから，最初ノズルの入口で平衡状態にある過程も，下流のどこかで平衡から外れる可能性がある．連続して加速されるノズル内の流れでは，このような特徴が現れる．

相変化の可能な流体が連続して加速される流れでは，流れの途中から相変化の始まる（単相流から2相流へ変わる）場合がある．この場合，核化過程の相違から相変化の特性時間の物理的内容が異なり，ある場合には，過冷却蒸気または過熱液体の状態を経て，急速な凝縮または沸騰を伴う流れが生じる．前者については5.3.4項で触れる．

一方，気泡流から始まり，連続して加速される気液2相流では，圧力が下がるにつれて気泡のすり抜けが生じる．また，気泡が膨張し，ボイド率（気相の体積比率）が増し，気泡の変形，合体や分裂，偏流などが生じ，流動様式が変化していく．気泡のすり抜けについては，5.3.5項で触れる．

5.3.2 閉塞現象

まず，一番簡単なモデルによって閉塞現象を考えてみよう．それは粒子と流体の間に速度差も温度差もない均質モデルの場合である[57,58]．

気体中に分散した固体粒子の場合の基礎方程式（3.7.1項）で，粒子と気体の速度をともに q，温度をともに T とする．定常・準1次元流れを考えるとき，質量保存式は

$$\sigma_1 qA=\text{const.}, \qquad \sigma_2 qA=\text{const.} \tag{5.118}$$

で置き換えられる．運動量保存式（3.61）およびエネルギー保存式（3.62）は，粘性応力および熱流を無視するとき，定常・準1次元流れに対しても同じ形をとる[注1)]．そこで，前項で普通の気体について与えたのと同じ手順で，流速 q に対する次の微分方程式が得られる：

$$\left(1-\frac{q^2}{a^2}\right)\frac{1}{q}\frac{dq}{dx}=-\frac{1}{A}\frac{dA}{dx}$$

ただし，いまの場合 a^2 は

$$a^2=\frac{\sigma_1 c_p+\sigma_2 c}{\sigma_1 c_v+\sigma_2 c}\frac{p}{\sigma_1+\sigma_2} \tag{5.119}$$

で与えられる．c_p および c_v は気体の定圧比熱および定積比熱，c は固体の比熱である．固体粒子が存在しなくなる極限（$\sigma_2\to 0$）で，a は確かに普通の気体中の音速にもどる．

上の結果は，普通の気体の場合と同じように，ノズルのスロートで流速 q が臨界流速 a に達したとき，流れの閉塞が生じることを示している．しかし，均質モ

デルが適用できるような微細な粒子が多数存在する場合には，臨界流速が著しく下がることが予想される．均質モデルでは，粒子の負荷率 $\nu=\sigma_2/\sigma_1$ は流れを通して一定であり，混相流体は，密度が $\sigma=(1+\nu)\sigma_1$，気体定数が $\bar{R}=R/(1+\nu)$，比熱比が $\bar{\gamma}=(c_p+\nu c)/(c_v+\nu c)$ である単一気体のように振舞う，つまり分子量の高い，内部自由度の大きい分子からなる気体のように振舞う．そこで，気体力学で知られている臨界流量密度をよどみ点の圧力 p_0 と温度 T_0 で表す関係から

$$\sigma^*q^*=\left\{\left(\frac{2}{\bar{\gamma}+1}\right)^{(\bar{\gamma}+1)/(\bar{\gamma}-1)}\frac{\bar{\gamma}p_0{}^2}{\bar{R}T_0}\right\}^{1/2} \tag{5.120}$$

を得る．粒子の負荷率 ν が増すにつれて $\bar{\gamma}$ および $\bar{R}$ が減少することは，同じよどみ点条件に対して，臨界流量密度の増加を意味する．

液体中に小さな気泡が分散している場合は，3.7.2 項で与えた基礎方程式で，気泡と液体の速度をともに q とし，定常・準 1 次元流れに対して質量保存式を

$$(1-\alpha)qA=\text{const.},\qquad \rho_1\alpha qA=\text{const.} \tag{5.121}$$

に置き換え，運動量保存式 (3.75) で，粘性応力，重力，表面張力を無視し，温度が一定としてエネルギー保存式を省くと，前と同じ手順で

$$\left(1-\frac{q^2}{a^2}\right)\frac{1}{q}\frac{dq}{dx}=-\frac{1}{A}\frac{dA}{dx}$$

を得る．ただしこの場合は

$$a^2=\frac{p}{\alpha(1-\alpha)\rho_2}=\frac{\rho_1}{\gamma\alpha(1-\alpha)\rho_2}\frac{\gamma p}{\rho_1} \tag{5.122}$$

である．この場合も，臨界流速 a は気体中の音速 $c=(\gamma p/\rho_1)^{1/2}$ に比べて非常に小さい．たとえば，α(ボイド率)$=0.1$，$\gamma=1.4$，$\rho_1/\rho_2=0.00129$，$c=331$ m/s とすれば，$a=33.5$ m/s となり，気体中の音速に比べて約 1 桁小さくなる．

気体を含む混相流では，圧縮率は気体のそれと同程度の大きさをもち，密度は固体または液体のそれと同程度の大きさをもつため，圧縮率と密度の積の平方根の逆数で与えられる均質モデルの音速（臨界流速）は著しく下がる．

粒子と流体の間の速度差および温度差が無視できないほど粒子が大きくなるとどのようなことが起こるだろうか．まず，気体中に分散した固体粒子の場合を考えてみよう[57,59]．3.7.1 項で与えた基礎方程式から，定常・準 1 次元流れに対して，

$$\left(1-\frac{q_1{}^2}{a_1{}^2}\right)\frac{1}{q_1}\frac{dq_1}{dx}=-\frac{1}{A}\frac{dA}{dx}-\frac{\gamma-1}{\gamma}\frac{\sigma_2 c}{p_1q_1t_T}(T_1-T_2)$$
$$+\left(1-\frac{\gamma-1}{\gamma}\frac{q_2}{q_1}\right)\frac{\sigma_2}{p_1t_q}(q_1-q_2) \tag{5.123}$$

の関係が得られる．ここで $t_T \sim t_q$ であることは 3.7.1 項で注意した．粒子の運動方程式

$$q_2 \frac{dq_2}{dx} = \frac{1}{t_q}(q_1 - q_2) \qquad (5.124)$$

からわかるように，$t_q \to \infty$ の極限では，粒子は一定速度で動き，気体だけが加速されると考えられる．したがって，いまの希薄粒子近似では，普通の気体とまったく同じ閉塞流が生じる．臨界流速は $t_q \to \infty$ に対応する音速（凍結音速と呼ばれる）で，気体中の音速に等しい．一方，$t_q \to 0$ の極限では，$q_2 = q_1$ となって，均質モデルに対応する閉塞流れが生じる．臨界流速は $t_q \to 0$ に対応する音速（平衡音速と呼ばれる）で，均質モデルの音速に等しい．有限の t_q では，スロートにおける臨界流速はこれら両極限の間にある．臨界流速が，気体および粒子の物理的性質とともに，粒子およびノズルの大きさおよび形状に関係することに注意しなければならない．

ここでもう少し物理的な説明を付け加えておこう．まず，気相に対する運動方程式

$$\sigma_1 q_1 \frac{dq_1}{dx} = -\frac{dp_1}{dx} - \frac{\sigma_2}{t_q}(q_1 - q_2)$$

（3.7.1 項参照）が示すように，ノズルのスロート近くでは，負の大きな圧力勾配によって気相が加速される．そこで，粒子の運動方程式（5.124）が示すように，粒子は気体の粘性抵抗によって気相に引きずられるが，気相の流速からは遅れる（$q_2 < q_1$）．一方，圧力降下による気相の急速な膨張で気相の温度が下がる．そして，粒子の熱輸送式

$$q_2 \frac{dT_2}{dx} = \frac{1}{t_T}(T_1 - T_2)$$

からわかるように，粒子から気相への熱輸送が始まる．しかし，粒子の温度降下は気相のそれに追いつけず，$T_2 > T_1$ となる．このため，微分方程式（5.123）の特異点となる流速は凍結音速で，それはスロートの下流にある．したがって，スロートにおける気相の流速は凍結音速以下で，平衡音速以上の値にある．

有限の t_q について，粒子の質量保存式と運動方程式から

$$\frac{1}{\sigma_2}\frac{d\sigma_2}{dx} = -\frac{1}{A}\frac{dA}{dx} - \frac{1}{q_2{}^2 t_q}(q_1 - q_2) \qquad (5.125)$$

の関係が得られる．この式から，粒子の数密度がスロートの上流で最大値をとることがわかる．

次に，液体中に分散した気泡の場合[60]，いわゆる希薄気泡流でも，3.7.2 項で与えた基礎方程式から，定常・準 1 次元流れに対して類似した形の方程式が得られる：

$$\Gamma\left(1-\frac{q_2^2}{a_2^2}\right)\frac{1}{q_2}\frac{dq_2}{dx}=-\frac{1}{A}\frac{dA}{dx}+\frac{2\alpha C_D}{\rho_2 V q_1^2}(q_1-q_2) \tag{5.126}$$

ここで q_2 は液相流速，q_1 は気泡速度，

$$a^2=\frac{\Gamma p}{\rho_2}\Big/\alpha(1-\alpha)\left(2-\frac{q_2}{q_1}\right),$$

$$\Gamma=(1-\alpha)+\alpha\frac{q_2}{q_1}+2\alpha(1-\alpha)\frac{q_2^2}{q_1^2} \tag{5.127}$$

である．モデルの相違から $q_1=q_2$ のとき a^2 の表式が均質モデルのそれと一致しないことに注意しておこう．

希薄気泡流の（粘性，重力，表面張力の項を落とした）運動方程式

$$\rho_2(1-\alpha)q_2\frac{dq_2}{dx}=-\frac{dp}{dx}$$

に従って，ノズルのスロート近くでは負の大きな圧力勾配によって液相が加速される．そこで，気泡の並進運動の式

$$q_1\frac{d}{dx}\left[\frac{1}{2}\rho_2 V(q_1-q_2)\right]=-V\frac{dp}{dx}-C_D(q_1-q_2)$$

に従って，気泡は加速反作用によって液相と相対的にさらに加速される（$q_1>q_2$）．それゆえ，微分方程式（5.126）の特異点となる流速 $q_2=a$ はスロートの下流で起こる．以上の結果は，気泡が球形を保ち，局所的に均一に分布している準 1 次元の流れを仮定しているが，実際に 5.3.6 項で示されるように，気泡が大きくて，ボイド率が大きくなると，気泡が変形したり，ノズルの中央に偏って流れるため，気泡の相対速度が著しく増加する．これは気体の膨張によって液体を加速しようとする工学的応用の立場からは好ましくない．

気泡速度と液相速度の比 q_1/q_2 は「速度滑り比」と呼ばれる．（5.127）から a の値（～臨界流速）が，ボイド率の増加とともに，速度滑り比の増加によって減少することに注意しよう．

5.3.3　テイラー型からメイヤー型への流れの移行[61]

気体力学では，狭まり－広がりノズルで，狭まり部分と広がり部分を通して亜音速流にある場合をテイラー型の流れと呼び，狭まり部分で亜音速流，広がり部分で超音速流にある場合をメイヤー型の流れと呼んでいる．ノズルの出口圧力が

徐々に減少して，テイラー型の流れが閉塞状態に近づき，スロート下流の亜音速流がスロート付近からしだいに超音速流へ変わっていく過程は，散逸や分散の項を落とした保存式からは（衝撃波不連続を仮定しない限り）説明できない．これは，5.3.1項で触れたように，この過程が遷音速流の代表的問題であり，流れの非線形性と散逸性または分散性がともに重要な役を演じるからである．幸いにして，遷音速流ではノズル断面積のわずかな変化が流れを大きく変えるという事実を考慮した特異摂動法を用いて，この過程をうまく説明することができる．図5.29に示すように，筒の一部分がわずかに狭められた断面積の変化が緩やかなノズルを考える．

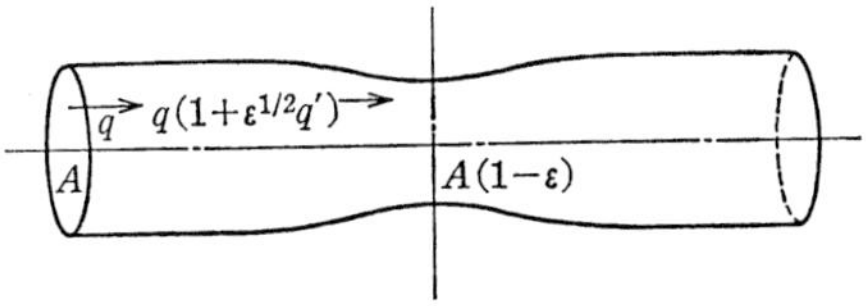

図 5.29　筒の一部分がわずかに狭められた断面積変化の緩やかなノズル

まず，普通の気体の場合を考えてみよう．粘性および熱伝導性を考慮した定常・準1次元流れの方程式は

$$\rho q A=\text{const.}$$

$$\rho q\frac{dq}{dx}=-\frac{dp}{dx}+\frac{4}{3}\mu\frac{d^2q}{dx^2}$$

$$\rho q\frac{dh}{dx}-q\frac{dp}{dx}=K\frac{d^2T}{dx^2}$$

で与えられる[注2)]．状態式 $p=RT\rho$ および $h=c_pT$ を仮定して，p および h を消去し，各変数をノズル入口における値で無次元化すると

$$\left.\begin{aligned}&\rho q A=1\\&\rho q\frac{dq}{dx}=-\frac{1}{\gamma M^2}\frac{d}{dx}\rho T+\frac{4}{3}\frac{1}{R_e}\frac{d^2q}{dx^2}\\&\rho q\frac{dT}{dx}-(\gamma-1)Tq\frac{d\rho}{dx}=\frac{\gamma}{P_rR_e}\frac{d^2T}{dx^2}\end{aligned}\right\}\qquad(5.128)$$

を得る．M, R_e, P_r, γ はそれぞれノズル入口でのマッハ数，レイノルズ数，プラントル数，比熱比である．

M^2 が1に近いとき，ノズル断面積のわずかな変化が流れに大きな変化をもたらすことを考慮して，$A=1-\varepsilon A'$ に対して

$$q=1+\varepsilon^{1/2}q',\qquad \rho=1+\varepsilon^{1/2}\rho',\qquad T=1+\varepsilon^{1/2}T'$$

の形にとる．これらを（5.128）に代入して，変動の最低次の項だけを残すと

$$\frac{1-M^2}{\varepsilon^{1/2}}q'-\frac{\gamma+1}{2}q'^2+\frac{1}{R_e\varepsilon^{1/2}}\left(\frac{4}{3}+\frac{\gamma-1}{P_r}\right)\frac{dq'}{dx}=A'(x)\qquad(5.129)$$

が得られる．$1-M^2$ および $1/R_e$ はともに $\varepsilon^{1/2}$ 程度に小さいとみなされている．(5.129) は遷音速ノズル流れで非線形性と粘性の効果が重要な役を演じる事実を表している．$R_e\to\infty$ とした式は，鞍形の特異点およびその近くの解曲線をうまく表す．また，スロート $A'(x)=1$ で q が実数であるための条件から，入口流れの閉塞マッハ数 M_c の値が見出される．

$$(1-M_c{}^2)^2>2(\gamma-1)\varepsilon$$

(5.129) は，$A'(x)=0$ とすれば，時間微分の項を落としたバーガース方程式を積分した形になっている．図 5.30 は，流量を増加したときの解曲線の変化を示す．スロートに関して対称な流れから，スロートの下流に衝撃波を伴う流れへの連続的な移行，スロートに関して反対称な閉塞流れに近づいていく様子がわかる．

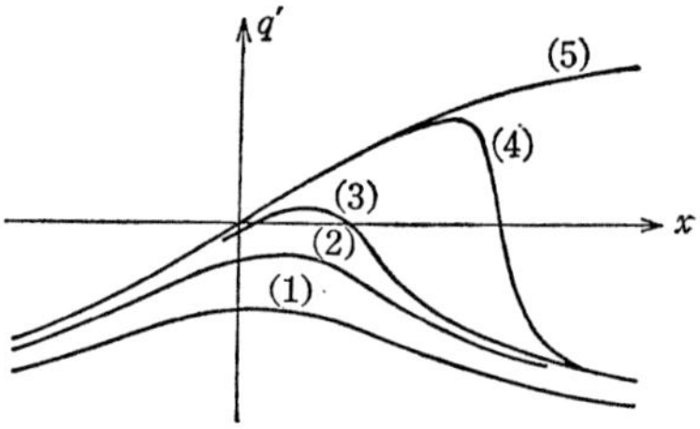

図 5.30　方程式 (5.129) の解曲線：流量の増加につれて(1)→(5)のように変わる．

このような特異摂動法による計算を希薄粒子モデルの基礎方程式に適用することは容易である．ただ，摂動法に特有な単純ではあるが多少手間のかかる計算を必要とする．そのような途中の計算は省くことにして，結果だけをみよう．

まず，気体中に分散した固体粒子の場合，粒子が十分に細かく，粒子と気体間の運動量およびエネルギー輸送の特性時間が，入口流速 q_1 とノズルの長さ L で与えられる流れ場の特性時間 L/q_1 に比べて十分小さければ ($t_q q_1/L\sim\varepsilon^{1/2}$)，先ほどと同様な摂動展開によって

$$(1+s)\frac{1-M^2}{\varepsilon^{1/2}}q_1'-\frac{\gamma-1}{2}q_1'^2+\frac{1}{\varepsilon^{1/2}}\Big\{\nu\tau_q+\frac{(\gamma-1)s}{\gamma-s}\tau_T$$
$$+\left[\frac{4}{3}\frac{1+s}{1+\nu}+\frac{1}{P_r}\frac{\gamma(\gamma-1)}{\gamma+s}\right]\frac{1}{R_e}\Big\}\frac{dq'}{dx}=A'(x)\qquad(5.130)$$

を得る．ここで，$\nu=\sigma_2/\sigma_1$，$s=\nu c/c_v$，$\tau_q=q_1t_q/L$，$\tau_T=q_1t_T/L$，$M^2=q_1{}^2/a^2$，$P_r=c_p\mu/K$，$R_e=\sigma_1q_1L/\mu$，a は平衡音速で (5.119) と一致する．粒子が存在しなくなる極限 ($\nu\to0$，$s\to0$) で，(5.130) は普通の気体の場合の (5.129) にもどる．また，$\tau_q\sim\tau_T\to0$ の極限では，均質モデルの場合を表す．この結果は，粒子と気体間の運動量およびエネルギー輸送の緩和過程が，流れ場のテイラー型からメイヤー型への移行において，流れ場の変化をより緩やかにすることを示している．

粒子が大きくて，τ_q および τ_T が大きい場合は，$1/\tau_q\sim1/\tau_T\sim\varepsilon^{1/2}$ として同様な

計算ができる．この場合，非線形性に直接対抗するものは，普通の気体と同様に，気体の粘性と熱伝導性であり，粒子の抵抗や熱伝導は微分方程式に階数の低い項となって現れ，下流で徐々にその効果を及ぼす．しかし，大きな粒子は気体の運動に即応せず，以前の行動を続けようとする傾向があるので，準1次元流れの仮定には無理がある．実際にどのようなことが起こるかは5.3.5項でみられるだろう．

次に，液体中に分散した気泡の場合，その基礎方程式（気泡の体積変化を含む）に同様な摂動法を用いると

$$\frac{1-M^2}{\varepsilon^{1/2}}\frac{dq_2'}{dx}-B\frac{dq_2'^2}{dx}+\frac{q_2^2}{\varepsilon^{1/2}\omega_B^2L^2}\frac{d^3q_2'}{dx^3}-\frac{12\,\omega_B^2L^2}{\varepsilon^{1/2}R_eq_2^2}q_2'$$
$$=\frac{dA'}{dx} \tag{5.131}$$

が得られる．ここで，ノズル断面積は $A(1-\varepsilon A')$ で，液相流速は $q_2(1+\varepsilon^{1/2}q_2')$ で表されている．C_D は $12\pi\mu_2R$ とした．また，$M^2\simeq\alpha(1-3\alpha)\rho_2q_2^2/p$, $B\simeq1-\alpha$, $\omega_B^2=3p/\rho_2R^2$, $R_e=\rho_2q_2L/\mu_2$, α, p, R はそれぞれノズル入口におけるボイド率，圧力，気泡半径，ρ_2, μ_2 は液体の密度，粘性率，L はノズルの代表的長さである．パラメータの内容をわかりやすくするため，M^2 および B の表式で $O(\alpha^2)$ の項は1に比べて省略されている．ω_B は気泡の体積振動の固有角振動数を表す．(5.131) からわかるように，$1-M^2$, $q_2^2/\omega_B^2L^2$, $12\omega_B^2L^2/R_eq_2^2$ はすべて $\varepsilon^{1/2}$ 程度に小さいとみなされている．

(5.131) は，閉塞に近い気泡流で，流れの非線形性と気泡の体積振動による分散性が重要な役を演じることを示している．粘性は気泡に働く抵抗に寄与するが，微分方程式には階数の低い項となって現れ，下流で徐々にその効果を及ぼす．(5.131) の解の例を図5.31に示す．(5.131) で，気泡抵抗を表す左辺の最後の項とノズル断面積の変化を表す右辺の項を落とした式は，時間微分の項を落とした KdV 方程式の形をしており，ノズル断面積の変化により非線形分散波列（衝撃波ではない）が生じることを示している．実際に，普通の気体力学でよく知られているスロートの下流に衝撃波を伴う流れは，気泡流の場合，非線形分散波列を伴う流れに置き

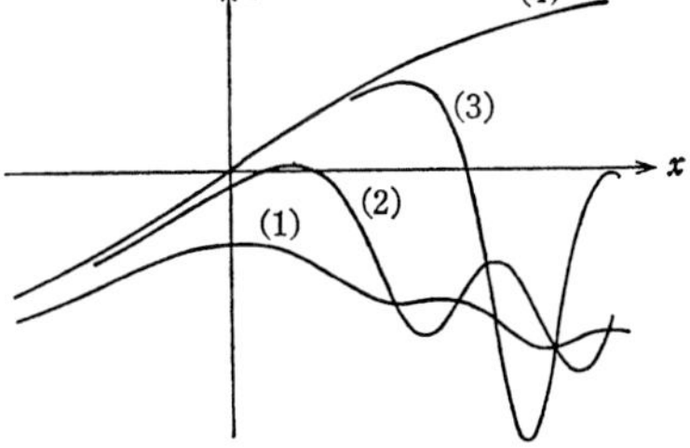

図 5.31 方程式（5.131）の解曲線：流量の増加につれて(1)→(4)のように変わる．

換わると考えられる．分散性は気泡の体積振動に起因しており，気泡が小さいほど波列の波の間隔は短くなると予想される．

5.3.4 加速ノズル内の凝縮を伴う流れ

蒸気だけが，または蒸気を含む不活性気体が，狭まり－広がりノズルを通って連続的に加速されるとき，断熱膨張によって圧力が下がり，ついには飽和蒸気圧以下になる．このとき，もし蒸気または蒸気を含む不活性気体が不純物（微細な塵など）を含んでいるならば，それを核として凝縮が始まる．しかし，不純物がなければ，しばらく過冷却の状態が続き，やがて急激な凝縮が起こる[62]．蒸気の凝縮に伴い潜熱の放出がある．これは，5.3.1項で触れたように，ノズル断面積の減少と類似した効果を与え，局所的に流速を下げ圧力を上げる．それは弱いデトネーション波に対応しており，その安定性や存在性に関連して関心がもたれている．その説明を希薄粒子モデルによって試みよう．

気相は一般に蒸気と不活性気体からなり，その体積比率はαであるとする．したがって，液相（微細な液滴）の体積比率は$1-\alpha$となる．不活性気体，蒸気，液体，それぞれの密度をρ_0，ρ_1，ρ_2とすれば，混相流体の単位体積当りのそれぞれの質量は，$\sigma_0=\alpha\rho_0$，$\sigma_1=\alpha\rho_1$，$\sigma_2=(1-\alpha)\rho_2$で与えられる．ここでは話を簡単にするため，不活性気体，蒸気，液滴，それぞれの平均速度および平均温度間の差異を無視する．また，ボイド率は1に十分近いとする．さらに，粘性，熱伝導性，重力の効果を無視する．このとき，混合体モデルの質量，運動量，エネルギーの保存式から，ノズル内の定常・準1次元流れを記述する方程式として

$$\sigma qA=\text{const.} \tag{5.132}$$

$$\sigma q\frac{dq}{dx}=-\frac{dp}{dx} \tag{5.133}$$

$$\sigma q\frac{dh}{dx}-q\frac{dp}{dx}=-\Gamma_1 h_L \tag{5.134}$$

を得る．Γ_1は単位体積内で単位時間に蒸発する蒸気の質量，h_Lは単位質量当りの蒸発の潜熱である．上の式で

$$\sigma=\sigma_0+\sigma_1+\sigma_2 \tag{5.135}$$

$$p=(R_0\sigma_0+R_1\sigma_1)T \tag{5.136}$$

$$\sigma h=(c_{p0}\sigma_0+c_{p1}\sigma_1+c\sigma_2)T \tag{5.137}$$

いま，

$$\eta_0=\frac{\sigma_0}{\sigma}, \qquad \eta_1=\frac{\sigma_1}{\sigma}, \qquad \eta_2=\frac{\sigma_2}{\sigma} \tag{5.138}$$

で定義される不活性気体，蒸気，液滴，それぞれの質量濃度 η_0，η_1，η_2 を導入すると都合がよい．上の関係と $\sigma_0/(\sigma_1+\sigma_2)=\mathrm{const.}$ から，$\eta_0=\mathrm{const.}$ および

$$h=\frac{(c_{p0}-c)\eta_0+c+(c_{p_1}-c)\eta_1}{R_0\eta_0+R_1\eta_1}\frac{p}{\sigma}\equiv h(p,\sigma,\eta_1) \tag{5.139}$$

であることがわかる．方程式系を閉じるためには，蒸気に対する質量保存式，いわゆる相変化（蒸発－凝縮）に対する速度式（構成式）が追加されねばならない．それは形式的に

$$q\frac{d\eta_1}{dx}=\frac{\Gamma_1}{\sigma}\equiv\frac{1}{t_\sigma}(\eta_{1\mathrm{eq}}-\eta_1) \tag{5.140}$$

のように書くことができる．$\eta_{1\mathrm{eq}}$ は平衡蒸気質量濃度で，クラペイロン－クラウジウスの式（平衡状態で熱力学ポテンシャルが最小値をとる条件）から，温度および圧力の関数として与えられる．t_σ は相変化の特性時間であり，蒸発・凝縮が速やかに行われるときは小さいが，そうでないときは大きい．t_σ の関数形は巨視的議論からは得られない．

(5.132)～(5.134)，(5.139)，(5.140) から，3.5.1項で行った手順により

$$\left(1-\frac{q^2}{a^2}\right)\frac{1}{q}\frac{dq}{dx}=-\frac{1}{A}\frac{dA}{dx}+\frac{\Gamma_1}{\sigma q}\frac{h_L+h_\eta}{\sigma h_\sigma} \tag{5.141}$$

が得られる．ここで，$a^2=\sigma h_\sigma/(1-\sigma h_p)$ は気相中の凍結音速の2乗を表している．上の式で，$h_\eta=(\partial h/\partial\eta_1)_{p,\sigma}$，$h_\sigma=(\partial h/\partial\sigma)_{p,\eta_1}$，$h_p=(\partial h/\partial p)_{\sigma,\eta_1}$ の略記法が用いられている．$h_\sigma<0$，また，凝縮の場合 $\Gamma_1<0$ であることに注意しよう．

(5.141) は超音速流 ($q^2>a^2$) にあるノズルの広がり部分で凝縮が起こるとき，潜熱の放出がノズル断面積の減少と同じ効果を与えることを示している．潜熱の放出を表す右辺第2項がノズル断面積の増加を表す右辺第1項より大きいとき，流速の減少したがって (5.133) により圧力の増加がある．実際に現象を説明するためには，Γ_1 または t_σ の物理過程を考慮した表式，液滴と気体間の温度差および速度差を考慮した議論が必要になる．

5.3.5 加速ノズル内の希薄な粒子－気体の流れ[63)]

5.3.1項で触れたように，加速ノズル内の流れは，ノズル入口で遅い流速からノズル出口で非常に速い流速まで変わる．このため，流れ場の特性時間（気体が流速 q_1 でノズルに沿った単位長さの距離 l を通過するに要する時間 l/q_1）は非常

に大きい値から非常に小さい値まで変わる．そこで，粒子と気体間の運動量輸送（またはエネルギー輸送）の特性時間 $t_q \sim 2\rho_2 a^2/9\mu_1$（または $t_T \sim \rho_2 ca/3\lambda_1$）が，ノズル出口での流れの特性時間 l/q_1 に比べて大きければ，ノズルの途中で $t_q \sim l/q_1$ となる．そして，その位置から上流では粒子と気体は行動をともにし，いわゆる平衡に近い状態が実現されるが，その位置から下流では粒子の行動の気体からの遅れが目立つようになる．これは大きな内部摩擦損失の存在を意味し，粒子または気体を加速しようとする立場からは好ましくない．しかし，粒子と気体の速度差が増すとき，運動量輸送の特性時間 t_q が流速に関係して減少するため，粒子の行動の遅れは抑制される．平衡流から凍結流へはっきりした移行を示す解離や電離の緩和過程を伴う混合気体のノズル流れとは，多少事情が異なる[57]．

加速ノズル内の流れが軸方向のみならず径方向にも変化することは，気体単相流については古くから指摘され解析されているが，とくにコンピュータの発達に伴い，流れ場が閉じていることもあって，多くの数値計算が行われている．希薄な粒子－気体の加速ノズル内の流れも例外ではない．ここでは石井ら[63]による最近の計算を紹介しよう．

計算に用いられた式は，3.7 節で与えられた希薄粒子の混合体モデルであるが，蒸発・凝縮，重力，気体の粘性および熱伝導性は無視されている（$\Gamma_1=0,\ g_i=0,\ \tau_{1ij}=0,\ Q_{1i}=0$）：

$$\frac{\partial \sigma_k}{\partial t}+\frac{\partial}{\partial x_i}\sigma_k q_{ki}=0 \qquad (k=1,2)$$

$$\sigma_1\left(\frac{\partial}{\partial t}+q_{1j}\frac{\partial}{\partial x_j}\right)q_{1i}=-\frac{\partial p_1}{\partial x_i}-\frac{\sigma_2}{t_q}(q_{1i}-q_{2i})$$

$$\frac{c_v}{R}\left(\frac{\partial}{\partial t}+q_{1i}\frac{\partial}{\partial x_i}\right)p_1-\frac{c_p}{R}\frac{p_1}{\sigma_1}\left(\frac{\partial}{\partial t}+q_{1i}\frac{\partial}{\partial x_i}\right)\sigma_1$$

$$=-\frac{\sigma_2 c}{t_T}(T_1-T_2)+\frac{\sigma_2}{t_q}(q_{1i}-q_{2i})(q_{1i}-q_{2i}) \qquad (5.142)$$

$$p_1=RT_1\sigma_1$$

$$\left(\frac{\partial}{\partial t}+q_{2j}\frac{\partial}{\partial x_j}\right)q_{2i}=\frac{1}{t_q}(q_{1i}-q_{2i})$$

$$\left(\frac{\partial}{\partial t}+q_{2i}\frac{\partial}{\partial x_i}\right)T_2=\frac{1}{t_T}(T_1-T_2)$$

計算では，流れは軸対称であると仮定され，円柱座標系が用いられている．また，ノズル壁に達した粒子（液滴）は壁に付着するが，それによってノズルの形は変わらないと仮定されている． 気相の流れには 2 段階マコーマック（MacCormack) のアルゴリズムが，粒子相の流れには予測子 - 修正子アルゴリズムをもつ特性曲線法が用いられている．

結果のいくつかが図 5.32 および図 5.33 に示される．気体単相流と同様に，スロートの近くで，壁付近の流れは軸付近の流れより速くなる．特徴は，スロートの少し上流から下流にかけて，壁の近くに粒子の存在しない領域が現れることである[注3)]．このため，スロートの下流で気相の流速は，粒子との内部摩擦によって減少するが，粒子の存在しない壁の付近ではその影響が少ない．粒子はノズルの下流で壁と再衝突し，壁を浸食する．

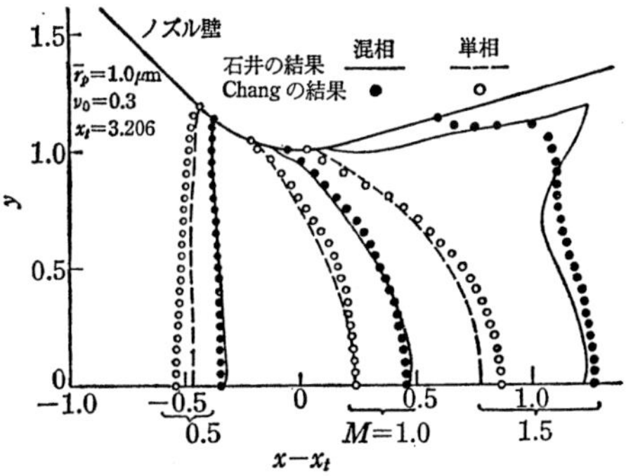

図 5.32 単相流と混相流に対するノズルのスロート付近における等マッハ線の比較

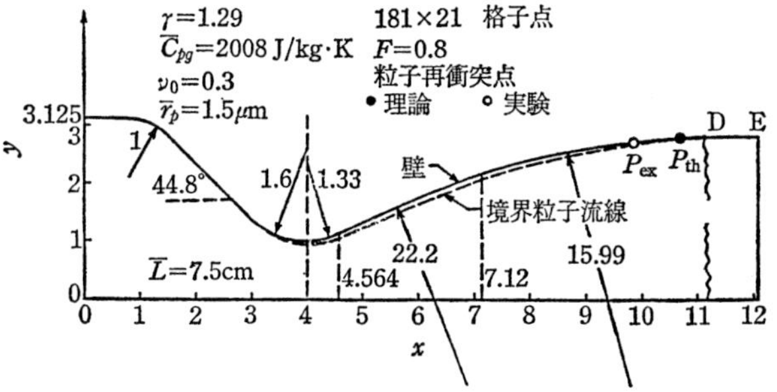

図 5.33 実験および計算で用いられたノズルの形状
壁に隣接した粒子の存在しない領域および粒子が壁に再衝突する点を示す．

5.3.6 加速ノズル内の気泡流[64~66)]

気液混相流の均質モデルの運動方程式（3.5 節，4.4.2 項 b. 参照）

$$\rho_2(1-\alpha)q\frac{dq}{dx}\equiv-\frac{dp}{dx}$$

は，速度滑りがない条件（気相と液相の質量保存式の比）

$$\frac{\rho_1\alpha}{\rho_2(1-\alpha)}=\text{const.}$$

および等温変化を仮定した気相の状態式 p/ρ_1=const. を用いて積分できる．その

結果，ベルヌーイの定理に相当する関係

$$\frac{1}{2}\rho_2 q^2+p+\frac{\alpha_0 p_0}{1-\alpha_0}\ln p=\mathrm{const.} \tag{5.143}$$

が得られる．もしこの式が加速ノズルを通して成り立つならば，ノズルに沿って圧力が下がるにつれて，液体の運動エネルギーは対数的に増大する．これは気体（圧縮性流体）がなす仕事によって液体（非圧縮性流体）を加速する方法として工学的に魅力がある．

しかし，実際には，(5.143) が成り立つのは，ボイド率が小さく，気泡が小さい範囲に限られる．その範囲は，液体に界面活性剤を添加して小気泡をつくりかつ気泡の合体を防ぐことによって，ある程度引き伸ばすことができる．

しかし，一般に圧力が下がってボイド率が上がると，気泡の変形，列流，偏流などが起こり，液相はほとんど加速されず，気泡だけが加速されるといった，いわゆる気泡のすり抜けが起こる．

そこで，希薄気泡流モデルにより，ノズルの狭まり部分における気泡すり抜けの理由を考えてみよう．気泡が小さくて，気泡と周囲液体間の圧力差は無視できると仮定する．またノズルの狭まり部分の流れに限るとき，気泡に働く粘性抵抗および液体に働く重力は2次的効果をもつと考えられるので，これらを無視する．このとき，希薄気泡流モデルの定常・準1次元流れを支配する式は，無次元化した形で

$$(1-\alpha)q_2A=1,\qquad \alpha q_1A=\frac{s}{p},\qquad (1-\alpha)q_2\frac{dq_2}{dx}=-\frac{1}{m^2}\frac{dp}{dx},$$

$$q_1\frac{d}{dx}[kV(q_1-q_2)]=-\frac{V}{m^2}\frac{dp}{dx},\qquad pV=1 \tag{5.144}$$

のように書くことができる．ここで，$s=\dot{V}_1/\dot{V}_2$，$m^2=(\dot{V}_2/A_t)^2/(p_0/\rho_2)$，$\dot{V}_2$ は液体の体積流量，$\dot{V}_1$ はよどみ点圧力 p_0 における気体の体積流量である．k は慣性係数と呼ばれ，液体の一様な流れ中の単一球形気泡では $k=1/2$ であるが，気泡が（後方の渦を含めて）流れの方向に細長く変形したり，縦列を組んで流れたり，ボイド率が大きくなると，もっと小さな値になる．液相流速 q_2 および気泡速度 q_1 は $\dot{V}_2/A_t$（A_t はノズルのスロートにおける断面積）で，圧力 p および気泡体積 V はそれぞれよどみ点での値 p_0 および V_0 で，ノズル断面積 A は A_t で無次元化されている．上の方程式系は，スロートにある特異点から上流へ向かって積分し，無限上流で q_1 および q_2 がともにゼロに近づくように，数値的に解かれる．

図 5.34 は無次元気体流量 ms を変えたとき，無次元臨界液相流速 mq_2^* および無次元臨界気泡速度 mq_1^* の変化を示す．○印と△印は，戸間ら[65]の実験結果で，それぞれ水道水および微量の界面活性剤を添加した水の場合を示す．白色は液相流速，黒色は気泡速度を表す[注4]．一方，曲線は計算結果で，実線は均質モデル，破線および鎖線は $k=0.5$ および 0.1 とした気泡流モデルに対応する．下側の曲線は液相流速，上側の曲線は気泡速度である．実験結果は，気体の流量を増すとき，液相流速はほとんど変わらないが，気泡速度が異常に増加していくことを示している．また，計算結果は，慣性係数 k の減少によって実験結果の傾向が説明できることを示している．

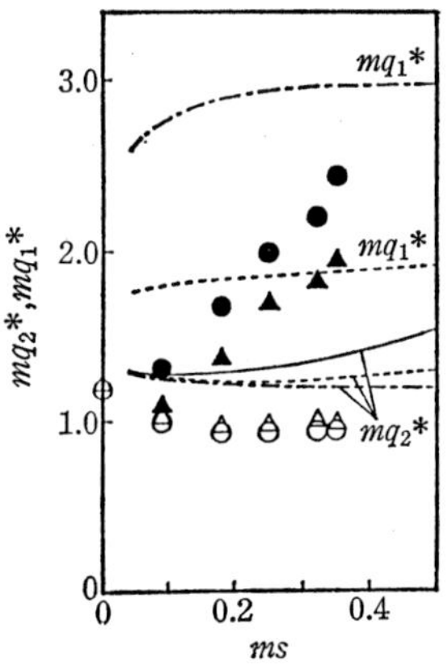

図 5.34 気体流量 (ms) を変えたときのスロートでの液相流速 (mq_2^*) および気泡速度 (mq_1^*) の変化

5.4 噴　　流——固気混相噴流

実際の流れを壁の有無によって分類するならば，壁が存在する流れと壁のない自由な流れに大別されるが，その自由な流れの代表例が噴流である．さらに，噴流は乱流噴流と音速または超音速噴流に分類されるだろう[注5]．本節では，それらの噴流中に主に固体粒子が含まれた場合，すなわち固気混相噴流について述べる．固気混相噴流は実際に存在する代表的流れであって，多くの工業装置（種々の固気反応装置，各種内燃機関，プラズマジェット，静電塗装，種々のアトマイザーなど）や自然界（汚染物質を含んだジェット流，河川における噴流状土砂流など）に現れる．

これらの工業装置の性能決定や自然現象の制御と利用において最も重要なキーポイントとなるのは，固気混相噴流中における粒子の挙動および粒子と気流の相互干渉である．たとえば，燃焼装置における油粒または固体燃料微粒子の分散，気流との混合，あるいはプラズマジェット中に注入された金属粒子の滞留時間，大気や河川における粒状物質の乱流拡散と堆積量などは固気混相噴流中の粒子の運動や気流との相互干渉を知ることによって初めて正確に予知できる．

固気混相噴流は粒子濃度によって 3 種類に分けられるだろう．すなわち，1) 粒子の存在が気流の流動機構にほとんど影響を与えない希薄粒子濃度固気混相噴流 (one way method が適用できる場合)，2)粒子の存在が気流の流動機構に影響を与えるが，粒子どうしの衝突の影響は無視できる低粒子濃度固気混相噴流(two way method が適用できる場合)，および 3)粒子どうしの衝突が無視できない高粒子濃度固気混相噴流である．

以下では，モデルおよび実験によって，それぞれの流れの機構を説明する．

5.4.1 希薄粒子濃度の場合

多くの研究者[68,69]がレーザードップラー流速計 (LDV) を用いて，固気混相噴流中の気流の速度特性を測定し，単相空気噴流の値と比較しているが，それらによると，質量混合比 m (粒子相の質量流量/連続相の質量流量) が約 0.2～0.25 までは，気流の乱流強度も含めて粒子の存在の影響はほとんど現れない[注6]．質量混合比がこれより増加すると，急激に粒子の存在の影響が現れてくるが，これは単に粒子濃度が増加するだけでなく，粒子がクラスター (粒子どうしは接触していないものの塊のような群) を形成し始めるからである．

また，混合比が同一の場合でも，気流に与える影響は粒径によって異なる．いま，仮に粒子と気流の相対速度が同一とすると，ストークスの抗力は粒径 D_p の 1 乗に比例するが，粒子相の全抗力は粒子の個数濃度 (粒径の －3 乗に比例) に比例する．結果として粒子相の全抗力は粒径の －2 乗に比例するので，粒径が小さいほど気流に与える影響は大きい．しかし，粒径が小さいと相対速度が減少するのでいちがいにはいえないが，通常粒径が 4～5 μm 以上であれば，粒径が小さいほど気流に与える影響は大きい．これらの事柄を考慮すると，希薄粒子濃度というのはクロー (Crowe)[70]の m(質量混合比)<0.1 が妥当な値といえる．

粒子の存在が気流の運動に影響を及ぼさないのであるから，one way method が適用できる．すなわち，気相の運動は単相のナビエ－ストークスの運動方程式から求め，粒子の運動は粒子のラグランジュ型方程式を用いて明らかにする．気流中の粒子の運動であるので，粒子と気流の密度比 ρ_p/ρ は約 10^3 のオーダーとなり，ラグランジュ型方程式中の流体の圧力項，付加質量項，バセット (Basset) の履歴項は無視することができ，次式となる[71,72]．

$$\frac{dv_i}{dt}=\frac{3\rho C_D}{4D_p\rho_p}(u_i-v_i)[(u_j-v_j)(u_j-v_j)]^{1/2}+g_i \qquad (5.145)$$

$$\frac{dx_{pi}}{dt}=v_i \qquad (5.146)$$

ただし，C_D は粒子の抵抗係数，u_i は気体の流速，v_i は粒子の速度，g_i は重力加速度，添字 p は粒子に関する量を示す．

上式を $\tilde{t}=tU_0/D$, $\tilde{u}_i=u_i/U_0$, $\tilde{x}_i=x_i/D$ (D: ノズル径，U_0: ノズル出口気流速度）に従って無次元化すると，次式になる．

$$\frac{S_t}{C_D'}\frac{d^2\tilde{x}_i}{d\tilde{t}^2}+\frac{d\tilde{x}_i}{d\tilde{t}}-\tilde{u}_i-\frac{G_i}{C_D'}=0 \tag{5.147}$$

ただし，C_D' はストークス流れの抵抗係数からのずれに対する補正を表す．たとえば，粒子レイノルズ数 $R_{ep}=D_p[(v_i-u_i)(v_i-u_i)]^{1/2}/\nu$ が 800 まで適用できるシラー－ナウマン (Schiller-Naumann) の抵抗係数の実験式[73]を用いると，

$$C_D=\frac{24}{R_{ep}}C_D' \tag{5.148}$$

$$C_D'=(1+0.15\,R_e^{0.687})\frac{C_e}{C_c} \tag{5.149}$$

となる．G_i, S_t はそれぞれ次式で定義される．

$$G_i=\frac{C_c\rho_p D_p^2 g_i}{18\mu C_e U_0} \tag{5.150}$$

$$S_t=\frac{C_c\rho_p D_p^2 U_0}{18\mu C_e R} \tag{5.151}$$

G_i はストークスの沈降速度を代表速度（噴流の場合，ノズル出口気流速度 U_0）で無次元化した無次元沈降速度，S_t は粒子がストークス抵抗を受けた場合の停止距離を代表長さ（ノズル半径 R）で無次元化したパラメータで，ストークス数と呼ばれる．(5.150)，(5.151) 中の C_c は粒子表面での気流のスリップが抗力に与える影響を表すスリップファクターで，粒子が微粒化するか気体が希薄になるとその影響が出てくる．ミリカンの油滴の沈降速度の実験値を実験式化した式が用いられる[74]．

$$C_c=1+\left[2.46+0.82\exp\left(-0.44\frac{D_p}{l}\right)\right]\frac{l}{D_p} \tag{5.152}$$

ただし，l は気体分子の平均自由行程で，半径 $D_p=1\ \mu$m の場合，常温・常圧下で約 15% の抗力減少がある．また，C_e は粒子に近接した障害物が与える抗力増大の割合を示す係数で，普通は単一粒子の運動として取り扱うので，$C_e=1$ である．粒子どうしが接近し衝突し凝集する場合，流体を連続体とすれば，微小粒子なので粘性支配となり，creeping flow の式を解くことによって C_e の値が得られているが，空気の場合は接近し衝突しようとする二つの粒子にはさまれた空気の不連続性の影響が現れるはずで，これはまだ定量化されていない．空気中の粒子

の乱流凝集のように，粒子どうしの衝突が基本となる現象は，この C_e が定かでないために，理論的に定量化するのが困難である．

(5.147) の $\tilde{u}_i$ は気流の無次元流速であるから，単相のナビエ－ストークスの方程式および連続の式を噴流の境界条件に従って解き，それを (5.147) に代入して，粒子の初期条件に従って解けば，噴流中の粒子のラグランジュの軌跡が求まる．しかし，そのときの問題点は，気流の乱流をいかにして求めればよいか，あるいは通常乱流を正確に求めることは困難であるので，いかにモデルとして表現すればよいかである．すなわち，(5.147) の気流の無次元流速分布 u_i を平均値 $(u_i)_{av}$ と変動値 u_i の和

$$\tilde{u}_i=(\tilde{u}_i)_{av}+\tilde{u}_i' \tag{5.153}$$

のように書くと，空間と時間によって複雑に変化する $\tilde{u}_i'$ をいかに表現するかである．多くの研究者がそれぞれ類似のモデルを展開しているが[75,76]，略述すると次のようになる．代表渦（通常は気流のエネルギー含有渦を代表渦としている）を考え，代表渦の持続時間のあいだ粒子はその渦のみに支配されて運動するものとする．もし渦内の粒子－流体間相対速度が大きくて，渦の持続時間内に粒子が渦を渡りきるならば，その渡りきる時間のあいだ粒子はその渦に支配される．渦の持続時間が過ぎるか，または粒子が渦を渡りきったなら，粒子は次の位置に存在する別の渦（通常は前の渦と独立である）に支配される．この連鎖が粒子の乱流軌跡を形成すると考える．渦の持続時間としてラグランジュの持続時間 T_L が必要になるが，ナビエ－ストークスの式より求めた特性値はオイラー的であるから，コルシン (Corrsin)[77] らが求めた近似式によってこれを処理する．

$$T_L=\frac{\Lambda}{(2k/3)^{1/2}} \tag{5.154}$$

$$\Lambda=\frac{\alpha_1 k^{3/2}}{\varepsilon} \tag{5.155}$$

ただし，Λ はエネルギー含有渦の大きさ，α_1 は定数で通常 $\alpha_1=0.165$ である，k は乱流エネルギー，すなわち $k=1/2\overline{u_i'u_i'}$ で，ε は乱流散逸速度である．ただしアッパーバーは時間平均値を示す．

噴流中の気流の平均速度分布，乱流強度分布は通常 k-ε モデルに従って，ナビエ－ストークスの式を解くことによって求まる[注7]．求まった k, ε を (5.154), (5.155) に代入すれば T_L が求まり，前述したように，T_L または Λ のあいだ粒子は一つの渦だけに支配されるので，この間に乱数を一つ発生させて (5.153) の $\tilde{u}_i'$ を表現する．すなわち，平均値が 0 で分散がその空間における気流の乱流強

度に等しい正規乱数を発生させ，その値を $\tilde{u}_i'$ とし，(5.147)，(5.153) に代入し解くことによって T_L または Λ の間の粒子の運動を求める．

T_L 経過するとその位置での気流の乱流強度を用いて乱数を発生させ，その位置で求めた次の T_L または Λ のあいだの u_i とする．これをノズル出口から計算していけば，噴流中の粒子の乱流軌跡が求まる．これをノズル出口の各所から，出発時間を変化させ，多数個（普通総計で数千個）の粒子の運動を計算し，各位置で統計的平均をとれば，粒子の平均速度分布，乱流強度分布など，種々の運動特性を求めることができる．(5.147) を解く場合 $\tilde{u}_i$ が位置座標の非線形関数となるので，解析的に解くことは難しい．ただし，数値的には各種ルンゲ-クッタ (Lunge-Kutta) 法によって容易に解くことができる．結果の一例として，シューエン (Shuen) らの円形ノズル固気混相噴流中の粒子の平均速度分布，粒子の乱流強度分布を図 5.35 に示す[68]．

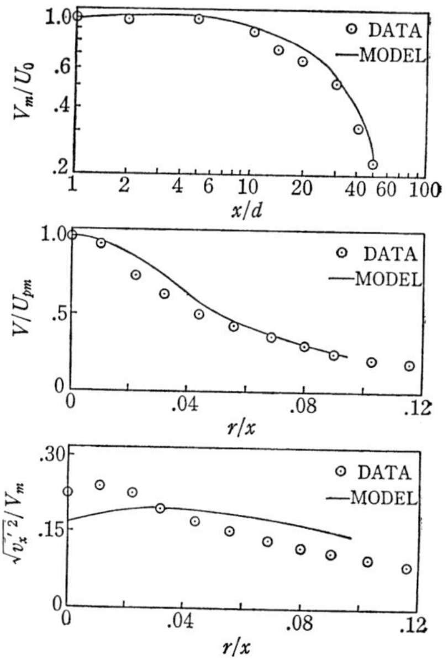

図 5.35 固気混相噴流中の粒子平均速度の軸上分布 V_m，径方向分布 V，および粒子乱れ強度の径方向分布 $\sqrt{V_x'^2}$
($X/D=20$，$D_p=79\ \mu$m，$m=0.2$)[68]

計算値は実験値をかなりよく表し，モデルの妥当性を示しているようにみえるが，限られた条件における両者の一致だけからは必ずしもそうとはいい切れない．シューエンらは計算値が実験値に合うように k-ε モデルの定数や (5.155) の α_1 を決めている．条件が大きく変化すると α_1 の値も変化する．

上記のモデルが，希薄粒子濃度固気混相噴流の粒子の運動特性の予知によく使われるモデルであるが，その問題点を考えてみよう．いうまでもなく，気流の乱流を単純化しすぎている点であるが，それをもう少しくわしくみると，1)乱流渦は大きさも強さも広く分布しているが，代表渦の一つしか考慮していない．また，その代表渦も一つの変動速度としてしか表現していない．2)代表渦の持続時間または代表渦を通過する間に乱数を一つ発生させるだけなので，変動速度の自己相関係数はその時間中 1 で，それを過ぎると突然 0 になる．

また，相互速度相関はこの種のモデルでは考慮されていないが，考慮したとしても自己相関と同程度しか考慮することはできない．3)正規乱数を用いているので，変動速度の確率密度分布は正規分布となるが，噴流中にはずれ流れが存在するので，噴流中心軸から離れると変動速度の確率密度関数はゆがみ，正規分布からずれてくる．この影響は考慮されていない．これらの事柄からわかるように，気流の乱流をより厳密に表現する必要がある．

希薄粒子濃度固気混相噴流の場合，粒子の存在が気流に影響を与えないほど粒子濃度が薄いのであるから，気流は単相流として求めればよいので，瞬時の乱流を近似的に計算することは可能であろう．その方法として large eddy simuration（以後 LES と略記する）と乱流の直接数値計算があげられる．LES は微小渦をモデル化して取り込むので，物理的にはより妥当であるが，噴流のように，ノズル出口近くの乱流の未発達領域，ノズル出口より遠方の乱流発達領域，その中間の遷移領域といったように，流れの構造が大きく異なる領域からなる場合，実験定数が多くなり煩雑になりすぎるきらいがある．

現在のところ LES で乱流噴流の表現に成功した例は見当たらない．現在のスーパーコンピュータの容量では微小渦を無視してしまうが，粒子の運動に支配的な影響を及ぼす中程度以上の渦を近似的に表現する乱流の直接数値計算が一つの方法として考えられる．そこで，単相 3 次元自由噴流の流れ場を直接数値計算し，その速度分布（瞬時瞬時に変化する）を用いて粒子のラグランジュ軌跡を計算し，各位置における多数粒子の平均をとることにより，粒子のオイラー的速度分布などを求めてみた．以下にその方法について説明しよう．

数値解析の対象となるのは，非圧縮性流体のナビエ－ストークスの運動方程式と連続の式である．

$$\frac{\partial \tilde{u}_i}{\partial \tilde{t}}+\tilde{u}_j\frac{\partial \tilde{u}_i}{\partial \tilde{x}_j}=-\frac{\partial \tilde{p}}{\partial \tilde{x}_i}+\frac{1}{R_e}\frac{\partial^2 \tilde{u}_i}{\partial \tilde{x}_j \partial \tilde{x}_j} \tag{5.156}$$

$$\frac{\partial \tilde{u}_i}{\partial \tilde{x}_i}=DD=0 \tag{5.157}$$

上式における $\tilde{u}_i$, $\tilde{p}$, $\tilde{t}$, $\tilde{x}_i$, $R_e=U_0D/\nu$ はそれぞれ無次元化された速度成分，圧力，時間，位置座標，レイノルズ数である．実際に総緩和法によって解くのは (5.156) の発散をとることによって得られる圧力に関するポアソン (Poisson) の方程式である．

$$\frac{\partial^2 \tilde{p}}{\partial \tilde{x}_i \partial \tilde{x}_i}=-\frac{\partial}{\partial \tilde{x}_i}\left(\tilde{u}_j\frac{\partial \tilde{u}_i}{\partial \tilde{x}_j}\right)+\frac{1}{R_e}\frac{\partial}{\partial \tilde{x}_i}\left(\frac{\partial^2 \tilde{u}_i}{\partial \tilde{x}_j \partial \tilde{x}_j}\right)-\frac{\partial}{\partial \tilde{t}}\frac{\partial \tilde{u}_i}{\partial \tilde{x}_i} \tag{5.158}$$

(5. 157) を (5. 158) に代入して得られる方程式を数値計算すると，種々の計算誤差によって DD は必ずしも 0 とならないので，その誤差が蓄積し，運動方程式に非線形不安定性を生じさせる．これを防ぐためには DD を含んだ形にし，それを評価していく必要がある．すなわち，実際には (5. 158) をそのまま解くことになる．このとき DD の値を 0 に近い微小値に抑えておかなければならない．

その方法として，時間が 1 ステップ進んだときの値を 0 とする．すなわち，$DD^{n+1}=0$ や (5. 158) の DD の空間微分項 $\partial^2 DD/\partial\tilde{x}_i\partial\tilde{x}_i=0$ などを用いて計算する．また DD が必ずしも 0 でないため，(5. 156) の慣性項は DD に依存した値だけ運動エネルギーを保存しない．そのために蓄積された余分の運動エネルギーによって解の信頼性が低下し，最終的には無意味なものになってしまう．そこでピアセック (Piacsek) などの方法[78]によって，(5. 156) の慣性項を次式のようにエネルギー保存型として計算する方法を採用している．

$$\tilde{u}_j\frac{\partial\tilde{u}_i}{\partial\tilde{x}_j}=\frac{1}{2}\left[\tilde{u}_j\frac{\partial\tilde{u}_i}{\partial\tilde{x}_j}+\frac{\partial}{\partial\tilde{x}_j}(\tilde{u}_i\tilde{u}_j)\right] \tag{5.159}$$

乱流現象を直接数値計算し，それを用いて乱流特性値（乱流統計量）を求めるためには，流れ中の大規模渦の数が平均操作を行うに十分なほど多数個存在しなければならないので，非定常な乱流現象を長時間計算しなければならない．そこで，(5. 159) で表される慣性項の差分形式には，一例として安定性の強い 3 次精度の風上差分法を用いている．

$$\begin{aligned}
&\tilde{u}_{i,j,k}\frac{\partial\tilde{u}_{i,j,k}}{\partial\tilde{x}}\\
&=\frac{\tilde{u}_{i,j,k}}{12\Delta\tilde{x}}[2\tilde{u}_{i+3,j,k}-9\tilde{u}_{i+2,j,k}+18(\tilde{u}_{i+1,j,k}-\tilde{u}_{i-1,j,k})+9\tilde{u}_{i-2,j,k}-2\tilde{u}_{i-3,j,k}]\\
&\quad+\frac{|\tilde{u}_{i,j,k}|}{12\Delta\tilde{x}}[-2\tilde{u}_{i+3,j,k}+9\tilde{u}_{i+2,j,k}-18(\tilde{u}_{i+1,j,k}+\tilde{u}_{i-1,j,k})+22\tilde{u}_{i,j,k}\\
&\quad+9\tilde{u}_{i-2,j,k}-2\tilde{u}_{i-3,j,k}]
\end{aligned} \tag{5.160}$$

ただし，変数の添字 i, j, k は座標方向の格子の位置を示す．

噴流のように，現実に存在する流れの乱流を直接数値計算する場合，いかに現実に即した境界条件を設定するかが最重要な課題の一つである．境界条件として論理的に最もすっきりしているのは固体壁の境界条件である．したがって，流れの本体が噴流から逸脱しない範囲で，できるだけ固体壁の境界条件を適用した．すなわち，気流が噴出するノズル出口および最下流の気流が流出する流出境界面を除き，他のすべての境界面を固体壁境界条件とした．

噴流の場合，ノズル出口において攪乱は一応まだ発生していないとみなせるので，流入境界条件はノズル出口で $\tilde{u}_1=1, \tilde{u}_2=\tilde{u}_3=0$ としてほぼ問題はない．しかし最下流の流出境界条件の設定は困難な問題の一つである．最下流の流出条件として長時間の時間進行の計算が可能である変数（$\tilde{u}_i, \tilde{p}$）の軸方向の1階微分値が0になる条件を用いた．この場合，最初にノズル出口より噴出した気流が最下流の境界に到達した後は，不備な境界条件に起因する不必要な攪乱が徐々に上流に伝播し，噴流としての解の信頼性を低下させる．したがって，その不必要な攪乱の伝播する以前の解のみを採用しなければならない．

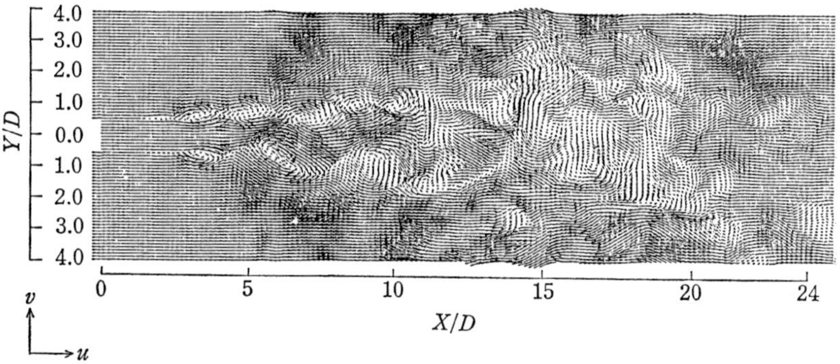

図 5.36　計算による瞬時の速度ベクトル線図
（$\tilde{z}=0$ 平面，$\tilde{t}=95$）

気流の計算例を図 5.36, 5.37に示す．各方向の無次元格子幅 $\Delta\tilde{x}_1$, $\Delta\tilde{x}_2$, $\Delta\tilde{x}_3$ および無次元時間ステップ幅 $\Delta\tilde{t}=\Delta\tau U_0/D$ はすべて均一で，それぞれ 0.16667, 0.1, 0.1, 0.03，格子数は 148×98×98 である．また，$R_e=U_0D/\nu=5000$ である．図 5.36 は $\tilde{t}=95$ 経過したときの瞬時の速度ベクトル線図である．速度ベクトルの方向と大きさは図中の矢印で表している．ただし，渦をみやすくするために，軸方向速度からノズル壁前方の速度，すなわち $\tilde{x}(=\tilde{x}_1)=X/D=3$, $\tilde{y}(=\tilde{x}_2)=Y/D=\pm0.5$ の軸方向平均速度を差し引いている．図 5.37 に気流平均速度 U

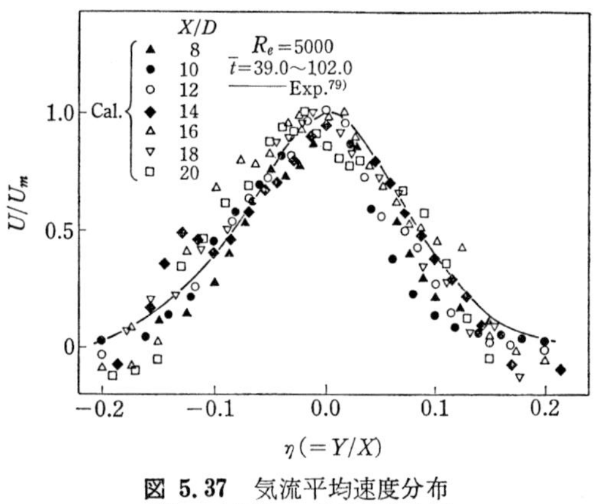

図 5.37　気流平均速度分布
（U_m：噴流軸上の気流平均速度）

の半径方向分布を示す．図中の実線はウィグナンスキーとフィードラー（Wygnanski and Fiedler）[79]が，熱線風速計によって測定した結果である．計算値は実験値とよく一致している．

以上のようにして計算した結果の $\tilde{z}(=\tilde{x}_3)=0$ の一断面（ノズル中心を含んだ一断面）の気流の瞬時速度 $\tilde{u}_x$，$\tilde{u}_y$ を，$0\leqq\tilde{x}\leqq23$，$-4\leqq\tilde{y}\leqq4$，$25\leqq\tilde{t}\leqq95$ の領域で，$\varDelta\tilde{x}_1=\varDelta\tilde{x}=0.16667$，$\varDelta\tilde{x}_2=\varDelta\tilde{y}=0.1$，$\varDelta\tilde{t}_p=0.15$ の間隔でファイルに記憶させる．ファイルの容量不足のために現状では気流は3次元で求まっているにもかかわらず，各時間ごとの値を記憶させねばならないので，空間的には一断面，すなわち2次元でしか取り扱っていない．空間内の任意の位置における値は，セル表面の各値から比例配分によって，すなわち，次式によって求められる．

$$f(\tilde{x},\tilde{y})=(1-\alpha)(1-\beta)f_{i,j}+\beta(1-\alpha)f_{i,j+1}+\alpha(1-\beta)f_{i+1,j}+\alpha\beta f_{i+1,j+1} \quad (5.161)$$

ただし，$\alpha=(\tilde{x}-\tilde{x}_i)/(\tilde{x}_{i+1}-\tilde{x}_i)$，$\beta=(\tilde{y}-\tilde{y}_i)(\tilde{y}_{i+1}-\tilde{y}_i)$ である．このようにして求めた気流の瞬時瞬時の速度成分 $\tilde{u}_x$，$\tilde{u}_y$ を（5.147）の $\tilde{u}_i$ ならびに R_{ep} に代入し，ノズル出口における粒子の出発位置を決め，粒子速度の初期値 V_0 を与えれば，噴流中の粒子軌跡が計算できる．ノズル出口における粒子速度は気流の速度と一致していないので，LDV で測定した値を用いている．ノズル出口半径を10等分し，各位置から250個の粒子を $\varDelta\tilde{t}_p$ ずつずらして出発させた．したがって，計算した粒子軌跡は一つの条件で2500本である．任意に定めた位置を通過した粒子の速度を平均することによって，その位置の粒子の平均速度，乱流強度などが求まる．

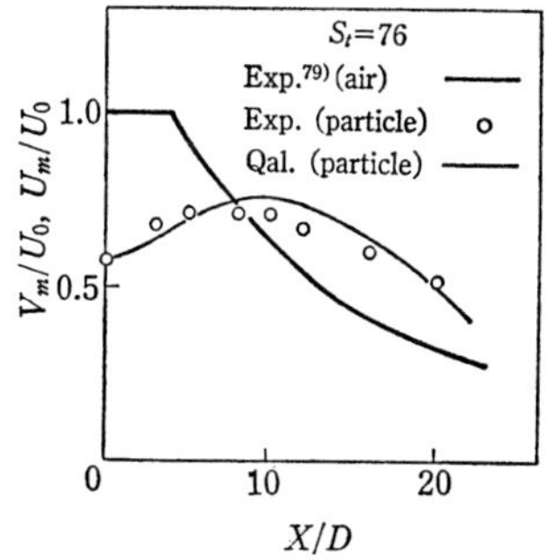

図 5.38 粒子の噴流軸上平均速度 V_m
（V_0：粒子のノズル出口速度）

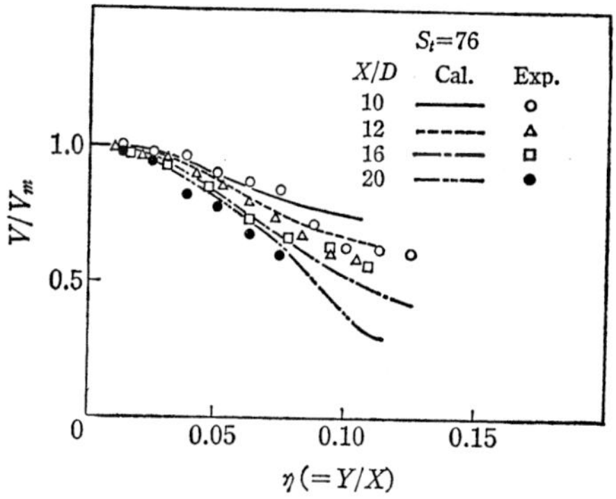

図 5.39 粒子の平均速度分布

粒子の計算例を図5.38〜5.40に示す．ストークス数 $S_t=76$ の場合で，相当する実験は，平均粒径58 μm のガラスビーズ（粒子の物質密度 2.5×10^3 kg/m^3）を $U_0=12$ m/s で，直径8 mm の円形ノズルから噴出させたものである（粒子速度

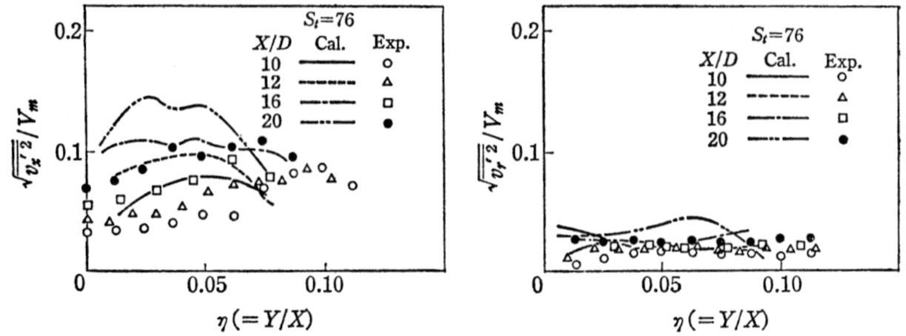

図 5.40　粒子の乱れ強度分布
($\sqrt{\overline{V_x'^2}}$：軸方向乱れ強度，$\sqrt{\overline{V_r'^2}}$：径方向乱れ強度)

の測定はLDV (DISA 55 型) を用いて行った．粒子の噴流軸上平均速度 V_m (図 5.38) や軸方向平均速度 V (図 5.39) の計算結果は実験値とよく一致している．

一方粒子速度の乱流強度 (図 5.40) になるとかなりのずれが生じている．これは気流の乱流の直接数値計算の不備な点，たとえば微小渦を無視している点などが原因していると考えられる．しかし，固気混相噴流の特徴である，粒子の軸方向の乱流強度 $\sqrt{\overline{v_x'^2}}$ が半径方向の乱流強度 $\sqrt{\overline{v_r'^2}}$ より 3～4 倍大きい (気流の場合は 1.3 倍程度しか大きくない) という基本的な点はよく表現しており，計算方法の今後の改良が期待される．

5.4.2　低粒子濃度の場合

気流が粒子の運動を規定するが，粒子の存在も気流の運動に影響を与える．すなわち，気流と粒子の間に相互干渉があるが，粒子どうしの衝突は無視できる．そのような固気混相噴流を通常低粒子濃度固気混相噴流と呼んでいる．粒径や粒径分布が大きく影響するので正確にはいえないが，質量混合比 0.1～5 程度がこの領域に属する噴流である．以下にその計算モデルについて説明しよう．

a.　2 流体モデル

このモデルは，粒子群が形成する粒子相を一つの流体とみなし，粒子が浮遊している気体または液体の連続相と合わせて，混相流を二つの異なる流体から成り立っているとするものである．連続相および粒子相を支配する方程式は次のようになる．ただし，流体は非圧縮性であるとして取り扱う．

(連続相)

$$\frac{\partial u_i}{\partial x_i}=0 \tag{5.162}$$

$$\rho\frac{\partial u_i}{\partial t}+\rho\frac{\partial}{\partial x_j}(u_iu_j)=-\frac{\partial p}{\partial x_i}+\mu\frac{\partial^2 u_i}{\partial x_j\partial x_j}-F\rho_c(u_i-v_i) \quad (5.163)$$

（粒子相）

$$\frac{\partial \rho_c}{\partial t}+\frac{\partial}{\partial x_i}(\rho_c v_i)=0 \quad (5.164)$$

$$\frac{\partial}{\partial t}(\rho_c v_i)+\frac{\partial}{\partial x_j}(\rho_c v_i v_j)=F\rho_c(u_i-v_i) \quad (5.165)$$

pは圧力，u_i，v_iは気流および粒子の速度成分，ρは連続相の密度，ρ_cは粒子相の濃度である．(5.165) の右辺は単位体積当りの流体に粒子が及ぼす力であり，粒子の抗力から求めることができる（さらにくわしいことが3章に述べられている）．

流れが層流であれば，上式を直接解けばよいが，噴流は普通乱流であるので，物理量を時間平均値と変動値からなるとして，(5.162)～(5.165) にそれらを代入し，もう一度平均操作を行い，平均値に関する方程式を導き（レイノルズの手順），それを閉じさせて解くことになる．

$$u_i=U_i+u_i',\quad v_i=V_i+v_1',\quad p=P+p',\quad \rho_c=\bar{\rho}_c+\rho_c' \quad (5.166)$$

ただし，U_i，V_i，P，$\bar{\rho}_c$はそれぞれの時間平均値で，u_i'，v_i'，p'，ρ_c'は変動値である．(5.166) を (5.162)～(5.165) に代入し，時間平均を行うと，次式を得る．ただし，変動値の3次以上の相関値は他の相関値に比較して無視している．

（連続相）

$$\frac{\partial U_i}{\partial x_i}=0 \quad (5.167)$$

$$\rho\frac{\partial}{\partial x_j}(U_iU_j)=-\frac{\partial P}{\partial x_i}+\mu\frac{\partial^2 U_i}{\partial x_j\partial x_j}-\rho\frac{\partial}{\partial x_j}(\overline{u_i'u_j'})$$
$$-F\bar{\rho}_c(U_i-V_i)-F(\overline{\rho_c'u_i'}-\overline{\rho_c'v_i'}) \quad (5.168)$$

（粒子相）

$$\frac{\partial}{\partial x_i}(\bar{\rho}_c V_i)+\frac{\partial}{\partial x_i}(\overline{\rho_c'v_i'})=0 \quad (5.169)$$

$$\frac{\partial}{\partial x_j}(\bar{\rho}_c V_iV_j)+\frac{\partial}{\partial x_j}(\bar{\rho}_c\overline{v_i'v_j'})+\frac{\partial}{\partial x_j}(V_i\overline{\rho_c'v_j'})+\frac{\partial}{\partial x_j}(V_j\overline{\rho_c'v_i'})$$
$$=F\bar{\rho}_c(U_i-V_i)+F(\overline{\rho_c'u_i'}-\overline{\rho_c'v_i'}) \quad (5.170)$$

上式においてアッパーバーは時間平均値を示す．また，定常問題とし，非定常項は取り除いている．(5.167)～(5.170) をみると，変動値に関係した物理量，たとえば$\overline{u_i'v_j'}$や$\overline{\rho_c'v_i'}$などの数だけ未知数が式の数より多い．したがって，これらをU_i，V_i，ρ_cといった平均値で表し，方程式系を閉じさせる必要がある．混相噴流の2流体モデルでは上述の平均値にk（流体の乱流エネルギー，$k=1/2\cdot\overline{u_i'u_i'}$）と$\varepsilon$（流体の散逸速度，$\varepsilon=\nu(\overline{\partial u_j'/\partial x_i\cdot\partial u_i'/\partial x_j})$）を加え，それらで変動特性を表現する$k$-$\varepsilon$モデルがよく使われる（$\varepsilon=\nu(\overline{\partial u_j'/\partial x_i\cdot\partial u_i'/\partial x_j})$が成り立つのは均質乱流の場合で，一般には$\varepsilon=\nu\overline{\partial u_j'/\partial x_i(\partial u_j'/\partial x_i+\partial u_i'/\partial x_j)}$である）．

（5.163）に（5.166）を代入した式から（5.168）を差し引き，その式の両辺にu_i'を掛け，時間平均をとると，

$$\frac{1}{2}U_j\frac{\partial}{\partial x_j}(\overline{u_i'u_i'})=-\overline{u_i'u_j'}\frac{\partial U_i}{\partial x_j}-\frac{1}{\rho}\frac{\rho}{\partial x_i}(\overline{u_i'p'})+\nu\overline{u_i'\frac{\partial^2 u_i'}{\partial x_j\partial x_j}}$$
$$-\frac{F}{\rho}[\bar{\rho}_c\overline{u_i'(u_i'-v_i')}+\overline{\rho_c'u_i'}(U_i-V_i)\qquad(5.171)$$

を得る．ただし，

$$\overline{\nu u_i'\frac{\partial^2 u_i'}{\partial x_j\partial x_j}}=\nu\frac{\partial}{\partial x_i}\overline{u_j'\left(\frac{\partial u_i'}{\partial x_j}+\frac{\partial u_j'}{\partial x_i}\right)}-\nu\overline{\left(\frac{\partial u_i'}{\partial x_j}+\frac{\partial u_j'}{\partial x_i}\right)\frac{\partial u_j'}{\partial x_i}}$$
$$=\nu\frac{\partial^2 k}{\partial x_i\partial x_i}-\nu\overline{\frac{\partial u_j'}{\partial x_i}\frac{\partial u_i'}{\partial x_j}}\qquad(5.172)$$

の関係があるので，これを（5.171）に代入すると，

$$U_j\frac{\partial k}{\partial x_j}=-\overline{u_i'u_j'}\frac{\partial U_i}{\partial x_j}-\frac{1}{\rho}\frac{\partial}{\partial x_i}(\overline{u_i'p'})+\nu\frac{\partial^2 k}{\partial x_i\partial x_i}-\nu\overline{\frac{\partial u_j'}{\partial x_i}\frac{\partial u_i'}{\partial x_j}}$$
$$-\frac{F}{\rho}[\bar{\rho}_c\overline{u_i'(u_i'-v_i')}+\overline{\rho_c'u_i'}(U_i-V_i)]\qquad(5.173)$$

となる．$\overline{u_i'u_j'}$は勾配輸送の概念から導かれ，ラウンダー（Launder）ら[80]の次式がよく使われる．

$$\overline{u_i'u_j'}=-\nu_t\left(\frac{\partial U_i}{\partial x_j}+\frac{\partial U_j}{\partial x_i}\right)-\frac{2}{3}k\delta_{ij}\qquad(5.174)$$

上式は$i\neq j$のときは従来の勾配輸送の関係で，$i=j$のときは$\overline{u_1'^2}-\overline{u_2'^2}=\overline{u_3'^2}=2/3\cdot k$としただけである．ただし，実際の流れでは軸方向と横方向の乱流強度が異なるので，そこに問題が残る．ν_tは乱流輸送の運動量の拡散係数（動粘性係数）で，kとεによって表されるとすると，次元解析によって

$$\nu_t=C_\nu k^2\varepsilon^{-1}\qquad(5.175)$$

を得る．p'/ρは流体の乱流エネルギーkと直接関係しているので，$\overline{u_i'p'}$はkの乱流拡散と考えることができ，したがって，次式の成立が予想できる．

$$\frac{\partial}{\partial x_i}\frac{\overline{u_i'p'}}{\rho}=-\frac{\partial}{\partial x_i}\left(\nu_{tk}\frac{\partial k}{\partial x_i}\right)\qquad(5.176)$$

乱流エネルギーの拡散係数ν_{tk}をkおよびεの関数と考えて，次元解析を行うと，ν_tと同様に

$$\nu_{tk}=C_k k^2 \varepsilon^{-1} \tag{5.177}$$

を得る．それゆえ

$$\frac{\partial}{\partial x_i}\ \frac{\overline{u_i'p'}}{\rho}=-\frac{\partial}{\partial x_i}\left(\frac{\nu_t}{\sigma_k}\ \frac{\partial k}{\partial x_i}\right) \tag{5.178}$$

ただし，σ_k は乱流エネルギーに関するシュミット数（$=\nu_t/\nu_{tk}$）である．これを(5.173) に代入すると，次式を得る．

$$U_j\frac{\partial k}{\partial x_j}=-\overline{u_i'u_j'}\frac{\partial U_i}{\partial x_j}+\frac{\partial}{\partial x_j}\left(\frac{\nu_t}{\sigma_k}\ \frac{\partial k}{\partial x_j}\right)+\nu\frac{\partial^2 k}{\partial x_j \partial x_j}-\varepsilon$$
$$-\frac{F}{\rho}[\bar{\rho}_c\overline{u_i'(u_i'-v_i')}+\overline{\rho_c'u_i'}(U_i-V_i)] \tag{5.179}$$

$\overline{u_i'u_j'}$ は (5.174) で表されているので，残る粒子に関する $\overline{u_i'v_i'}$，$\overline{\rho_c'u_i'}$ を平均特性で表せばよい．

(5.163) から (5.168) を差し引き，x_k で微分して，$\nu\partial u_i/\partial x_k$ を掛け，時間平均すると，拡散速度 ε に関する輸送方程式が得られる．

$$\frac{D\varepsilon}{Dt}=-2\nu\frac{\partial U_i}{\partial x_k}\left(\overline{\frac{\partial u_i'}{\partial x_j}\ \frac{\partial u_k'}{\partial x_j}}+\overline{\frac{\partial u_j'}{\partial x_i}\ \frac{\partial u_i'}{\partial x_k}}\right)$$
$$-2\nu\overline{\frac{\partial u_i'}{\partial x_k}\ \frac{\partial u_i'}{\partial x_j}\ \frac{\partial u_k'}{\partial x_j}}-2\overline{\left[\nu\frac{\partial^2 u_i'}{\partial x_j \partial x_k}\right]^2}$$
$$-\frac{\partial}{\partial x_k}\left[U_k\overline{\frac{\partial u_j'}{\partial x_i}\ \frac{\partial u_i'}{\partial x_j}}-\frac{\nu}{\rho}\ \frac{\partial}{\partial x_k}\left(\overline{\frac{\partial p'}{\partial x_j}\ \frac{\partial u_k'}{\partial x_j}}\right)\right]$$
$$-\frac{F\nu}{\rho}\overline{\frac{\partial u_i'}{\partial x_k}\left[\frac{\partial}{\partial x_k}\bar{\rho}_c(u_i'-v_i')+\frac{\partial}{\partial x_k}\rho_c'(U_i-V_i)\right]} \tag{5.180}$$

(5.180) の右辺の変動値に関する各項を $\overline{u_i'u_j'}$，k，ε で表現しなければならない．いずれも物理的な背景を考えながら次元解析で関係を求めている．まず，右辺第1項については次式がよく用いられている．

$$2\nu\frac{\partial U_i}{\partial x_k}\left(\overline{\frac{\partial u_i'}{\partial x_j}\ \frac{\partial u_k'}{\partial x_j}}+\overline{\frac{\partial u_j'}{\partial x_i}\ \frac{\partial u_j'}{\partial x_k}}\right)=\frac{C_{\varepsilon1}\varepsilon\overline{u_i'u_k'}}{k}\frac{\partial U_i}{\partial x_k} \tag{5.181}$$

三つの変数 ε，$\overline{u_i'u_k'}$，k があって，左辺の次元には長さと時間しか現れないので，次元解析より一意的に決めることはできないが，k-ε モデルでは，(5.181) が最もよく用いられている．ただし，$c_{\varepsilon1}$ は定数である．右辺の第2，第3項をひとまとめにして k，ε で表すと，次元解析により次式が得られる．

$$2\left[\nu\overline{\frac{\partial u_i'}{\partial x_k}\ \frac{\partial u_i'}{\partial x_j}\ \frac{\partial u_k'}{\partial x_j}}+\overline{\left(\nu\frac{\partial^2 u_i'}{\partial x_k \partial x_j}\right)^2}\right]=\frac{C_{\varepsilon2}\varepsilon^2}{k} \tag{5.182}$$

次に，右辺第4項の $u_k'\partial u_j'/\partial x_i\cdot\partial u_i'/\partial x_j$ は散逸 $\varepsilon=\nu\partial u_j'/\partial x_i\cdot\partial u_i'/\partial x_j$ の乱流

拡散と考えられる．また，右辺第5項の$\nu/\rho\cdot\partial p'/\partial x_i\cdot\partial u_i'/\partial x_j$は，$p'/\rho$が乱流エネルギーと直接関係するので，第4項と同様にεの乱流拡散項と考えることができる．そこで，右辺第4項と第5項をまとめて勾配輸送を仮定すると，

$$\frac{\partial}{\partial x_k}\left(\overline{u_k'\frac{\partial u_j'}{\partial x_i}\frac{\partial u_i'}{\partial x_j}}\right)+\frac{\nu}{\rho}\frac{\partial}{\partial x_k}\left(\overline{\frac{\partial p'}{\partial x_j}\frac{\partial u_k'}{\partial x_j}}\right)$$
$$=-\frac{\partial}{\partial x_k}\ \nu_{t\varepsilon}\frac{\partial\varepsilon}{\partial x_k} \tag{5.183}$$

を得る．$\nu_{t\varepsilon}$をk，εの関数として次元解析で求めると次式となる．

$$\nu_{t\varepsilon}=\frac{C_\varepsilon k^2}{\varepsilon} \tag{5.184}$$

次に，粒子に関する乱流特性値（$\overline{v_i'\rho_c'}$，$\overline{u_i'\rho_c'}$など）をモデルで表現する必要がある．まず，$\overline{v_i'\rho_c'}$は粒子の乱流拡散量を表しているので，勾配輸送の考えより

$$\overline{v_i'\rho_c'}=-\nu_{tp}\frac{\partial\bar{\rho}_c}{\partial x_i} \tag{5.185}$$

が得られる．また，$\overline{u_i'\rho_c'}$は気流の乱流速度で，粒子が拡散するフラックスであり，この場合，粒子は気流と同一に運動する気流のスカラー量と考えて差し支えないので，

$$\overline{u_i'\rho_c'}=-\nu_{ts}\frac{\partial\bar{\rho}_c}{\partial x_i} \tag{5.186}$$

ν_{ts}とν_tの間の関係は気流中のスカラー量の乱流拡散係数と運動量の乱流拡散係数の間の関係であるから，そのシュミット数をσ_sとすると，

$$\nu_{ts}=\frac{\nu_t}{\sigma_s} \tag{5.187}$$

となり，(5.186) は

$$\overline{u_i'\rho_c'}=-\frac{\nu_t}{\sigma_s}\frac{\partial\bar{\rho}_c}{\partial x_i} \tag{5.188}$$

となる．普通σ_sは0.8程度である．

次に，粒子の乱流拡散係数ν_{tp}をν_tで表す必要がある．これはヒンツェ (Hinze)[71]が彼の著書でくわしく述べているので参照されたい．ここでは，結果のみを記す．

$$\nu_{tp}=\frac{aT_L}{aT_L+1}\nu_t \tag{5.189}$$

ただしaは粒子の緩和時間 ($C_c\rho_pD_p^2/18\mu$) の逆数である．また，u_iv_iや (5.180) に現れる粒子の変動量に関する項は，いくつかの仮定を加えて，ヒンツェの方法[71]を用いることができる．ここでは省略する．

これで方程式系は閉じたのであるから，粒子と気流の平均速度 U_i, V_i, 平均粒子濃度 $\bar{\rho}_c$, 気流の乱流運動エネルギー k, 気流の乱流拡散速度 ε に関する境界条件に従って解けばよい[注8]. 多くの研究者によって数値計算が行われているが，ほとんどすべて前述の方法と大同小異である．例として，エルゴバシー (Elghobashi) ら[81]の結果を図 5.41 に示す．計算結果は実験結果とよく一致しているが，多くの実験定数を用いているので，この種の結果だけでモデルの妥当性を判断するのは難しい．

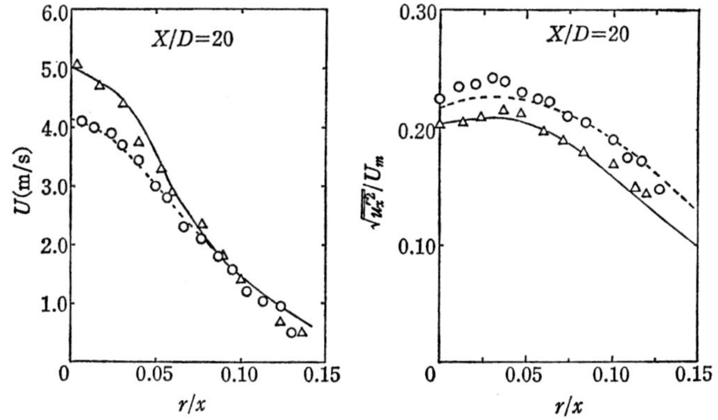

図 5.41 固気混相円形噴流中の気流平均速度 U_m, 気流の乱流強度 $\sqrt{\overline{u_x'^2}}$ の分布[81]
(U_m：気流の噴流軸上平均速度，——：混相噴流計算値，-----：単相噴流計算値，△：混相噴流実験値，○：単相噴流実験値；D_p=200μm, m=0.54)

b. two way method

この方法では，流体についてはオイラー型の方程式で取り扱い，一方，粒子はラグランジュ型の方程式で取り扱って，相互干渉を考慮する．前述したように，非圧縮性混相噴流では，乱流をいかに表現するかが最も大きな問題となる．

以下にそれを示そう．気流に対しては k-ε モデルがよく使われる．前項では一般的な方程式系を示したので，ここでは円形ノズルから噴出する実際の固気混相噴流に即して記述する．すなわち，流れ場は軸対称で，半径方向の平均速度は軸方向の平均速度に比較してはるかに小さい（1/40 程度である）ので，半径方向の運動方程式は省略する．また，自由噴流であるので，平均圧力の勾配は無視する．前項の k-ε モデル方程式系を簡単化すると次のようになる．

$$\frac{\partial(U_x\phi)}{\partial x}+\frac{1}{r}\frac{\partial(rU_r\phi)}{\partial r}=\frac{1}{r}\frac{\partial}{\partial r}\left(\frac{r\nu_t}{\sigma}\frac{\partial\phi}{\partial r}\right)+S_\phi+S_{p\phi} \qquad (5.190)$$

ただし

$$\phi=\begin{bmatrix}1\\U\\k\\\varepsilon\end{bmatrix},\quad S_\phi=\begin{bmatrix}0\\0\\\nu_t\left(\dfrac{\partial U_x}{\partial r}\right)^2-\varepsilon\\\dfrac{c_{\varepsilon1}\nu_t\varepsilon}{k}\left(\dfrac{\partial U_x}{\partial r}\right)^2-\dfrac{c_{\varepsilon2}\varepsilon^2}{k}\end{bmatrix},\quad S_{p\phi}=\begin{bmatrix}0\\\overline{S_{pv}}\\\overline{uS_{pv}}-U_x\overline{S_{pv}}\\0\end{bmatrix}\tag{5.191}$$

ただし，平均運動は定常で気体は非圧縮性である．また，境界条件は次のとおりである．

$$r=0\text{ で }\frac{\partial\phi}{\partial r}=0,\qquad r\to\infty\text{ で }\phi=0\tag{5.192}$$

(5.190) の $S_{p\phi}$，すなわち S_{pv} が粒子による相互干渉の項で，粒子と気流の相対速度によって求める．粒子の乱流を含めた速度は粒子のラグランジュ型運動方程式，すなわち (5.147) によって求める．このとき気流の乱流は前項で記述した代表渦を乱数によって表現する簡単な統計的モデルを用いるのが普通である．粒子速度が求まれば，

$$S_{pvi}=V^{-1}\sum_{j=1}^{q}n_jm_p(v_{j\text{in}}-v_{j\text{out}})\tag{5.193}$$

によって S_{pvi} も求まる．すなわち，(5.190) を数値計算する場合，流れ場を計算セルに分割するが，粒子のラグランジュ軌跡を計算し，粒子がセル i に流入し流出するとき，セル i 内での粒子の運動量の差をその粒子の S_{pvi} とするのである．したがって，正味の S_{pvi} はそのセルを通過する粒子について総和することによって求まる．それが (5.190) である．なお m_p は粒子 1 個の質量，n_j は j グループ粒子の単位時間当りの個数，q はグループの数，V はセルの体積，$v_{j\text{in}}$，$v_{j\text{out}}$ はそれぞれセルに流入流出時の粒子速度である．

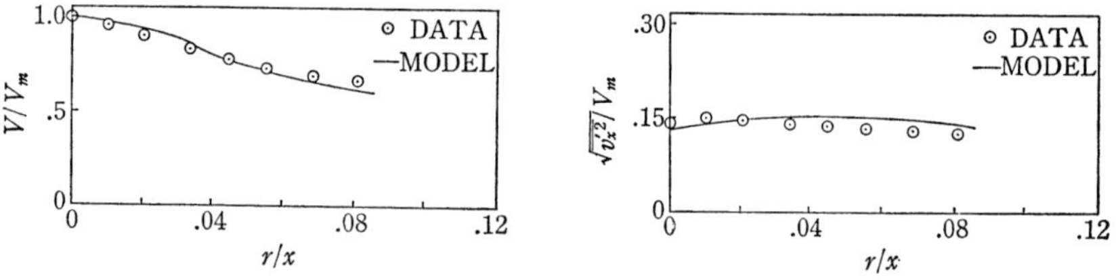

図 5.42　固気混相円形噴流中の粒子の平均速度 V および乱れ強度 $\sqrt{\overline{v_x'^2}}$ の分布[68)]
($x/D=40$，r：半径方向距離，U_{pm}：粒子の噴流軸上平均速度；$D_p=119\,\mu$m，$m=0.54$)

この方法によって，シューエンら[68)]が軸対称固気混相噴流の速度分布を計算した結果を図 5.42 に示す．彼らが用いた k-ε モデルの実験定数は次のとおりである：

$$C_\nu=0.09, \quad C_{\varepsilon 1}=1.44, \quad C_{\varepsilon 2}=1.87, \quad \sigma_k=1.0, \quad \sigma_\varepsilon=1.3$$

ただし，$\phi=U$, k, ε でそれぞれ $\sigma=1$, σ_k, σ_ε である．

低粒子濃度固気混相噴流のもう一つの典型的な例は，気流が圧縮性を表す音速または超音速の固気混相噴流である．この場合にも前述の two way method が適用される．音速または超音速の流れであるから，物理量はある特定方向に伝播するので，数値計算ではマーチング法が可能である．すなわち，楕円型方程式の解を求めるように場全体の繰返し計算を必要としない．この場合の計算方法については，3.2 節「粒子追跡法」ですでにくわしく述べられている．

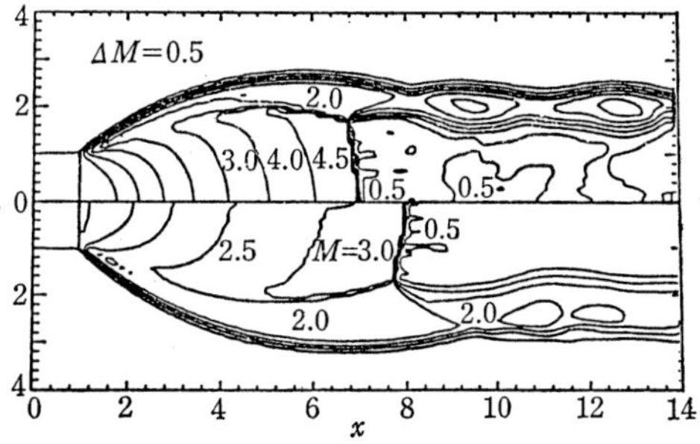

図 5.43 等マッハ線[82)]
(上段：単相噴流，下段：固気混相噴流，$D_p=2\ \mu$m, $m=0.3$)

この方法を用いた石井ら[82)]による，静止気体中へ広がる音速固気混相噴流の計算結果を図 5.43, 5.44 に示す．図 5.43 は上半分が単相空気噴流の，下半分が固気混相流の気体の等マッハ線を示す．固気混相噴流の方が半径方向により広がり，マッハディスクは下流にシフトされ，その強さは単相噴流に比較して弱まっている．気体相と粒子相の相互干渉により膨張部での気体速度の増加が抑えられ，マッハ数の増加が単相噴流の増加の約 2/3 になっている．またマッハディスクの下流での変動流は粒子相の存在によって抑制される．

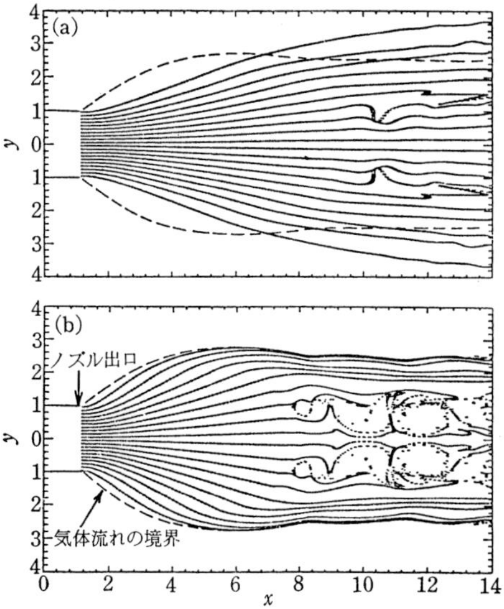

図 5.44 固気混相噴流中の粒子のストリークライン[82)]
(a) $D_p=10\ \mu$m, $S_t=9.6$, (b) $D_p=2\ \mu$m, $S_t=0.34$

粒子のストリークラインを，図 5.44 に示す．粒径が比較的大きい場合（この計算では $D_p=10\ \mu$m, $S_t=9.6$），粒子の慣性が大きく，気流への追従性が低下し，マッハディスクより下流で気流の変動流はほとんど起こっていない．またノズル出口近くの流れの膨張部で得た半径方向速度を下流まで慣性の影響によって持続するので，下流では気体流れの境界を越えて粒子の方が広がる．一方，粒径が 2 μm (S_t=0.34) になると，粒子は気流に追従し，顕著な変動流が現れ粒子流れの境界にほぼ等しくなっている．

5.4.3　高粒子濃度の場合

粒子どうしの衝突は，粒子濃度，粒径や粒径分布，運動状態などによって著しく変わるので，粒子どうしの衝突が無視できない高粒子濃度を簡単に規定することは難しい．ここで，高粒子濃度というのは，混相噴流の気流の運動が単相噴流のそれに比べて顕著な差を表すほどの粒子濃度といった程度の意味であり，普通の固体粒子では質量混合比 m が約 5 以上である．この領域ではモデル的な研究はほとんどなされておらず，粒子どうしの衝突を気体運動論的に取り扱う方法などに期待が寄せられている．ここでは，実験値に従ってそのメカニズムを説明しよう．

フィーダーからガラスビーズ(以下 GB と略記する．中径位 D_{p50}=58 μm) をインジェクターを通して空気流れに投入し，直径 8 mm の円形ノズルより固気混相噴流として噴出する．トレーサー粒子としてはアンモニアと塩酸を反応させて生成した NH_4Cl 粒子 (D_{p50}=0.8 μm) を用いており，GB と一緒に噴出する．LDV は DISA 55 型を用いている．気流の運動を表すトレーサー粒子と GB の信号分離は散乱光のペデスタル信号およびドップラー信号の振幅の大小によって行った．

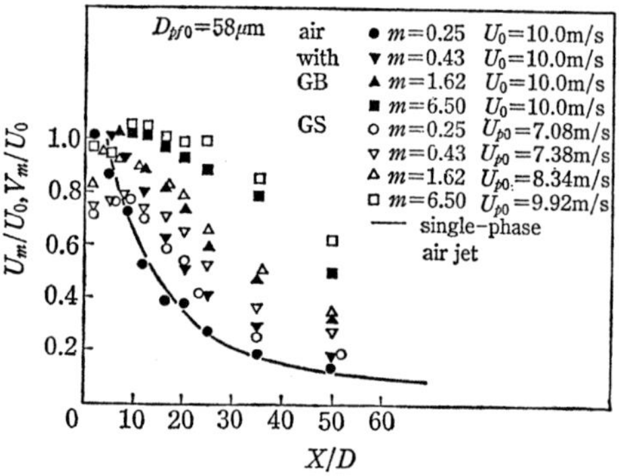

図 5.45　固気混相円形噴流の軸上平均速度の減衰[69] (D_p=58 μm)

図 5.45 に噴流中心軸上の気流 (U_m) および粒子 (V_m) の平均速度分布を示す．図中の実線は，ウィグナンスキーとフィードラー[79]の測定した結果である．m=0.25 の固気混相噴流では，図中の・印が示すように，空気の軸上平均速度 U_m は単相噴流のそれとほぼ等しい．すなわち m=0.25 程度では，平均速度に及ぼす粒子の影響は非常に小さいことを示している．粒子は個々に分散した状態で

運動していると考えられる．粒子速度はノズル出口では気流の速度よりもかなり遅く，それ以後は，速度が速い空気に引張られ加速される．

気流速度は下流へいくに従って広がり減速されるが，粒子速度は粒子がもつ慣性のために減速域に入っても気流ほど減速されない．したがって，ある程度ノズル出口から下流へいくと粒子速度の方が速くなる．質量混合比 m を上げていくと，m=6.5 でノズル出口の粒子速度と気流速度はほぼ等しくなる．その後の下流においても気流速度の減衰は遅く，粒子速度を少し下回る程度である．実験はすべて同一資料粒子を用いているので，単一粒子の慣性はいずれも同じであるから，混合比が増加するに従い粒子速度が遅くなるのは，粒子が緩やかな凝集体に類似のものを形成しているからだと思われる．これは混相噴流中の局所的高濃度部分で，個々の粒子は運動をしているものの，衝突・接触を繰り返し粒子間距離が短くなった粒子群（クラスター）を形成していると考えられる．この粒子群が運動の単位を形成し，粒子のもつ慣性や気流から受ける抗力はこの群が支配していると考えられる[注9]．

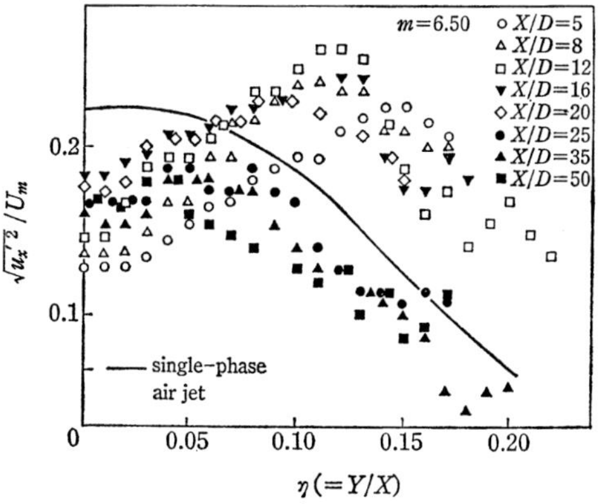

図 5.46 固気混相円形噴流中の気流の乱流強度分布[69]

このクラスターは流動層などで問題にされ，光ファイバーなどを用いて測定されているが，高濃度固気混相噴流においても，運動量，熱，質量といった物理量の輸送に支配的な影響を与えている．ノズル出口粒子濃度が増加するほど気流速度に近くなるが，これは粒子濃度が高くなるほど粒子と気流が一体となって噴出するためである．

m=6.5 の気流の乱流強度分布の測定結果を図 5.46 に示す．図中の実線（単相噴流の値）と大きく異なることがわかる．とくに，ノズル壁前方からその外側に形成される境界層内の乱れが非常に大きくなっている．これは粒子の濃度が急激に減少する境界に位置し，粒子の存在が気流の乱れを大きく増幅するようである．$X/D \geqq 25$，すなわち，ほぼ流れが発達したとみなせる領域では，気流の相対乱れは単相噴流のそれより低下している．これは粒子の存在が粘性散逸を促進するためである．

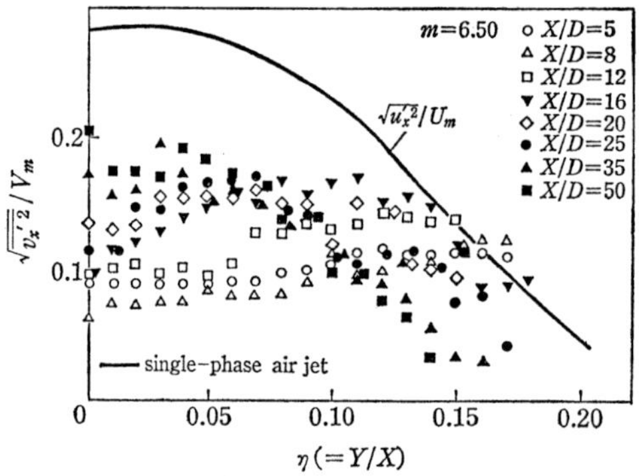

図 5.47　固気混相円形噴流中の粒子の乱れ強度分布[69]

図 5.45 からわかるように，噴流中心軸速度 U_m は単相噴流のそれに比較してはるかに大きい．したがって，$m=6.5$ の場合，気流の乱れの絶対値は単相噴流のそれよりもかなり大きいわけである．図 5.47 に粒子の相対乱れ分布（$m=6.5$）を示す．単相気流よりもはるかに小さい．また，図に示された領域では，X/D が大きいほど相対乱れは大きい．乱れの絶対値も $X/D=35$ ぐらいまで大きくなる．したがって，粒子やクラスターの慣性によって粒子の乱流の発達ははるか下流へ遅れていくと考えられる．

5.5　サスペンション

5.5.1　サスペンションとは

サスペンション（suspension）とは多相系媒質の一つであって，そのうちの1相を基質（matrix）とし，その中に他の相が微粒子の形で分散しているような媒質のことを指す．ここで考える基質は流体でしかも低分子からなるものとしておく．このような基質は一般にニュートン流体の振舞いを呈すると考えてよい．たとえば，純粋の水，空気などはその代表的なものである．また，対象とする粒子の大きさはだいたい 0.01～100 μm 程度である．粒子は自由粒子，つまり，微小であるために外部からの力や偶力にはほとんど影響されずに基質中を浮遊し基質とともに運動すると考えてよいが，永久磁気モーメントなどをもっている粒子では，外部磁場による偶力を考慮せざるをえないこともある．

さて，サスペンション力学の主眼とするところは，力学系としてのサスペンションのもつ統計的な意味での性質または流動特性を把握することであるといえよう．その一つは，粒子が平均としてもつ物理量を求めることである．たとえば，粒子が流体中を重力下で沈降するような場合における粒子の平均沈降速度がそれにあたる．次は，外的要因によって系が平衡状態からずらされた場合，元に戻そうとして系に必然的に生じる様々な輸送過程およびそれらを特性づける諸量を調べることであろう．とくに，系が力学的平衡からずらされた場合にその内部に生じる不可逆運動量輸送，すなわち，偏り応力 (deviatoric stress) は系を特性づける最も重要な性質の一つである．ここでは，後者の場合に話を限ることにする．

偏り応力は，サスペンション系に課せられた外的作用に対する系の「力学的応答」の結果として現れる．したがって，これを調べるには，サスペンションにおける運動量の「不可逆輸送」，つまり偏り応力とそれに課せられた対応する示強量（速度）の勾配との関連性を調べればよいことになる．しかしながら，この問題ははなはだ厄介な問題を含んでいる．通常のニュートン流体の場合とは異なって，サスペンションは非常に複雑な微視的構造をもつ．たとえ粒子の大きさ，形状が均一であったとしても，球形でなければ粒子の相互配置，方向性などはまわりの基質の運動に大きく依存し，これらの決定には確率的考察を必要とするからである．この種の問題はあまりにも難しく，直観的にわかる場合を除いては，ここでは立ち入らない．ところで，サスペンションの応力とか速度勾配といっても，それらはある種の平均量と解釈しなければ意味をもたないのは当然であろう．そこで，まず，その平均量の定義について考えてみる．

5.5.2 サスペンションにおける平均量

サスペンションの平均量を考えるに当たって，対象とする系は次のような条件を満たしているものとする：

（i） サスペンション全体としての運動の変化の特性長さ L^* は，粒子の代表的な大きさ a のみならず，粒子間の平均距離 D に比べてもはるかに大きい，すなわち，a, $D \ll L^*$.

（ii） サスペンションは，局所的には，統計的な意味において均質である．このことは，その中に十分多くの粒子を含み，かつ，その代表長 L_v が $a, D \ll L_v \ll L^*$ なる条件を満たす領域 $V(V \sim L_v^3)$ が存在することを意味する．

(iii) 基質は粘性係数 μ をもつ非圧縮性ニュートン流体とし，粒子による流体の攪乱運動のレイノルズ数は小さく，流体運動は次のストークス方程式で支配される．

$$\frac{\partial u_i}{\partial x_i}=0, \quad \frac{\partial \sigma_{ij}}{\partial x_j}=0, \quad \text{そして}\ \sigma_{ij}=-p\delta_{ij}+\mu\left(\frac{\partial u_i}{\partial x_j}+\frac{\partial u_j}{\partial x_i}\right) \qquad (5.194)$$

ここで，u_i, σ_{ij}, p はそれぞれ基質の速度ベクトル，応力テンソルおよび圧力で，x_i は直交座標，δ_{ij} はクロネッカー (Kronecker) のデルタである（和の規約は暗黙の了解とする).

(iv)　粒子に作用する外部からの力はないものとする．ただし，偶力は存在してもよい．

(v)　流体粒子であれ剛体粒子であれ，粒子内部に生じる運動に対しては，その慣性力の影響は小さく，無視できる．したがって，外部から力が作用しない場合には，粒子内部でも応力の発散は0，つまり，粒子内部における応力も σ_{ij} で表せば $\partial\sigma_{ij}/\partial x_j=0$ となる．

(vi)　粒子と流体の境界面で，流体の速度および応力は粒子のそれらに等しい(速度，応力連続条件)．

さて，種々の平均操作が考えられるわけであるが，ここでは次のような体積積分によってサスペンションの平均量を定義することにする[83~85]．

$$\langle Q\rangle=\frac{1}{V}\int_V Q(x_i)\,dV \tag{5.195}$$

ここで，$\langle Q\rangle$ は平均量を表し，$Q(x_i)$ は基質および粒子内部の各点 x_i で定義された任意の局所量である．V としては，その存在が条件(ii)で保証されているような領域をとる．したがって，その代表長 ($\sim V^{1/3}$) 程度では $\langle Q\rangle$ はほとんど変化しない．この定義に従って，今後必要となる諸量を考えることにする．たとえば，$Q(x_i)$ として $\partial u_i/\partial x_j$ をとれば

$$\left\langle\frac{\partial u_i}{\partial x_j}\right\rangle=\frac{1}{V}\int_V\frac{\partial u_i}{\partial x_j}dV=\frac{1}{V}\int_{V-\Sigma V_0}\frac{\partial u_i}{\partial x_j}dV+\frac{1}{V}\Sigma\int_{V_0}\frac{\partial u_i}{\partial x_j}dV \tag{5.196}$$

ここで，V_0 はその中に1個の粒子のみを含む任意の体積で，Σ は V 中のすべての粒子にわたる総和を表す．したがって，$V-\Sigma V_0$ は流体部分のみからなる体積である．また，上の最後の体積積分は，次のように変形することができる．

$$\begin{aligned}\int_{V_0}\frac{\partial u_i}{\partial x_j}dV&=\int_{V_0-V_p}\frac{\partial u_i}{\partial x_j}dV+\int_{V_p}\frac{\partial u_i}{\partial x_j}dV\\&=\int_{A_0}u_in_jdA-\int_{A_p}u_i^+n_jdA+\int_{A_p}u_i^-n_jdA\\&=\int_{A_0}u_in_jdA+\int_{A_p}(u_i^--u_i^+)n_jdA\end{aligned} \tag{5.197}$$

ここで，V_p および A_p は粒子1個の体積とその表面積を表し，また A_0 は体積 V_0 の表面積を表す．n_i は面 A_0 および A_p における外向き単位法線ベクトルである．u_i^+ および u_i^- は u_i がそれぞれ流体内部および粒子内部から境界面 A_p に近づいたときの値を表す．通常は $V_0=V_p$ ととってよいが，たとえば，基質が気体の場合において気体論的境界層 (Knudsen layer)[86]を考慮しなければならない

ような場合[87]には，V_0としてこの境界層を含めた領域をとれば便利な場合がある．(5.197) の右辺最後の面積分は条件 (vi) より 0 となり，(5.196)，(5.197) から次の関係式が得られる．

$$\frac{1}{V}\int_{V-\Sigma V_0}\frac{\partial u_i}{\partial x_j}dV=\left\langle\frac{\partial u_i}{\partial x_j}\right\rangle-\frac{1}{V}\Sigma\int_{A_0}u_in_jdA \tag{5.198}$$

また，$Q(x_i)=\sigma_{ij}$ の場合には，$\sigma_{ij}=\partial(\sigma_{ik}x_j)/\partial x_k$ なる関係を使って，(5.197) に対応する式

$$\int_{V_0}\sigma_{ij}dV=\int_{A_0}\sigma_{ik}x_jn_kdA+\int_{A_p}(\sigma_{ik}{}^--\sigma_{ik}{}^+)x_jn_kdA=\int_{A_0}\sigma_{ik}x_jn_kdA \tag{5.199}$$

が条件 (vi) を考慮して得られる．

以上の準備の下に，サスペンションの平均偏り応力が種々の局所量とどのように結びついているかを調べる．これによって，いかなる局所量がわかれば所望の平均偏り応力が得られるのかが明らかになるであろう．

5.5.3 サスペンションの平均偏り応力

(5.195) の定義に従えば，サスペンションの平均偏り応力は次式で与えられる．

$$\left\langle\sigma_{ij}-\frac{1}{3}\delta_{ij}\sigma_{ll}\right\rangle=\frac{1}{V}\int_V\left(\sigma_{ij}-\frac{1}{3}\delta_{ij}\sigma_{ll}\right)dV \tag{5.200}$$

上式の右辺を (5.196) の右辺のように分割し，(5.194) を使って書き換えれば

$$\left\langle\sigma_{ij}-\frac{1}{3}\delta_{ij}\sigma_{ll}\right\rangle=\frac{1}{V}\int_{V-\Sigma V_0}\mu\left(\frac{\partial u_i}{\partial x_j}+\frac{\partial u_j}{\partial x_i}\right)dV+\frac{1}{V}\Sigma\int_{V_0}\left(\sigma_{ij}-\frac{1}{3}\delta_{ij}\sigma_{ll}\right)dV$$

さらに，これに (5.198)，(5.199) を考慮して変形すれば

$$\left\langle\sigma_{ij}-\frac{1}{3}\delta_{ij}\sigma_{ll}\right\rangle=2\mu E_{ij}+\Sigma_{ij}^{(p)} \tag{5.201}$$

ここで

$$\begin{aligned}E_{ij}&=\frac{1}{2}\left\langle\frac{\partial u_i}{\partial x_j}+\frac{\partial u_j}{\partial x_i}\right\rangle\\ \Sigma_{ij}^{(p)}&=\frac{1}{V}\Sigma\int_{A_0}\left\{\left(\sigma_{ik}x_j-\frac{1}{3}\delta_{ij}\sigma_{lk}x_l\right)n_k-\mu(u_in_j+u_jn_i)\right\}dA\end{aligned} \tag{5.202}$$

したがって，サスペンションの平均偏り応力は平均歪み速度 E_{ij} によるものと粒子の存在に起因して生じる応力 $\Sigma_{ij}^{(p)}$ との重ね合せになっていることがわかる．そして，この $\Sigma_{ij}^{(p)}$ は，一般には，対称テンソルではない．この後者の応力の存在が通常のニュートン流体の応力と大きく異なる点である．$\Sigma_{ij}^{(p)}$ は粒子の存在にちなんで粒子応力 (particle stress)[85]と呼ばれている．(5.201) に交代テンソル

ε_{ijk} を作用させれば，(5.201) の反対称部分が次のように得られる．

$$\varepsilon_{ijk}\left\langle\sigma_{jk}-\frac{1}{3}\delta_{jk}\sigma_{ll}\right\rangle=\varepsilon_{ijk}\Sigma_{jk}^{(p)}=\frac{1}{V}\sum\varepsilon_{ijk}\int_{A_0}\sigma_{jl}x_k n_l dA \qquad (5.203)$$

いま，偶力 L_i が外部から粒子に作用しているとすると，この偶力はまわりの流体が粒子に及ぼすモーメント M_i の符号を変えたものに等しい．すなわち，

$$L_i=-M_i=\varepsilon_{ijk}\int_{A_0}\sigma_{jl}x_k n_l dA \qquad (5.204)$$

上式において，外力は存在しないので，偶力またはモーメントの中心は任意でよいことに注意する．(5.203)，(5.204) より，粒子応力，したがって平均偏り応力の反対称部分は外的な偶力によって生成されると考えることができる．つまり，この偶力は粒子を通して，粒子まわりの流体に (5.204) の関係を満たすような応力場を余分に生ぜしめる結果，サスペンションの応力に反対称部分を生成するのであるといえよう．ここで少し注意しなければならないのは，このような偶力はサスペンションの応力の対称部分には何の関係もないようにみえるが，実はその対称部分の生成にも関与する場合があるということである (詳細は文献 85 を参照)．(5.202) における $\Sigma_{ij}^{(p)}$ を，便宜上，次のような対称部分と反対称部分に分けて書けば

$$\Sigma_{ij}^{(p)}=\frac{1}{V}\sum S_{ij}+\frac{1}{V}\sum\frac{1}{2}\varepsilon_{ijk}L_k \qquad (5.205)$$

$$S_{ij}=\int_{A_0}\left\{\frac{1}{2}\left(\sigma_{ik}x_j+\sigma_{jk}x_i-\frac{2}{3}\delta_{ij}\sigma_{lk}x_l\right)n_k-\mu(u_i n_j+u_j n_i)\right\}dA \qquad (5.206)$$

となる．これまでの結果は，粒子に外力が作用していないような場合であれば，その数密度，大きさ，形状，配置，配向などには関係なく成り立つ．上式における対称テンソル S_{ij} は，個々の粒子近傍における流体の局所応力 σ_{ij} および速度 u_i がわかれば，原理的には計算されうる量である．そして，これらの局所量は，サスペンションに既知の平均歪み速度 E_{ij} (一般的には平均速度勾配) を課したときにおのおのの粒子まわりに生じる流れ場を，ストークス方程式から求めて得られるものである．実際的には，この種のストークス問題の扱いは非常に難しく，粒子間の流体力学的相互作用について大胆な近似を余儀なくされることはもちろんである．次項に示す希釈サスペンション理論[85]は，この粒子間の相互作用を思い切って無視した理論ではあるが，サスペンションの力学的応答についての理解を深めてくれるという意味において重要である．

5.5.4 希釈サスペンション理論

サスペンションの単位体積中に粒子が占める体積の割合，すなわち体積分率をϕとし，aを粒子の平均の大きさとすれば，粒子間の平均距離は$a\phi^{-1/3}$に比例する．体積分率$\phi\to0$なる極限では，粒子間の平均距離は非常に大きい．このようなサスペンションを希釈サスペンション（dilute suspension）という．したがって，希釈サスペンションにおいては，第1近似として，粒子間の流体力学的相互作用を完全に無視することができよう．そうすると，(5.206)のS_{ij}は単一粒子まわりの流れ場の解から求められることになる．つまり，無限遠で一様な速度勾配をもつ流体中に一つの粒子がおかれている場合に生じる流れ場を考えればよい．この場合，この一様な速度勾配はサスペンションに課せられた平均速度勾配と同一とみなすのである．結局，問題は，粒子表面での境界条件と，粒子から遠く離れた点（$r=|x_i|\to\infty$）で与えられる条件

$$u_i\to\left\langle\frac{\partial u_i}{\partial x_j}\right\rangle x_j\equiv E_{ij}x_j-\varepsilon_{ijk}x_j\Omega_k,\qquad p\to p_0 \tag{5.207}$$

の下で，ストークス方程式(5.194)の解を求めるということになる．ここで，p_0は無限遠での圧力，E_{ij}は歪み速度テンソル（非圧縮性より$E_{ij}\delta_{ij}=E_{ii}=0$）で純粋ずれ運動を特性づける部分，$\Omega_i$は一定な角速度ベクトルである．

$$u_i=\left\langle\frac{\partial u_i}{\partial x_j}\right\rangle x_j+u_i',\qquad p=p_0+p' \tag{5.208}$$

として攪乱量u_i', p'を導入すれば，粒子から十分遠く離れたところでのストークス方程式の漸近解は次の形で表すことができる[85,88]．

$$\frac{p'}{\mu}=-D_j\frac{\partial}{\partial x_j}\left(\frac{1}{r}\right)-D_{jk}\frac{\partial^2}{\partial x_j\partial x_k}\left(\frac{1}{r}\right)+\cdots \tag{5.209}$$

$$u_i'=\frac{1}{2}D_j\left[\frac{\delta_{ij}}{r}+\frac{x_ix_j}{r^3}\right]+\frac{1}{2}D_{jk}\left[-\frac{3x_ix_jx_k}{r^5}+\frac{x_j\delta_{ik}-x_k\delta_{ij}}{r^3}\right]+\cdots \tag{5.210}$$

ここで，D_j, D_{jk}, … は粒子面での境界条件から定まる一定なベクトル，テンソル，… である．D_{jk}は，粒子を囲む任意面を通して流量が0という条件より，ゼロのトレース（$D_{ii}=0$）をもつ．この攪乱運動による応力場σ_{ij}'は

$$\begin{aligned}\sigma_{ij}'&=-p'\delta_{ij}+\mu\left(\frac{\partial u_i'}{\partial x_j}+\frac{\partial u_j'}{\partial x_i}\right)\\&=\mu D_k\left(-\frac{3x_ix_jx_k}{r^5}\right)+\mu D_{kl}\left[-\frac{3x_k(x_i\delta_{jl}+x_j\delta_{il})}{r^5}+\frac{15x_ix_jx_kx_l}{r^7}\right]+\cdots\end{aligned} \tag{5.211}$$

(5.209)〜(5.211) における右辺第1項および第2項はそれぞれ原点における Stokeslet, force-doublet (または di-Stokeslet) によって生じる流れ場を表している．したがって，D_j, D_{jk} は，それぞれの強さに関連している量で，粒子がまわりの流体から受ける力 F_i およびモーメント M_i と $F_i=-4\pi\mu D_i$, $M_i=-4\pi\mu\varepsilon_{ijk}D_{jk}$ なる関係で結ばれていることは明らかである．ここでは，粒子にはこの F_i を支える外力は存在しない場合を考えているから $D_i\equiv 0$ である．(5.206) の S_{ij} を評価するに当たっては，積分面 A_0 は1個の粒子だけを含むような面であれば任意の大きさでよいから，(5.206) の積分は上述の漸近解から求めることができる．すなわち，

$$S_{ij}=4\pi\mu\frac{1}{2}(D_{ij}+D_{ji}) \tag{5.212}$$

また，外部からの偶力 L_i はモーメント M_i と絶対値等しく方向反対であるから

$$L_i=-M_i=4\pi\mu\varepsilon_{ijk}D_{jk},\quad \text{すなわち}\quad \frac{1}{2}(D_{ij}-D_{ji})=\frac{1}{8\pi\mu}\varepsilon_{ijk}L_k \tag{5.213}$$

となる．これらのことと (5.205) より，流れ場の force-doublet の強さに対応する D_{ij} の対称部分が S_{ij} つまり $\Sigma_{ij}^{(p)}$ の対称部分を，その反対称部分が $\Sigma_{ij}^{(p)}$ の反対称部分を与えることがわかる．そして，この S_{ij} を stresslet または force-dipole の強さと呼んでいる．

さて，粒子は一般に球形とは限らないから，S_{ij} は粒子の向きに依存する．簡単のため，ここでは軸対称性をもつ粒子だけを考え，その軸方向を単位ベクトル $\boldsymbol{e}$ で表すことにする．さらに，偶力 $\boldsymbol{L}=0$ としておく．いま，$P(\boldsymbol{e})$ を方向確率密度関数とすると，粒子の軸方向が $\boldsymbol{e}$ と $\boldsymbol{e}+d\boldsymbol{e}$ との間にある確率は $P(\boldsymbol{e})d\boldsymbol{e}$ となる．ただし，$d\boldsymbol{e}$ は立体角要素で，$P(\boldsymbol{e})$ は規格化条件 $\int P(\boldsymbol{e})d\boldsymbol{e}=1$ を満たす．この確率密度関数に基づく平均の S_{ij} は次式で与えられる．

$$\bar{S}_{ij}=\int S_{ij}(\boldsymbol{e})P(\boldsymbol{e})d\boldsymbol{e} \tag{5.214}$$

よって，n を粒子の数密度とすれば，(5.205) より粒子応力は $\Sigma_{ij}^{(p)}=n\bar{S}_{ij}$ となり，(5.201) における平均偏り応力は，希釈サスペンションに対して，

$$\left\langle\sigma_{ij}-\frac{1}{3}\delta_{ij}\sigma_{ll}\right\rangle=2\mu E_{ij}+n\bar{S}_{ij} \tag{5.215}$$

次に，$P(\boldsymbol{e})$ を求める問題であるが，それには非常に難しいフォッカー-プランク (Fokker-Planck) 型方程式を扱わなければならず，ここでは，この問題に立ち入らない．しかし，$P(\boldsymbol{e})$ を直観的に得ることができる場合があることは理解で

きるであろう．たとえば，サスペンションに課せられた平均流は一般に粒子を特定の方向，たとえば $\boldsymbol{i}$ 方向，に整列化するから，それが強い場合には，$P(\boldsymbol{e})=\delta(\boldsymbol{e}-\boldsymbol{i})$，ここで δ はデルタ関数である．また，回転ブラウン運動のような拡散過程は方向を乱雑化させる傾向をもつから，その影響が強い場合には，粒子の方向分布は等方的，つまり $P(\boldsymbol{e})=1/(4\pi)$ となるであろう．

次項において，この希釈サスペンション理論の応用を考えることにする．

5.5.5 希釈サスペンション理論の応用例

前項において，希釈サスペンションの平均応力を求める問題は，ストークス方程式系から，1個の粒子まわりの流れ場の force-doublet の強さ D_{ij} を求めることに帰着されるのをみた．ここでは，この理論の応用例を少しあげることにする．

a. 純粋ずれ運動下にある球形粒子からなるサスペンション[89,90]

粒子は粘性 $\tilde{\mu}$ をもつ流体粒子で，その半径を a とする．無限遠において与えられた一定な歪み速度 E_{ij} で特性づけられる純粋ずれ運動の下におかれた粒子は，問題の対称性から，並進や回転運動はなく，したがって，流体から受ける力もモーメントも 0 である．前項の議論から，このような流れ場に対しては，$D_i\equiv 0$ で D_{ij} は対称テンソルとなることがわかる．1個の粒子まわりおよびその内部の流れ場の速度 u_i や圧力 p は，ラム (Lamb) の一般解[91,92]を使って，容易に求めることができる．粒子の中心に座標原点をとり，$r=|x_i|$ とすれば，求める速度，圧力場は

$$\left.\begin{aligned} u_i&=E_{ij}x_j+E_{kj}x_j\left\{-\beta\frac{a^5}{r^5}\delta_{ik}-\frac{x_ix_k}{r^2}\left(\alpha\frac{a^3}{r^3}-\frac{5}{2}\beta\frac{a^5}{r^5}\right)\right\}\\ p&=p_0-2\alpha a^3\mu E_{ik}\frac{x_ix_k}{r^5}\end{aligned}\right\}\quad (r\geqq a) \qquad (5.216)$$

$$\left.\begin{aligned} u_i&=E_{ij}x_j(1-\beta)+\beta^*E_{kj}x_j\left\{\frac{5}{2}\left(\frac{r^2}{a^2}-1\right)\delta_{ik}-\frac{x_ix_k}{a^2}\right\}\\ p&=\tilde{p}_0+\frac{21}{2}\tilde{\mu}\beta^*E_{ik}\frac{x_ix_k}{a^2}\end{aligned}\right\}\quad (r<a) \qquad (5.217)$$

$$\alpha=\frac{\mu+(5/2)\tilde{\mu}}{\mu+\tilde{\mu}},\qquad \beta=\frac{\tilde{\mu}}{\mu+\tilde{\mu}},\qquad \beta^*=\frac{\mu}{\mu+\tilde{\mu}}$$

ここで，p_0，$\tilde{p}_0$ はそれぞれ無限遠における圧力および粒子内部 $(r=0)$ における圧力である．この流れ場の force-doublet の強さ D_{ij} は $D_{ij}=\frac{2}{3}\alpha a^3E_{ij}$ となることが容易にわかるから，stresslet の強さ S_{ij} は，(5.212) より

$$S_{ij}=4\pi\mu\frac{1}{2}(D_{ij}+D_{ji})=\left(\frac{4}{3}\pi a^3\right)2\alpha\mu E_{ij} \qquad (5.218)$$

で与えられることになる．したがって，このサスペンションの平均偏り応力は(5.215) より（粒子の方向性は問題とならない）

$$\left\langle\sigma_{ij}-\frac{1}{3}\delta_{ij}\sigma_{ll}\right\rangle=2\mu E_{ij}+nS_{ij}=2\mu^* E_{ij}, \qquad \mu^*=\mu(1+\alpha\phi) \qquad (5.219)$$

ここで，n は粒子の数密度，ϕ は球形粒子の場合の体積分率で $\phi=(4/3)\pi a^3 n$. μ^* は基質と粒子の性質のみから決まり，しかもスカラー量であるから，この平均偏り応力は与えられた歪み速度テンソル E_{ij} の主方向と一致する．したがって，このサスペンションは粘性係数 μ^* をもつニュートン流体とみなすことができる．それゆえ，μ^* をサスペンションの有効粘性係数 (effective viscosity) とも呼ぶ．とくに，剛体粒子 $(\tilde{\mu}\gg\mu)$ の場合には $\mu^*=\mu(1+2.5\phi)$，また，液体中に分散している気泡粒子 $(\tilde{\mu}\ll\mu)$ のような場合には $\mu^*=\mu(1+\phi)$ となり，前者はアインシュタイン (Einstein)[93]によってはじめて求められた結果と一致する．

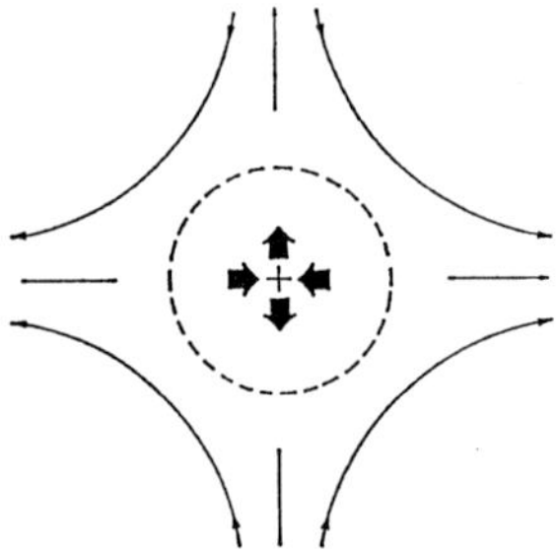

図 5.48　粒子をそれと等価な force-doublet の分布で置き換えたもの．流体には，力が矢印の方向に余分に働く．

これからわかるように，粒子がいかなる物質でできているにせよ，μ^* は常に μ より大きい．この事実は次のように説明される，つまり，粒子の存在は，粒子のかわりに force-doublet を原点においたのと等価であり，しかも，force-doublet は強さ等しく，方向反対の二つの Stokeslet が互いに近接しておかれた場合に相当するから，図 5.48 に示したような力が流れ $E_{ij}x_j$ に抗するような形で流体に作用していることになる．このために，流体は運動エネルギーを余分に費やさざるをえなくなり，その結果として，サスペンションは基質に比べて大きな粘性をもつのである．

b.　純粋ずれ運動下にある細長い粒子からなるサスペンション[94,95]

粒子は，長さ $2a$，半径 b の断面をもち，細長い $(a\gg b)$ 円柱状粒子とする．座標原点は粒子の中心にとる（図 5.49(a)）．さて，粒子表面で $u_i'=-E_{ij}x_j$，無限遠で $u_i'\to 0$ を満たす攪乱 (disturbance) 速度 u_i' は，粒子の中心軸上に線状分布させた Stokeslet の線密度分布を求めることによって近似的に得られる．この線密度分布の符号を変えたものは，流体が粒子の単位長さ当りに及ぼす力になっている（ただし，流体が粒子に及ぼす全体の力は 0）．したがって，その線密度分

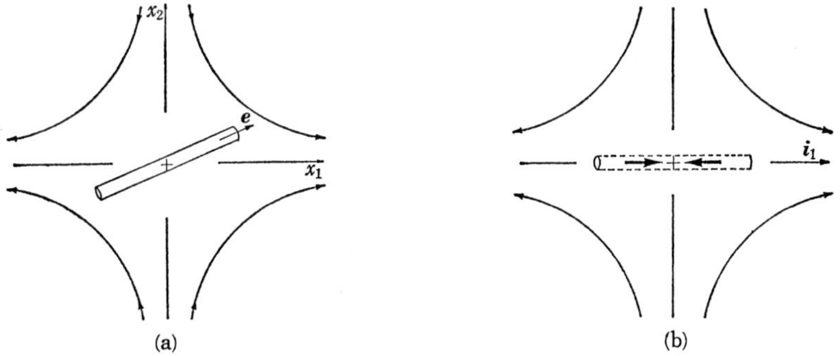

図 5.49
(a) 粒子の投影図．この図では，座標軸は E_{ij} の主軸方向に選んである．
(b) 粒子の存在によって，矢印で示した力が流体に余分に働く．いまの場合，それらの力は最大になっている．

布のモーメントを粒子の長さ $2a$ にわたって積分することによって，stresslet の強さ S_{ij} が直ちに求まる．すなわち，中心軸方向が e をもつ粒子に対して

$$S_{ij}=\frac{4}{3}\pi a^3\mu\zeta E_{lk}e_le_k\left(e_ie_j-\frac{1}{3}\delta_{ij}\right),\qquad \zeta^{-1}=\ln\frac{a}{b} \tag{5.220}$$

(5.214) から $\bar{S}_{ij}$ を求めるには，方向分布関数 $P(e)$ を知る必要がある．$P(e)$ の決定に重要な役割を果たすのは，主として，流れの強さと方向乱雑化機構の強さであろう．後者の代表的なものとして，回転ブラウン運動を考えることができる．この回転ブラウン運動による拡散係数 D_r は，k をボルツマン定数，T を絶対温度として，$D_r=3kT/(8\pi a^3\mu\zeta)$ で与えられる．流れの強さを E_{ij} の最大主値の大きさ E で表せば方向乱雑化機構の強さはこの D_r で表すことができる．そこで，次のような二つの極端な場合を考えてみることにする．

i) 方向乱雑化機構が非常に強い場合 ($D_r\gg E$)

明らかに，方向分布は等方的で $P(e)=1/(4\pi)$ となる．次の積分

$$\int e_ie_jde=\frac{4\pi}{3}\delta_{ij},\qquad \int e_ie_je_ke_lde=\frac{4\pi}{15}(\delta_{ij}\delta_{kl}+\delta_{ik}\delta_{jl}+\delta_{il}\delta_{jk})$$

を考慮すれば，(5.214) から $\bar{S}_{ij}=(8/45)\pi a^3\mu\zeta E_{ij}$，そして，この $\bar{S}_{ij}$ と (5.215) から平均偏り応力が次のように得られる．

$$\left\langle\sigma_{ij}-\frac{1}{3}\delta_{ij}\sigma_{ll}\right\rangle=2\mu^*E_{ij},\qquad \mu^*=\mu\left[1+\frac{2}{45}\left(\frac{a}{b}\right)^2\zeta\phi\right] \tag{5.221}$$

ここで，$\phi=2\pi ab^2n$ である．この場合，平均偏り応力は E_{ij} に比例し，かつその主方向も一致する．したがって，サスペンションは粘性 μ^* をもつ一つのニュートン流体の振舞いを呈することがわかる．

ii) 方向乱雑化機構が非常に弱い場合 ($D_r \ll E$)

この場合，粒子の中心軸方向 e は純粋ずれ運動 E_{ij} の最大主値に対応する主方向を向くであろう．この方向を $\boldsymbol{i}_1$ とすれば，方向分布はデルタ関数 $P(e)=\delta(e-\boldsymbol{i}_1)$ となる．そこで，E_{ij} の主値をそれぞれ E_1, E_2, E_3 ($E_1+E_2+E_3=0$) とし，対応する主方向を $\boldsymbol{i}_1$, $\boldsymbol{i}_2$, $\boldsymbol{i}_3$ とする．E_1 は最大主値である．$\bar{S}_{ij}$ および $\left\langle \sigma_{ij}-\frac{1}{3}\delta_{ij}\sigma_{ll}\right\rangle$ の E_{ij} の主方向成分を，それぞれ，$(\bar{S}_1, \bar{S}_2, \bar{S}_3)$ および $(\langle\sigma_1{}^d\rangle, \langle\sigma_2{}^d\rangle, \langle\sigma_3{}^d\rangle)$ とし，$\int E_{kl}e_ke_l\left(e_ie_j-\frac{1}{3}\delta_{ij}\right)\delta(e-\boldsymbol{i}_1)de=\frac{2}{3}E_1$ なる結果を使えば

$$\bar{S}_1=-2\bar{S}_2=-2\bar{S}_3=\frac{8}{9}\pi a^3\mu\zeta E_1 \tag{5.222}$$

が得られる．ゆえに，平均偏り応力は

$$\begin{aligned}
\langle\sigma_1{}^d\rangle&=2\mu\left\{1+\frac{2}{9}\left(\frac{a}{b}\right)^2\zeta\phi\right\}E_1\\
\langle\sigma_2{}^d\rangle&=2\mu\left\{1+\frac{2}{9}\left(\frac{a}{b}\right)^2\zeta\phi\left[-\frac{1}{2}\frac{E_1}{E_2}\right]\right\}E_2\\
\langle\sigma_3{}^d\rangle&=2\mu\left\{1+\frac{2}{9}\left(\frac{a}{b}\right)^2\zeta\phi\left[-\frac{1}{2}\frac{E_1}{E_3}\right]\right\}E_3
\end{aligned} \tag{5.223}$$

となり，サスペンションは非ニュートン流体となる．E_{ij} としてその主値が E_1, $E_2=-\frac{1}{2}E_1$, $E_3=-\frac{1}{2}E_1$ であるような軸対称運動を選べば，

$$(\langle\sigma_1{}^d\rangle, \langle\sigma_2{}^d\rangle, \langle\sigma_3{}^d\rangle)=2\mu^*(E_1, E_2, E_3), \qquad \mu^*=\mu\left[1+\frac{2}{9}\left(\frac{a}{b}\right)^2\zeta\phi\right] \tag{5.224}$$

となる．サスペンションは，この場合，微視的には等方的でないにもかかわらず，巨視的な応力の振舞いに関しては一つのニュートン流体となる（これは E_{ij} として軸対称運動を選んだ結果，偶然そのようになっただけのことである）．(5.224) における μ^* は (5.221) の μ^* よりも大きいという事実は注目に値する．直観的には，粒子の方向が乱雑になっている場合の方が整列している場合に比して，サスペンションの有効粘性 μ^* は大きいと思われる．サスペンションが単純なせん断流の作用を受けている場合には，後でわかるように，この直観は正しい（5.3 節参照）．しかし，純粋ずれ運動（軸対称でなくともよい）の場合には，結果は逆である．その理由は，純粋ずれ運動 E_{ij} によって，粒子は最も大きな stresslet の強さをもつ方向に整列させられ，その結果最も強く基質に影響を与える（エネルギーの消散を引き起こす）からである．$\boldsymbol{i}_1$ 方向がこれに当たっていることは明らかであろう（図 5.49(b)）．

さて，i) と ii) の両極限の結果をみてわかることは，軸対称な純粋ずれ運動の

作用を受けている細長い粒子からなるサスペンションにおいては，流れの強さ E が拡散機構の強さ D_r に比べて大きくなるにつれ，その有効粘性 μ^* は (5.221) の値から (5.224) の値へわずかながら増えているということである．このように粘性が流れの相対的な強さとともに増加するような性質を shear (または strain) thickening と呼ぶ．

c. 単純せん断流下にある細長回転楕円体粒子からなるサスペンション[96,97]

粒子は長軸の長さ $2a$，短軸の長さ $2b$ をもち，かつその縦横比 a/b が非常に大きい ($a/b \to \infty$) 回転楕円体とする．粒子の中心に原点をもつ座標 x_i を考え，与えられたせん断流の方向に x_1，その速度勾配の方向に x_2，それらと直角に x_3 をとる (図 5.50(a))．γ をせん断流の強さとすれば，与えられた流れ場は $u_1=\gamma x_2$,

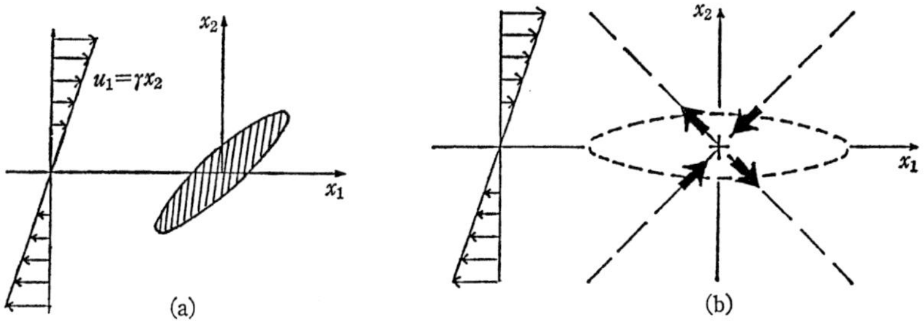

図 5.50

(a) $x_3=0$ 平面における与えられたせん断流と粒子の投影図．

(b) 粒子の存在によって，矢印で示した力が流体に余分に働く．いまの場合，それらの力は最小になっている．

$u_2=u_3=0$ で表される．単純なせん断流の中におかれた縦横比の大きい軸対称粒子に対しては，回転ブラウン運動のような方向拡散過程がなければ，その中心軸の先端は一定な周期 (いまの場合，γ と a/b で決まる) をもってある軌道を周回し続ける．そして，方向の確率密度分布関数 $P(e)$ は周期性をもち，初期状態に依存する．定常な $P(e)$ の分布を得るためには，何らかの拡散過程を考慮しなければならない．ここでは，拡散係数 $D_r[D_r=3kT\ln(a/b)/(8\pi a^3\mu)]$ をもつ回転ブラウン運動が存在する場合を考える．このとき，定常でかつ初期条件に依存しない $P(e)$ が存在する[96]ことがわかっている．解析の手順としては，まず，ジェフェリー (Jeffery) の解[98]を利用して，粒子の中心軸がある特定の方向 e を向いている場合の stresslet の強さ S_{ij} を計算する．しかるのち，(5.214) から $\bar{S}_{ij}$ を求める．これに必要な $P(e)$ の分布は次の二つの場合において近似的に求められている．平均応力に対する最終結果のみを示せば，

i)　ブラウン運動の影響が非常に強い場合 $(D_r \gg \gamma)$[97]

$$\langle\sigma_{12}\rangle=\mu\gamma\left\{1+\left[\frac{4}{15}\left(\frac{a}{b}\right)^2\zeta+O(\varepsilon^2)\right]\phi\right\},\qquad \langle\sigma_{13}\rangle=\langle\sigma_{23}\rangle=0$$

$$\langle\sigma_{11}\rangle-\langle\sigma_{33}\rangle=\mu\gamma\left[\frac{2}{35}\left(\frac{a}{b}\right)^2\zeta\varepsilon+O(\varepsilon^3)\right]\phi \tag{5.225}$$

$$\langle\sigma_{22}\rangle-\langle\sigma_{33}\rangle=\mu\gamma\left[-\frac{1}{105}\left(\frac{a}{b}\right)^2\zeta\varepsilon+O(\varepsilon^3)\right]\phi$$

ここで，$\zeta^{-1}=\ln(a/b)$，$\phi=(4/3)\pi ab^2n$，$\varepsilon=\gamma/D_r$ $(\ll 1)$ である．この場合，非ニュートン流体の一つの特徴である法線応力差 (normal stress difference) が存在する．しかし，接線応力に比べてこの差は小さいから無視することにすれば，サスペンションは次のような粘性をもつと考えてよい．すなわち，

$$\mu^*=\mu\left[1+\frac{4}{15}\left(\frac{a}{b}\right)^2\zeta\phi\right] \tag{5.226}$$

ii)　ブラウン運動の影響が非常に弱い場合 $(a^3D_r \ll b^3\gamma)$[96]

$$\langle\sigma_{12}\rangle=\mu\gamma\left\{1+\left[0.315\left(\frac{a}{b}\right)\zeta+O(\tilde{\varepsilon}^2)\right]\phi\right\},\qquad \langle\sigma_{13}\rangle=\langle\sigma_{23}\rangle=0$$

$$\langle\sigma_{11}\rangle-\langle\sigma_{33}\rangle=\mu\gamma\left[\frac{1}{4}\left(\frac{a}{b}\right)^4\zeta\tilde{\varepsilon}+O(\tilde{\varepsilon}^3)\right]\phi \tag{5.227}$$

$$\langle\sigma_{22}\rangle-\langle\sigma_{33}\rangle=\mu\gamma[o(a^4b^{-4}\zeta)\tilde{\varepsilon}+O(\tilde{\varepsilon}^3)]\phi$$

ここで，$\tilde{\varepsilon}=D_r/\gamma\,(\ll 1)$．この場合にも法線応力差は現れるが，接線応力に比べて小さく無視することにすれば，サスペンションの粘性は

$$\mu^*=\mu\left[1+0.315\left(\frac{a}{b}\right)\zeta\phi\right] \tag{5.228}$$

さて，(5.226) と (5.228) からわかるように，μ^* は流れが相対的に強くなるにつれ $(\gamma/D_r\to$大$)$ 少し小さくなっている．つまり，shear thinning の性質をもつ．これは b. で扱ったサスペンションのもつ性質とは逆になっている．単純なせん断流の中におかれた粒子は，流れの強さが増大するにつれ，流れ方向に向く傾向を強める．つまり，粒子は軌道周期の大部分の間，そのような方向を向いた状態にあるということである．粒子のこの向きが流れ場を一番乱さず，結果として，粒子による stresslet の強さを最小にしているのである (図 5.50(b))．ちなみに，stresslet の強さが最大となる方向はいまの場合，粒子が x_1 軸と $\pm 45°$ 傾いた方向に沿う場合である．単純なせん断流を回転運動と純粋ずれ運動に分解したとき，後者の運動の主方向がちょうどこの方向になっている．

d.　純粋ずれ運動下にある球形凝縮相粒子からなるサスペンション[87]

この場合，サスペンションの基質は凝縮性気体とする．粒子はその凝縮相で半

径 a の球形をなす．粒子は固体でも液体でもよいが，その内部構造は無視する．液体粒子の場合でもその粘性係数 μ' が気体の粘性係数 μ より十分大きければ（たとえば，H_2O の場合，普通の状態で $\mu/\mu' \sim 7\times10^{-3}$ 程度）内部構造は問題とならないと考えてよい．また，基質の平均自由行路 l は粒子の半径 a に比べて小さい，つまり，クヌーセン数 $K_n=l/a$ は小さいとする．平均自由行路 l は，R を気体定数とすれば，気体の粘性係数 μ と $l=\mu p_0^{-1}(8RT_0/\pi)^{1/2}$ で結びついているので，既知量である．サスペンションは，最初，一様な温度 T_0 に保っておく．しかし，純粋ずれ運動 E_{ij} を課することによって，粒子まわりに速度場はもちろん圧力場，温度場などが形成されることは明らかである．ここで考える近似段階までは温度場は S_{ij} の計算に必要な流れ場には影響を与えないので省略することにする．形成される圧力場は，E_{ij} の主軸に関して対称となっており，希薄効果と相まって粒子表面で圧力の高い部分では凝縮を，また低い部分では蒸発を生じさせる．このためにサスペンションの有効粘性は影響を受ける．霧を含んだ大気などはこの種のサスペンションといえよう．たとえば，このようなサスペンション中を物体が運動する場合には，a. におけるサスペンション中に比べ，多少の燃費の節約が見込まれるかもしれない．

さて，この種の問題を扱うには，通常の流体力学ではだめで，気体論から出発せねばならない．そこで，気体論に基づいて導出された蒸発・凝縮に対する一般漸近理論[86]を用いて解析を進める．この理論から得られる解は気体論方程式の $K_n\to0$ なる漸近解となっている．詳細は省いて主な結果だけを示す．粒子の中心に座標原点をとり，$r=|x_i|$ とすれば，求める速度 u_i と圧力 p は

$$\left.\begin{aligned} u_i&=E_{ij}x_j\left(1+\beta\frac{a^5}{r^5}\right)+E_{jk}x_ix_jx_k\left(-\alpha\frac{a^3}{r^5}-\frac{5}{2}\beta\frac{a^5}{r^7}\right) \\ p&=p_0-2\alpha a^3E_{ik}\frac{x_ix_k}{r^5} \end{aligned}\right\}(r\geqq a) \qquad (5.229)$$

$$\alpha=\frac{5}{2}\left[1+\frac{\sqrt{\pi}}{2}\left(\frac{2}{C_4^*}+3k_0\right)K_n\right], \qquad \beta=-1-\frac{5}{2}\sqrt{\pi}k_0K_n$$

ここで，$C_4^*=-2.132039$，$k_0=-1.016191$，そして p_0 は無限遠における一定な圧力で，簡単のため，T_0 に対する飽和蒸気圧力とする．C_4^* を含む項は相変化による寄与を表し，k_0 の項は純粋な希薄効果による寄与を表す．粒子への質量流は全体として 0 であり，粒子の大きさは変化しない（ある部分での蒸発量は別の部分での凝縮量で補われている）．上記の速度，圧力の振舞いから，この流れ場の force-doublet の強さ D_{ij} は直ちに求められ $D_{ij}=(2/3)\alpha a^3E_{ij}$ となることがわ

かる．したがって，stressletの強さ，粒子応力，平均偏り応力に対して

$$S_{ij}=\frac{4}{3}\pi a^3 2\alpha\mu E_{ij},\qquad \Sigma_{ij}^{(p)}=2\mu\alpha\phi E_{ij}$$

$$\left\langle \sigma_{ij}-\frac{1}{3}\delta_{ij}\sigma_{ll}\right\rangle=2\mu(1+\alpha\phi)E_{ij}\qquad(5.230)$$

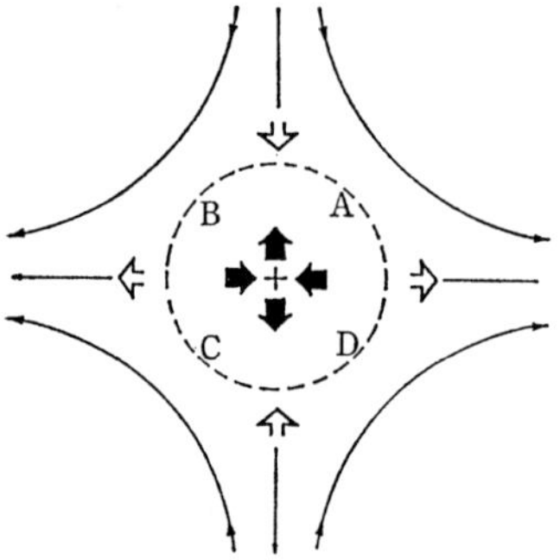

図 5.51
粒子の存在によって生じるforce-doubletの強さ（黒矢印）は，AD，BC部分での蒸発およびAB，CD部分での凝縮（白矢印）過程の存在によって少しだけ弱められる．

を得る．このサスペンションは有効粘性係数 $\mu^*=\mu(1+\alpha\phi)$ をもつニュートン流体である．希薄化および相変化の両方の効果がある場合には $\alpha=(5/2)(1-3.533K_n)$，純粋な希薄効果のみの場合は $\alpha=(5/2)(1-2.702K_n)$ である．連続体の極限 ($K_n\to 0$) では，アインシュタインの結果[93] $\alpha=5/2$ に一致することはいうまでもない．希薄化および相変化による効果は，それらがない場合に比べ，force-doubletの強さを減じ，したがって，有効粘性を小さくする（図5.51）．

注

1) ただし，$d(p_1q_1)/dx$ は $q_1dp_1/dx-p_1/\sigma_1\cdot q_1d\sigma_1/dx$ で置き換えねばならない．

2) 粘性率，熱伝導率，断面積の変化はいずれも十分小さいとし，壁に隣接した薄い境界層を除外し，粘性率または熱伝導率と断面積変化率との積を無視する．

3) その理由は5.1.3項でくわしく説明されている．

4) 実験は，垂直ブローダウン装置で行われ，液相流速レーザードップラー流速計で，気泡速度は複抵抗プローブで測定された．

5) 層流噴流はレイノルズ数が30以下で実現するが，実際の流れとしてあまり一般的なものではない[67]．

6) 厳密な意味ではもちろん影響する．とくに流れの微小渦が大きく寄与する散逸速度などには影響があるだろう．

7) k-ε モデルに必要な多くの実験定数をあらかじめ求めておかなければならない．k-ε モデルについては後で述べる．したがって，計算だけで求まるというわけではない．

8) たとえば，ノズル出口では U_i，V_i ともにそれぞれ一定速度に等しく，乱れがないので，k，ε ともに0であり，噴流軸に対称である．噴流軸から十分遠方ではすべての値が0である．

9) 通常高粒子濃度固気混相噴流の粒径は数十μm以上と大きいので，クラスターではない固体粒子の接触付着した，いわゆる凝集体はほとんど形成しない．

参考文献

1) F.E. Marble: *Ann. Rev. Fluid Mech.*, 2 (1970) 397.
2) G. Rudinger: Fundamentals of Gas-Particle Flow (Elsevier, 1980).
3) H. Miura: *J. Phys. Soc. Jpn.*, **33** (1972) 1688.
4) M. Gilbert, L. Davis and D. Altman: *Jet Propulsion*, **25** (1955) 26.
5) N. Froessling: *Gerlands Beitr. Geophys.*, **52** (1938) 170.
6) S. Chapman and T.G. Cowling: The Mathematical Theory of Non-Uniform Gases (Cambridge Univ. Press, 1961).
7) H. Miura and I.I. Glass: *Proc. R. Soc. Lond.*, **A 397** (1985) 295.
8) 三浦宏之：日本流体力学会誌, **1** (1982) 323.
9) H.W. Liepmann and A. Roshko: Elements of Gasdynamics (John Wiley & Sons, 1957).
10) M. Sommerfeld: *Experiments in Fluids*, **3** (1985) 197.
11) H. Miura: *Fluid Dyn. Res.*, **6** (1990) 251.
12) H. Miura and I.I. Glass: *Proc. R. Soc. Lond.*, **A 408** (1986) 61.
13) H. Miura: *J. Phys. Soc. Jpn.*, **37** (1974) 1145.
14) H. Miura and I.I. Glass: *Proc. R. Soc. Lond.*, **A 415** (1988) 91.
15) D.H. Michael: *J. Fluid Mech.*, **31** (1968) 175.
16) Y. Sone: *J. Phys. Soc. Jpn.*, **33** (1972) 242.
17) S. Morioka *et al.*: Proc. Jpn-U.S. Seminar on Two-Phase Flow Dynamics (Ohtsu, Jpn, 1988) F. 3.
18) S.G. Bankoff and S.C. Lee: Multiphase Science and Technology 2 (Hemispher, 1986) 95.
19) A.E. Dukler and Y. Taitel: *ibid.*, 1.
20) G.W. Govier and K. Aziz: The Flow of Complex Mixture in Pipes (van Nostrand Reinhold, 1972).
21) P. Saha and N. Zuber: Proc. 5th Int. Heat Transfer Conf. 4 (Tokyo, 1974) 175.
22) G.F. Hewitt and D.N. Roberts: AERE-M-2159 (1969).
23) D. Butterworth: *Int. J. Multiphase Flow*, **1** (1974) 671.
24) T.F. Lin *et al.*: *Physico Chemical Hydrodynamics*, **6** (1985) 197.
25) J.M. Mandhane: *Int. J. Multiphase Flow*, **1** (1974) 537.
26) A. Serizawa and I. Kataoka: Transient Phenomena in Multiphase Flows (ed. N. Afgan, Hemispher, 1988) 179.
27) I. Kataoka and A. Serizawa: *Int. J. Multiphase Flow*, **15** (1989) 843.
28) A. Serizawa and I. Kataoka: *Nuclear Engng. Design*, **122** (1990) 1.
29) I. Kataoka and A. Serizawa: *ibid.*, 163.

30) G. Segre and A. Silberberg: *J. Fluid Mech.*, **14** (1962) 115.
31) R.T. Lahey: 私信 (1990).
32) I. Michiyoshi *et al.*: *Int. J. Multiphase Flow*, **3** (1977) 445.
33) P. Gherson and P.S. Lykoudis: *J. Fluid Mech.*, **147** (1984) 81.
34) A. Serizawa *et al.*: *Int. J. Multiphase Flow*, **16** (1990) 761.
35) L. Troniewski and W. Spisak: *Int. J. Multiphase Flow*, **13** (1987) 257.
36) 赤川浩爾ら：第6回混相流シンポジウム講演論文集 (1985) 33.
37) 世古口言彦ら：日本機械学会論文集, **43** (1976) 1395.
38) I. Zun: Transient Phenomena in Multiphase Flow (ed. N.H. Afgan, Hemisphere, 1988) 225.
39) M. Lance *et al.*: Proc. ANS/ASME/NRC Int. Topical Meeting on Nuclear Reactor Thermal-Hydraulics (Saratoga Springs, N.Y., 1980) 1363.
40) R.T. Lahey: Transient Phenomena in Multiphase Flow (ed. N.H. Afgan, Hemisphere, 1988) 139.
41) I. Zun *et al.*: The Transverse Migration of Bubbles in Vertical Two-phase Flow (Dartmouth College, N.H., 1975).
42) I. Zun: *Int. J. Multiphase Flow*, **6** (1980) 583.
43) D. Drew and R.T. Lahey: *Int. J. Multiphase Flow*, **13** (1987) 113.
44) P.G. Saffman: *J. Fluid Mech.*, **22** (1965) 385.
45) 芹沢昭示：博士論文（京大工, 1974).
46) A. Serizawa *et al.*: *Int. J. Multiphase Flow*, **2** (1975) 221.
47) 片岡　勲, 芹沢昭示：日本原子力学会年会講演要旨集 (1989) E35.
48) I. Zun: *Nuclear Engng. Design*, **118** (1990) 155.
49) Y. Sato *et al.*: *Int. J. Multiphase Flow*, **7** (1981) 167.
50) I. Zun *et al.*: Proc. ICHMT Int. Seminar on Phase Interface Phenomena in Multiphase Flow (1990) C4.
51) 井上　晃ら：日本機械学会論文集, **42** (1976) 2521.
52) 片岡　勲, 芹沢昭示：第27回日本伝熱シンポジウム講演論文集 (1990) C222.
53) 芹沢昭示ら：第9回日本混相流シンポジウム講演論文集 (1990) 9.
54) 片岡　勲, 芹沢昭示：同上, 61.
55) V.E. Nakoryakov *et al.*: *Int. J. Multiphase Flow*, **7** (1981) 63.
56) R.A. Herringe and M.R. Davis: *J. Fluid Mech.*, **73** (1976) 97.
57) 森岡茂樹：気体力学（朝倉書店, 1982) 59, 134, 179.
58) R.F. Tangren, C.H. Dodge and H.S. Seifert: *J. Appl. Phys.*, **20** (1949) 637.
59) G. Rudinger: Nonequilibrium Flows (ed. P.P. Wegener, Marcel Dekker, 1969) 119.
60) L. van Wijngaarden: *Ann. Rev. Fluid Mech.*, **4** (1972) 183.
61) S. Morioka and T. Yoshinage: *Phys. Fluids*, **23** (1980) 689.

62) P.P. Wegener: Nonequilibrium Flows (ed. P.P. Wegener, Marcel Dekker, 1969) 162.
63) R. Ishii, Y. Umeda and K. Kawasaki: *Phys. Fluids*, **39** (1987) 752.
64) J.F. Muir and R. Euchhorn: Proc. Heat Transfer & Fluid Mech. Institute (Stanford, 1969) 183.
65) T. Toma, K. Yoshino and S. Morioka: Proc. 9th Int. Conf. MHD (Tsukuba, 1986) 722; *Fluid Dynamics Research*, 2 (1988) 217.
66) S. Morioka: Adiabatic Waves in Liquid-Vapor Systems (eds. G.E.A. Meier and P.A. Thompson, Springer-Verlag, 1989) 261.
67) H. Schlichtig: Boundary Layer Theory (McGraw-Hill, 1960) 168.
68) J.S. Shuen *et al.*: *AIAA J.*, **23** (1985) 396.
69) 湯　晋一：日本流体力学会誌, **7** (1988) 311.
70) C.T. Crowe: *Trans. ASME, J. Fluid Eng.*, **104** (1982) 297.
71) J.O. Hinze: Turbulence (McGraw-Hill, 1975) 461～471.
72) S. Corrsin and J. Lumley: *Appl. Sci. Res.*, **A6** (1956) 114.
73) L. Schiller and A. Naumann: *Z.V.D.I.*, **77** (1933) 318.
74) R.A. Millikan: *Phys. Rev.*, **22** (1923) 1.
75) S. Yuu *et al.*: *AChE J.*, **24** (1978) 509.
76) D.J. Brown and P. Hutchinson: *Trans. ASME, J. Fluid Eng.*, **101** (1979) 265.
77) S. Corrsin: *J. Atoms. Sci.*, **20** (1963) 115.
78) S.T. Piacsek and G.P. Williams: *J. Comp. Phys.*, **6** (1970) 392.
79) I. Wygnanshi and H. Fiedler: *J. Fluid Mech.*, **38** (1969) 577.
80) K. Hanjakic and B.E. Launder: *J. Fluid Mech.*, **52** (1972) 609.
81) S.E. Elghobaski and T.W. Abou-Arab: *Phys. Fluids*, **26** (1983) 931.
82) R. Ishii, Y. Umeda and M. Yuhi: *J. Fluid Mech.*, **203** (1989) 475.
83) L.D. Landau and E.M. Lifshitz: Fluid Mechanics (Pergamon Press, 1966) §22.
84) J.D. Goddard and C. Miller: "Nonlinear effects in the rheology of dilute suspensions", *J. Fluid Mech.*, **28** (1967) 657-673.
85) G.K. Batchelor: "The stress system in a suspension of force-free particles", *J. Fluid Mech.*, **41** (1970) 545-570.
86) Y. Sone and Y. Onishi: "Kinetic theory of evaporation and condensation-Hydrodynamic equation and slip boundary condition", *J. Phys. Soc. Japan*, **44** (1978) 1981-1994.
87) Y. Onishi: "The bulk stress in a suspension of spherical particles of condensed phase in its slightly rarefied vapour gas", *J. Fluid Mech.*, **114** (1982) 175-186.
88) 今井　功：流体力学（前編）（裳華房, 1988）§57.
89) G.K. Batchelor and J.T. Green: "The determination of the bulk stress in a

suspension of spherical particles to order c^2", *J. Fluid Mech.*, **56** (1972) 401–427.

90) G.I. Taylor, "The viscosity of a fluid containing small drops of another fluid", *Proc. Roy. Soc.*, **A138** (1932) 41–48.

91) H. Lamb: Hydrodynamics (Cambridge Univ. Press, 1932).

92) J. Happel and H. Brenner: Low Reynolds Number Hydrodynamics (Martinus Nijhoff Publishers, 1986) Ch. 1, 3.

93) A. Einstein: "A new determination of molecular dimensions", *Ann. Phys.* **19** (1906) 289–306 [see also *Ann. Phys.*, **34** (1911) 591–592 for the correction.]

94) G.K. Batchelor: "Slender-body theory for particles of arbitrary cross-section in Stokes flow," *J. Fluid Mech.*, **44** (1970) 419–440.

95) G.K. Batchelor: "The stress generated in a non-dilute suspension of elongated particles by pure straining motion", *J. Fluid Mech.*, **46** (1971) 813–829.

96) E.J. Hinch and L.G. Leal: "The effect of Brownian motion on the rheological properties of a suspension of non-spherical particles", *J. Fluid Mech.*, **52** (1972) 683–712.

97) H. Giesekus: "Elasto-viskose Flussigkeiten fur die in stationaren Schichtstromungen samtliche Normalspannungskomponenten verschieden grosse sind," *Rheol. Acta*, **2** (1962) 50–62.

98) G.B. Jeffery: "The motion of ellipsoidal particles immersed in a viscous fluid", *Proc. Roy. Soc.*, **A102** (1922) 161–179.

索　　引

ア　行

アインシュタインの式　35, 54
圧力抵抗
　球に働く──　34
圧力波　91
　──に対する分散関係式
　　93, 94
　──のカットオフ　94
　──の減衰係数　93
　──の伝播速度　92, 93, 94

1成分2相流　8
一般滑り流理論　45
移動度テンソル　38

ウェーバ数　5
ウェーブヒエラルキの条件
　　120
渦拡散係数　158
渦度　103, 143
　──の式　104, 105, 106
渦なしポテンシャル流れ　142

エアロゾル　7
液体曲線　9
液滴　35, 42
　──流　3
エジェクション　115
energy damping　113
エネルギー含有渦　182
エマルジョン　1
エントロピーの式　109

オイラー方程式　25, 29
オセーンテンソル　39
　修正された──　40
音速　126, 169　→圧力波の伝
　播速度
音速流　30

カ　行

回転源　35
回転テンソル　37
　円板の──　36
　直円柱の──　36
　扁長回転楕円体の──　36
　扁平回転楕円体の──　36
回転ブラウン運動　205, 207
界面
　──での条件　24
　──における力のつり合い
　　23
界面エネルギー　21, 149
　──保存則　162
界面拡散　22
　──速度　22
界面活性剤　4
界面積濃度，界面積密度　69,
　149
界面密度　22
核化過程　9
拡散速度
　相の──　72
　揺動による──　54
拡散反射条件　56
拡散モデル　74
仮想慣性力　67, 81
仮想質量　81
加速反作用　107
過熱液体　9
過冷却蒸気　9, 174
乾き度　3
環状噴霧流　146
慣性係数　178
慣性項　30
緩和時間　78, 124
　温度の──　78
　蒸発・凝縮の──　49
　速度の──　78
緩和長さ　127

気液2相流　1, 2
基質　198
希釈サスペンション　203
　──理論　202
気体層　138
　──境界　138
気体定数　46
気体分子運動論　24, 83, 211
気体領域　142
気体論的境界層　200
希薄化効果　46, 49, 211
希薄粒子濃度固気混相噴流
　　183
希薄粒子モデル　76
ギブズ-デュエムの式　107, 109
ギブズの式　107, 110
気泡　35
　──の合体　12, 116
　──の集団化　6
　──のすり抜け　178
　──の体積振動　173
気泡拡散係数　155
気泡交換モデル　159
気泡流　3, 80, 145
逆温度勾配現象　25
逆環状流　147
キャビテーション　9
球
　──に働く抵抗　33, 36
　──に働く抵抗(微小粒子)
　　45, 49
　──に働くモーメント　34,
　　35

——の回転 34
——を過ぎる塵埃流 141
吸着 10
吸熱効果 130
凝縮を伴う流れ 174
凝縮相界面における条件 24
凝縮相粒子 49,210
均質モデル 73,91,102

クヌーセン数 45,56,211
クヌーセン層 25,56
クラウジウス-クラペイロンの
式 56,175
クラスター 197

KdV 方程式 173
k-ε モデル 191
結合テンソル 37

高階の波 120
構成原理 14,75
構成式 75
勾配輸送 190
固液2相流 1,7
固気2相流 1
固気混相噴流 179
固気混相乱流 179
混合気体 2
混合体モデル 72,105,174
混合比 116
混相流体 1
——の圧縮率 92
——の質量中心速度 72
——の体積中心速度 74
——の密度 72
混相流におけるランダム変動
110

サ 行

サスペンション 7,198
——の微視的構造 199
——の平均量 200
——の力学的応答 199
——の流動特性 198
散逸速度 190
——に関する輸送方程式
191

shear thickening 209
shear thinning 210
次元解析
乱流輸送の—— 190
自然循環ループ 4
質量混合比 180
湿り度 3
終端速度
気泡の—— 155
充填層 6
自由粒子 198
シュミット数 191
純粋ずれ運動 203
衝撃波
——圧力比 131
——伝播速度 131
——マッハ数 131
定常—— 130
斜め—— 134
反射—— 132
分散—— 127
平面—— 123
衝撃波管 132
蒸発・凝縮 24,45,211
——に対する一般漸近理論
211
——の緩和時間 79
——の速度式 175
蒸発潜熱 50,77,174
小粒子群 64
塵埃流 7,77,123
——中の波 126
——における拡散効果 137
——における非一様層 134
——における分離境界 144
——における膨張波 135

ストークス
——の抗力 46
——の抵抗法則 34,124
——近似 30
——源 32
——数 79,181
——レット 31,32,39,42,43,
204
ストリーク構造 115
ストレス源 35
滑りなしの条件 45
スラグ流 3,145
スラリー 8

セグレ-シルバーバーグ効果
151
せん断流 35

相関数 69,149
相互作用
N粒子系の—— 42
2球の—— 38
粒子と孔あき平板との——
44
粒子と円筒壁の—— 43
粒子と平面壁の—— 41,42,
115
層状流 148
相分布 151
相分離 151
相平均 70
速度滑り比 170
ソリトン 102

タ 行

体積中心速度
混相流体の—— 74
体積比率，体積分率 70,203
代表渦 182
多孔性物質 6
多相系媒質 198
turbulence modification,
turbulence modulation
112
弾性境界層 153
断熱関係式
均質混相流における——
103
damping factor 160
断面内の乱流2次流れ 3

チャーン乱流気泡流　145
チャーン流　145
中間尺度　13, 68, 75
——の空間　68
——の時間　68
沈降速度　181

低階の波　120
テイラー型の流れ　170

two way method　180, 193
凍結音速　93, 126, 169
等マッハ線
固気混相ノズル流における——　176
固気混相噴流における——　195
特性曲線
気泡流における——　82
塵埃流における——　135
ドップラー信号　196
とびの条件　18, 60
ドリフト速度　74
ドリフトモデル　74

ナ　行

内部摩擦損失　176
流れの閉塞　166
流れ場の多重構造　89
ナビエ-ストークス方程式　24, 45

二重ストークス源　35
2成分2相流　8
ニュートン流体　198
2流体モデル　72, 149, 188

熱泳動　47, 50
熱応力滑り流　48
熱伝導率　46, 78
見かけの——　46, 48, 49
熱ほふく流　48
粘性境界層　56
粘性率　24, 46, 57

濃度波　91　→ボイド波

ハ　行

ハイドロゾル　8
バーガース方程式　127, 174
波状流　148
バースティング　115

光泳動　49, 52
BKW方程式　25
ピストン問題　126
ピストン類推　133
非線形効果　99, 102, 129, 166
非線形分散波列　173
非定常　36, 38
——力　42
非平衡
——緩和領域　129
——領域　133
化学的——　108
熱力学的——　108
力学的——　150
表面張力　10, 19
——エネルギー　114
微粒化　12, 116
微粒子に働く力　45

ファクセンの法則　38, 39, 42
ファン・デル・ワールスの状態式　8
force-dipole　204
force-doublet　204, 206
不可逆運動量輸送　199
輻射
微粒子からの——　57
微粒子への——　48
負の拡散　120
負の熱泳動　48
ブラウン運動　53
プラグ流　148
フルード数　4
フローパターン　3
分子間力　10, 57
分子気体力学　24, 45
粉体流　7
噴霧流　3, 146
分離成層流　3, 62

平均化の方法　14, 68
平均自由行程　25, 45, 55, 57
平均自由時間　55
平均歪み速度　201
平衡
——音速　93, 126, 169
——気体　131
——状態　107
——流れ　141
——膨張波　137
並進テンソル　36, 37
円板の——　36, 37
直円柱の——　36, 37
扁長回転楕円体の——　36, 37
扁平回転楕円体の——　36, 37
閉塞現象　167
閉塞マッハ数　172
壁面効果　154
ペデスタル信号　196
ベルヌーイの定理　102, 141, 178

ポアズイユ流　44
ボイド波　91
——に対する分散関係式　118
——の成長速度　119
——不安定　6, 119
ボイド率　3
方向確率密度関数　204
方向乱雑化機構　207
法線応力差　210
方程式の不適切　82
飽和曲線　9
飽和蒸気圧　25, 29, 50
ボルツマン-クルック-ベランダ (BKW) 方程式　25, 56
ボルツマン定数　46
ボルツマン方程式　25, 45

マ 行

マクスウェル分布 24
摩擦抵抗
　球に働く—— 34
マッハ角 134
マッハ数 56
　相対—— 128
　特性—— 96
　閉塞—— 172
multi-phase flow 1

見かけの圧力 143
見かけの密度 141
乱れエネルギーの可変性 162
乱れの抑制 114, 160

メイヤー型の流れ 170
面内におけるガウスの定理 20
面輸送の定理 19

モーメント
　球に働く—— 34, 36

ヤ 行

溶液 2
揚力 42, 43
揚力係数 154
弱いデトネーション波 174

ラ 行

ラグランジュ型方程式 180
ラグランジュの渦定理 102
large eddy simulation 102
ランキン-ユゴニオの式 131
ランジュバンの式 53
乱流
　——エネルギー 190
　——強度 182, 187
乱流噴流 179

理想気体 24, 124
粒子
　——に対する運動論の式 84
　——の拡散係数 181
　——の負荷率 79
　——の平均自由行程 63
　——のランダム運動 63
　——の乱流拡散係数 192
粒子応力 201
粒子相 84, 189
　——の疑似圧力 84
　——の疑似応力 84
　——の疑似熱流 84
粒子追跡法 62
流線 33
流動層 6, 118
　——不安定 116
流動様式 3, 6, 7
　——の遷移 119
　気液2相流の—— 144
流量密度 165
　臨界—— 168
臨界点 9
臨界流速 168, 169

レイノルズ数 24, 30, 56, 128
レイノルズの手法 189
レイリー-プリセットの式 81
連続相 189

ワ 行

one way method 180

編集者略歴

森岡茂樹(もりおかしげき)

1931年　京都に生まれる
1960年　京都大学大学院工学研究科
　　　　修士課程修了
現　在　京都大学工学部航空工学科
　　　　教授・工学博士

流体力学シリーズ
混相流体の力学（新装版）　　定価はカバーに表示

1991年11月10日　初　版第1刷
2020年1月5日　新装版第1刷

編　者　日本流体力学会
発行者　朝倉誠造
発行所　株式会社 朝倉書店
東京都新宿区新小川町6-29
郵便番号 162-8707
電話 03(3260)0141
FAX 03(3260)0180
http://www.asakura.co.jp

〈検印省略〉

新日本印刷・渡辺製本

ISBN 978-4-254-13135-2　C3342　Printed in Japan